L I N E A R A L G E B R A

이공계를 위한

선형대수학 입문

수학교재편찬위원회 지음

KYOWOOSA 교우사

머리말

선형대수학은 추상적이고 포괄적인 벡터공간의 개념에서 출발하였으며, 주로 행렬의 성질과 이의 응용을 공부하는 수학의 한 분야이다. 선형대수학은 연립방정식의 풀이와 같은 고전적인 수학에서부터 현대의 첨단과학까지, 더 나아가 인문학, 사회학에까지 그 응용과 이용범위가 아주 넓은 분야이다. 특히, 암호학과 부호학 등 정보 및 통신과학 분야의 근간을 이루는 학문에도 유용하게 이용이 되고 있다.

이 책은 선형대수학의 기본이론을 다루면서 공학적인 응용을 필요로 하는 공과대학 학부생들이 한 학기 안에 기초적인 지식을 습득할 수 있도록 구성된 책이다. 전반적으로 중급 수준에서 한 학기 안에 강의를 마칠 수 있도록 기본적인 이론을 바탕으로 쓰여 졌다. 다양한 예제와 연습문제를 통하여 학생들이 실제 문제를 해결하는 능력을 기르도록 배려하였다.

제1장에서는 행렬과 행렬식 및 연립방정식의 여러 가지 성질과 유기적인 상호관계 및 그 응용에 관한 내용을 다루었다. 특히, 연립방정식, 역행렬, 행렬식 등에 유용하게 적용되는 행 조작법에 관하여 자세한 설명을 하였고, 연립방정식의 해법을 여러 가지 방법으로 다루어 보았다.

제2장에서는 벡터와 벡터공간을 다루면서 벡터의 내적과 외적으로 공간직선과 평면의 관계를 설명하고 벡터공간의 기저와 차원을 다루어서 일반적인 벡터공간에 대한 개념을 확립하게 한다.

제3장에서는 선형대수의 중요 요소인 선형변환을 자세히 살펴보고 모든 선형변환이 주어진 벡터공간의 기저를 바탕으로 하여 행렬로 나타난다는 사실을 다루었다.

제4장에서는 행렬의 고유값과 고유벡터를 이용하여 행렬을 대각화하는 방법을 다루고, 이를 이용하는 실생활의 문제를 살펴보았다.

제5장에서는 정규직교기저를 만드는 Gram-Schmidt의 방법에 대하여 설명하였다.

이 책은 전체적으로 기본 개념을 습득하고 자세한 이론적인 내용을 깊이 다루기보다는 그것을 응용할 수 있도록 학생들을 가르치는 것을 목적으로 구성되었기 때문에 강의를 준비하는 선생님들과 처음으로 선형대수학을 배우는 학생들이 쉽게 접근하여 이해할 수 있는 유용한 책이 될 것으로 믿는다.

여러 번의 교정과 수정을 거쳤지만, 내용상 미흡한 부분이나 오류가 있을 것으로 생각하며, 이 점에 대하여 독자들의 올바른 비평과 지적을 해 주실 것을 부탁드리며, 감사하는 마음으로 이를 받아들이고자 한다.

끝으로 이 책의 출간을 위하여 원고 작성과 정리, 여러 차례에 걸친 교정에 열정으로 참여하여 수고를 아끼지 않은 우기문 박사, 이진기 박사, 천정수 박사에게 고마운 마음을 전하며, 또한 이 책의 출판을 위하여 힘써 주신 교우사 담당자님들께도 깊은 감사의 말씀을 드린다.

저자 씀

차례

제 1 장

행렬

▶▶ 수학에서 가장 중요한 문제는 연립일차 방정식의 해를 구하는 것일 것이다. 그것은 과학적, 또는 산업적 응용에서 말하는 수학적 문제는 거의 연립일차 방정식을 푸는 경우라고 해도 과언이 아니다. 현대수학의 방법을 사용하면 복잡한 문제를 단순한 연립1차 방정식으로 바꿀 수 있는 경우도 있다. 연립방정식은 상업, 경제학, 사회학, 생태학, 정치학, 유전학, 전자공학, 물리학과 같은 여러 가지 분야에 응용에서 생겨난다. 따라서 이 장에서는 연립방정식에 대한 내용을 다루기로 한다.

제 1 절 행렬

연립일차 방정식의 해를 구하기 위하여 행렬을 도입하고 행렬들 사이의 연산을 정의하고 그들의 기본 성질을 연구한다.

벡터공간은 스칼라(scalar)라고 불리는 체(field) 위에서 정의된 대수적 구조이다. 간략하게 말해, 체는 사칙연산에 관해 닫혀있는 수의 집합이다. (단, 0으로 나누는 경우는 제외한다.) 예를 들면 유리수 전체 $\mathbb{Q}$, 실수 전체 $\mathbb{R}$, 복소수 전체 $\mathbb{C}$ 등이 체이다. 반면 정수 집합 $\mathbb{Z}$는 체가 아니다. 사실 수많은 체가 있지만 이 교재에서는 주로 실수체 $\mathbb{R}$을 다루기로 한다. 체가 가진 장점은 영이 아닌 임의의 원소 a는 곱셈에 대한 역원 $\frac{1}{a}$을 가진다는 것이다.

1.1 행렬의 정의

정의 1.1 (행렬의 정의)

숫자나 문자를 사각형 모양으로 배열하여 기호 [ ] 또는 ( )으로 묶어놓은 것을 행렬(matrix)

이라 정의한다. m과 n이 자연수일 때, 실수를 성분(entry)으로 갖는 $m \times n$행렬

$$A = \begin{pmatrix} a_{11} & a_{12} & \cdots & a_{1n} \\ a_{21} & a_{22} & \cdots & a_{2n} \\ \vdots & \vdots & & \vdots \\ a_{m1} & a_{m2} & \cdots & a_{mn} \end{pmatrix} \begin{matrix} 1\text{행} \\ 2\text{행} \\ \vdots \\ m\text{행} \end{matrix}$$

$$\begin{matrix} 1\text{열} & 2\text{열} & & n\text{열} \end{matrix}$$

인 꼴로 $m \times n$개의 실수 a_{ij}를 배열한 것이다. 행렬 A에 가로로 놓여 있는 줄을 행(row), 세로로 서 있는 줄을 열(column)이라 하며 간단히

$$A = (a_{ij})_{m \times n} \text{ 또는 } A = (a_{ij})$$

으로 쓰기도 한다.

(Notation) $m \times n$행렬 전체의 집합을 $M_{m \times n}$으로 표현한다.

행은 위에서 부터 순서대로 제1행, 제2행, … 으로 부르고, 열은 왼쪽으로 부터 제1열, 제2열, … 으로 부른다. 예를 들면, 2×3행렬 $\begin{pmatrix} 1 & 2 & 3 \\ 4 & 5 & 6 \end{pmatrix}$에서 $(1,2,3), (4,5,6)$은 각각 제1행, 제2행이고, $\begin{pmatrix} 1 \\ 4 \end{pmatrix}, \begin{pmatrix} 2 \\ 5 \end{pmatrix}, \begin{pmatrix} 3 \\ 6 \end{pmatrix}$은 각각 제1열, 제2열, 제3열이다.

예제 1.1

$A = \begin{pmatrix} a_{11} & a_{12} \\ a_{21} & a_{22} \end{pmatrix}$는 2×2행렬이고, $B = \begin{pmatrix} b_{11} & b_{12} & b_{13} \\ b_{21} & b_{22} & b_{23} \end{pmatrix}$는 2×3행렬, $C = \begin{pmatrix} c_{11} & c_{12} \\ c_{21} & c_{22} \\ c_{31} & c_{32} \end{pmatrix}$는 3×2행렬, $D = \begin{pmatrix} d_{11} & d_{12} & d_{13} \\ d_{21} & d_{22} & d_{23} \\ d_{31} & d_{32} & d_{33} \end{pmatrix}$는 3×3행렬이다.

정의 1.2 (행벡터, 열벡터)

$1 \times n$행렬

$$(a_{11}, a_{12}, \cdots, a_{1n})$$

을 n차 행벡터(row vector), $m \times 1$행렬

$$\begin{pmatrix} a_{11} \\ a_{21} \\ \vdots \\ a_{m1} \end{pmatrix}$$

을 m차 열벡터(column vector)라고 한다.

예제 1.2

1×3행렬 $(a_{11},\ a_{12},\ a_{13})$을 3차 행벡터라 하고, 3×1행렬 $\begin{pmatrix} a_{11} \\ a_{21} \\ a_{31} \end{pmatrix}$을 3차 열벡터라 한다.

정의 1.3 (행렬의 상등)

두 행렬 $A = (a_{ij})_{m \times n}$, $B = (b_{ij})_{m \times n}$의 행과 열의 수가 같고 모든 $i,\ j\ \ (1 \le i \le m,\ 1 \le\ j \le n)$에 대하여 성분 $a_{ij} = b_{ij}$일 때 행렬 A와 B가 상등이라고 하며

$$A = B$$

라고 표기한다.

예제 1.3

두 행렬 $A = \begin{pmatrix} 1 & 2 & 3 \\ a & 4 & b \\ 6 & 7 & c \end{pmatrix}$, $B = \begin{pmatrix} 1 & d & 3 \\ 8 & 4 & -1 \\ 6 & 7 & 0 \end{pmatrix}$가 상등일 때, 실수 a, b, c, d를 구하여라.

풀이 $A = B$이기 위해서는 두 행렬의 행과 열의 수가 같고 대응하는 모든 성분이 같아야 하므로 $a = 8,\ b = -1,\ c = 0,\ d = 2$이다.

정의 1.4 (전치행렬)

$m\times n$행렬 $A=\begin{pmatrix} a_{11} & a_{12} & \cdots & a_{1n} \\ a_{21} & a_{22} & \cdots & a_{2n} \\ \vdots & \vdots & & \vdots \\ a_{m1} & a_{m2} & \cdots & a_{mn} \end{pmatrix}=(a_{ij})_{m\times n}$의 행과 열을 서로 바꾼 행렬을 A의 전치행렬(transpose matrix)이라 하고, A^t라 표기한다. 따라서 A^t는

$$\begin{pmatrix} a_{11} & a_{21} & \cdots & a_{m1} \\ a_{12} & a_{22} & \cdots & a_{m2} \\ \vdots & \vdots & & \vdots \\ a_{1n} & a_{2n} & \cdots & a_{mn} \end{pmatrix}=(a_{ji})_{n\times m}$$

이다.

예제 1.4

(1) 행렬 $A=\begin{pmatrix} 1 & 2 & 3 \\ 4 & 5 & 6 \end{pmatrix}$일 때 전치행렬 A^t을 구하여라.

(2) 행렬 $A=\begin{pmatrix} 1 & -3 \\ 0 & 1 \\ 2 & 4 \end{pmatrix}_{3\times 2}$ 와 $B=(1,-5,\ 9)_{1\times 3}$의 전치행렬 A^t, B^t 을 구하여라.

풀이 (1) $A=\begin{pmatrix} 1 & 2 & 3 \\ 4 & 5 & 6 \end{pmatrix}=\begin{pmatrix} a_{11} & a_{12} & a_{13} \\ a_{21} & a_{22} & a_{23} \end{pmatrix}$에서 $A^t=\begin{pmatrix} a_{11} & a_{21} \\ a_{12} & a_{22} \\ a_{13} & a_{23} \end{pmatrix}=\begin{pmatrix} 1 & 4 \\ 2 & 5 \\ 3 & 6 \end{pmatrix}$이다.

(2) $A^t=\begin{pmatrix} 1 & 0 & 2 \\ -3 & 1 & 4 \end{pmatrix}_{2\times 3}$, $B^t=\begin{pmatrix} 1 \\ -5 \\ 9 \end{pmatrix}_{3\times 1}$ 이다.

정의 1.5 (정사각행렬)

$m\times n$행렬 A의 행의 갯수와 열의 갯수가 같을 때, 즉 $m=n$일 때 행렬 A을 n차 정사각행렬(square matrix)이라 한다. 즉,

$$A = \begin{pmatrix} a_{11} & a_{12} & \cdots & a_{1n} \\ a_{21} & a_{22} & \cdots & a_{2n} \\ \vdots & \vdots & & \vdots \\ a_{n1} & a_{n2} & \cdots & a_{nn} \end{pmatrix}$$

이다.

(1) 단위행렬

행렬 A 의 대각성분(diagonal elements) $a_{11}, a_{22}, \cdots, a_{nn}$ 이 모두 1 이고 그 외의 모든 원소가 0 인 행렬을 단위행렬(Identity matrix)이라 하고 I_n 이라 쓴다. 즉

$$I_n = \begin{pmatrix} 1 & 0 & \cdots & 0 \\ 0 & 1 & \cdots & 0 \\ \vdots & \vdots & & \vdots \\ 0 & 0 & \cdots & 1 \end{pmatrix}$$

이다.

(2) 대각행렬

행렬 A 의 대각성분 이외의 모든 원소가 0 인 행렬을 대각행렬(diagonal matrix)이라 한다. 즉,

$$A = \begin{pmatrix} a_{11} & 0 & \cdots & 0 \\ 0 & a_{22} & \cdots & 0 \\ \vdots & \vdots & & \vdots \\ 0 & 0 & \cdots & a_{nn} \end{pmatrix}$$

이다.

(3) 삼각행렬

행렬 A 의 성분 중에서 $i > j$ 에 대하여 $a_{ij} = 0$ 일 때 행렬 A 을 상삼각행렬(upper triangular matrix)이라 한다. 즉,

$$A = \begin{pmatrix} a_{11} & a_{12} & \cdots & a_{1n} \\ 0 & a_{22} & \cdots & a_{2n} \\ \vdots & \vdots & & \vdots \\ 0 & 0 & \cdots & a_{nn} \end{pmatrix}$$

이다.

행렬 A의 성분 중에서 $i<j$에 대하여 $a_{ij}=0$ 일 때 행렬 A을 하삼각행렬(lower triangular matrix)이라 한다. 즉,

$$A=\begin{pmatrix} a_{11} & 0 & \cdots & 0 \\ a_{21} & a_{22} & \cdots & 0 \\ \vdots & \vdots & & \vdots \\ a_{n1} & a_{n2} & \cdots & a_{nn} \end{pmatrix}$$

이다.

예제 1.5

다음 정사각행렬을 분류하여라.

(1) $I_2=\begin{pmatrix} 1 & 0 \\ 0 & 1 \end{pmatrix}$은 2차 단위행렬, $I_3=\begin{pmatrix} 1 & 0 & 0 \\ 0 & 1 & 0 \\ 0 & 0 & 1 \end{pmatrix}$은 3차 단위행렬, $I_4=\begin{pmatrix} 1 & 0 & 0 & 0 \\ 0 & 1 & 0 & 0 \\ 0 & 0 & 1 & 0 \\ 0 & 0 & 0 & 1 \end{pmatrix}$

는 4차 단위행렬이다.

(2) $D_2=\begin{pmatrix} a_{11} & 0 \\ 0 & a_{22} \end{pmatrix}$은 2차 대각행렬, $D_3=\begin{pmatrix} a_{11} & 0 & 0 \\ 0 & a_{22} & 0 \\ 0 & 0 & a_{33} \end{pmatrix}$은 3차 대각행렬,

$D_4=\begin{pmatrix} a_{11} & 0 & 0 & 0 \\ 0 & a_{22} & 0 & 0 \\ 0 & 0 & a_{33} & 0 \\ 0 & 0 & 0 & a_{44} \end{pmatrix}$은 4차 대각행렬이다.

(3) $A_2=\begin{pmatrix} a_{11} & a_{12} \\ 0 & a_{22} \end{pmatrix}$은 2차 상삼각행렬, $A_3=\begin{pmatrix} a_{11} & a_{12} & a_{13} \\ 0 & a_{22} & a_{23} \\ 0 & 0 & a_{33} \end{pmatrix}$은 3차 상삼각행렬,

$A_4=\begin{pmatrix} a_{11} & a_{12} & a_{13} & a_{14} \\ 0 & a_{22} & a_{23} & a_{24} \\ 0 & 0 & a_{33} & a_{34} \\ 0 & 0 & 0 & a_{44} \end{pmatrix}$은 4차 상삼각행렬이다.

(4) $B_2=\begin{pmatrix} a_{11} & 0 \\ a_{21} & a_{22} \end{pmatrix}$은 2차 하삼각행렬, $B_3=\begin{pmatrix} a_{11} & 0 & 0 \\ a_{21} & a_{22} & 0 \\ a_{31} & a_{32} & a_{33} \end{pmatrix}$은 3차 하삼각행렬,

$B_4=\begin{pmatrix} a_{11} & 0 & 0 & 0 \\ a_{21} & a_{22} & 0 & 0 \\ a_{31} & a_{32} & a_{33} & 0 \\ a_{41} & a_{42} & a_{43} & a_{44} \end{pmatrix}$은 4차 하삼각행렬이다.

정의 1.6 (대칭, 반대칭행렬)

$n \times n$ 정사각행렬 A에 대하여

$$A^t = A$$

일 때 행렬 A을 대칭행렬(symmetric matrix)이라 하고

$$A^t = -A$$

일 때 행렬 A을 반대칭행렬(skew-symmetric matrix)이라 한다.

예제 1.6

(1) 2×2대칭행렬 A을 구하여라.

(2) 2×2반대칭행렬 B을 구하여라.

풀이 (1) 2×2행렬 $A = \begin{pmatrix} a_{11} & a_{12} \\ a_{21} & a_{22} \end{pmatrix}$에서 $A^t = \begin{pmatrix} a_{11} & a_{21} \\ a_{12} & a_{22} \end{pmatrix}$이고

대칭행렬의 정의에 의해 $A^t = A$에서 연립방정식 $\begin{cases} a_{11} = a_{11} \\ a_{12} = a_{21} \\ a_{21} = a_{12} \\ a_{22} = a_{22} \end{cases}$이다.

따라서 $a_{11} = a_1, a_{12} = a_2, a_{21} = a_2, a_{22} = a_3$라 하면 2×2대칭행렬은 $A = \begin{pmatrix} a_1 & a_2 \\ a_2 & a_3 \end{pmatrix}$

이다.

(2) 2×2행렬 $B = \begin{pmatrix} b_{11} & b_{12} \\ b_{21} & b_{22} \end{pmatrix}$에서 $B^t = \begin{pmatrix} b_{11} & b_{21} \\ b_{12} & b_{22} \end{pmatrix}$이고

반대칭행렬의 정의에 의해 $B^t = -B$에서 연립방정식 $\begin{cases} b_{11} = -b_{11} \\ b_{12} = -b_{21} \\ b_{21} = -b_{12} \\ b_{22} = -b_{22} \end{cases}$이다.

따라서 $b_{11} = 0, b_{12} = b_1, b_{21} = -b_1, b_{22} = 0$라 하면 2×2반대칭행렬은

$B = \begin{pmatrix} 0 & b_1 \\ -b_1 & 0 \end{pmatrix}$이다.

1.2 행렬의 연산

정의 1.7 (행렬의 덧셈과 스칼라곱)

(1) 두 행렬 $A=(a_{ij})_{m\times n}$, $B=(b_{ij})_{m\times n}$의 덧셈 $A+B$는

$$A+B=(a_{ij}+b_{ij})_{m\times n}$$

이다.

(2) 스칼라 α와 행렬 $A=(a_{ij})_{m\times n}$ 의 곱 αA는

$$\alpha A=(\alpha a_{ij})_{m\times n}$$

이다.

예를 들면 두 행렬 $A=\begin{pmatrix} a_{11} & a_{12} & a_{13} \\ a_{21} & a_{22} & a_{23} \\ a_{31} & a_{32} & a_{33} \end{pmatrix}$, $B=\begin{pmatrix} b_{11} & b_{12} & b_{13} \\ b_{21} & b_{22} & b_{23} \\ b_{31} & b_{32} & b_{33} \end{pmatrix}$가 모두 3×3행렬일 때,

$$A+B=(a_{ij}+b_{ij})_{3\times 3}=\begin{pmatrix} a_{11}+b_{11} & a_{12}+b_{12} & a_{13}+b_{13} \\ a_{21}+b_{21} & a_{22}+b_{22} & a_{23}+b_{23} \\ a_{31}+b_{31} & a_{32}+b_{32} & a_{33}+b_{33} \end{pmatrix}$$

이고

$$\alpha A=(\alpha a_{ij})_{3\times 3}=\begin{pmatrix} \alpha a_{11} & \alpha a_{12} & \alpha a_{13} \\ \alpha a_{21} & \alpha a_{22} & \alpha a_{23} \\ \alpha a_{31} & \alpha a_{32} & \alpha a_{33} \end{pmatrix}$$

이다.

예제 1.7

$A=\begin{pmatrix} -1 & 5 \\ 2 & 0 \\ 4 & -3 \end{pmatrix}$이고 $B=\begin{pmatrix} 2 & 4 \\ -1 & -2 \\ -3 & 1 \end{pmatrix}$일 때 $-2A+3B$을 구하여라.

풀이 $-2A+3B=(-2)\begin{pmatrix} -1 & 5 \\ 2 & 0 \\ 4 & -3 \end{pmatrix}+(3)\begin{pmatrix} 2 & 4 \\ -1 & -2 \\ -3 & 1 \end{pmatrix}$

$$=\begin{pmatrix} 2 & -10 \\ -4 & 0 \\ -8 & 6 \end{pmatrix}+\begin{pmatrix} 6 & 12 \\ -3 & -6 \\ -9 & 3 \end{pmatrix}=\begin{pmatrix} 8 & 2 \\ -7 & -6 \\ -17 & 9 \end{pmatrix}$$

이다.

정리 1.8 (연산에 대한 행렬의 성질)

행렬 $A, B, C \in M_{m\times n}$ 이고 α, β가 스칼라일 때, 다음 성질이 성립한다.

(1) $A+B=B+A$(행렬 덧셈에 대한 교환법칙)

(2) $(A+B)+C=A+(B+C)$(행렬 덧셈에 대한 결합법칙)

(3) $A+O=O+A=A$ (행렬 덧셈에 대한 항등원)

(4) $A+(-A)=O$(행렬 덧셈에 대한 역원)

(5) $\alpha(A+B)=\alpha A+\alpha B$

(6) $(\alpha+\beta)A=\alpha A+\beta A$

(7) $(\alpha\beta)A=\alpha(\beta A)$

(8) $1A=A$

예제 1.8

행렬 $A=\begin{pmatrix} -1 & 5 \\ 2 & 0 \end{pmatrix}$와 $B=\begin{pmatrix} 2 & 4 \\ -1 & -2 \end{pmatrix}$와 $C=\begin{pmatrix} 0 & -1 \\ 2 & 1 \end{pmatrix}$에 대하여 다음이 성립함을 보여라.

(1) $A+B=B+A$

(2) $(A+B)+C=A+(B+C)$

(3) $A+O=A$

(4) $A+(-A)=O$

(5) $2(A+B)=2A+2B$

(6) $(2+\sqrt{2})A=2A+\sqrt{2}A$

(7) $(2\sqrt{3})A=2(\sqrt{3}A)$

(8) $1A=A$

풀이 (1)

$$A+B=\begin{pmatrix} -1 & 5 \\ 2 & 0 \end{pmatrix}+\begin{pmatrix} 2 & 4 \\ -1 & -2 \end{pmatrix}=\begin{pmatrix} 1 & 9 \\ 1 & -2 \end{pmatrix}$$

이고

$$B+A=\begin{pmatrix} 2 & 4 \\ -1 & -2 \end{pmatrix}+\begin{pmatrix} -1 & 5 \\ 2 & 0 \end{pmatrix}=\begin{pmatrix} 1 & 9 \\ 1 & -2 \end{pmatrix}$$

이므로

$$A+B=B+A$$

이다.

(2)
$$(A+B)+C=\begin{pmatrix}1 & 8\\ 3 & -1\end{pmatrix}$$

이고

$$A+(B+C)=\begin{pmatrix}1 & 8\\ 3 & -1\end{pmatrix}$$

이므로

$$(A+B)+C=A+(B+C)$$

이다.

(3)
$$A+O=\begin{pmatrix}-1 & 5\\ 2 & 0\end{pmatrix}+\begin{pmatrix}0 & 0\\ 0 & 0\end{pmatrix}=\begin{pmatrix}-1 & 5\\ 2 & 0\end{pmatrix}=A$$

이다.

(4)
$$A+(-A)=\begin{pmatrix}-1 & 5\\ 2 & 0\end{pmatrix}+\begin{pmatrix}1 & -5\\ -2 & 0\end{pmatrix}=\begin{pmatrix}0 & 0\\ 0 & 0\end{pmatrix}=O$$

이다.

(5)
$$2(A+B)=2\left\{\begin{pmatrix}-1 & 5\\ 2 & 0\end{pmatrix}+\begin{pmatrix}2 & 4\\ -1 & -2\end{pmatrix}\right\}=\begin{pmatrix}2 & 18\\ 2 & -4\end{pmatrix}$$

이고

$$2A+2B=2\begin{pmatrix}-1 & 5\\ 2 & 0\end{pmatrix}+2\begin{pmatrix}2 & 4\\ -1 & -2\end{pmatrix}=\begin{pmatrix}2 & 18\\ 2 & -4\end{pmatrix}$$

이므로

$$2(A+B)=2A+2B$$

이다.

(6)
$$(2+\sqrt{2})A=(2+\sqrt{2})\begin{pmatrix}-1 & 5\\ 2 & 0\end{pmatrix}=\begin{pmatrix}-2-\sqrt{2} & 10+5\sqrt{2}\\ 4+2\sqrt{2} & 0\end{pmatrix}$$

이고

$$2A+\sqrt{2}A=2\begin{pmatrix}-1 & 5\\ 2 & 0\end{pmatrix}+\sqrt{2}\begin{pmatrix}-1 & 5\\ 2 & 0\end{pmatrix}=\begin{pmatrix}-2-\sqrt{2} & 10+5\sqrt{2}\\ 4+2\sqrt{2} & 0\end{pmatrix}$$

이므로

$$(2+\sqrt{2})A=2A+\sqrt{2}A$$

이다.

(7)
$$(2\sqrt{3})A=(2\sqrt{3})\begin{pmatrix}-1 & 5\\ 2 & 0\end{pmatrix}=\begin{pmatrix}-2\sqrt{3} & 10\sqrt{3}\\ 4\sqrt{3} & 0\end{pmatrix}$$

이고

$$2(\sqrt{3}A) = 2\begin{pmatrix} -\sqrt{3} & 5\sqrt{3} \\ 2\sqrt{3} & 0 \end{pmatrix} = \begin{pmatrix} -2\sqrt{3} & 10\sqrt{3} \\ 4\sqrt{3} & 0 \end{pmatrix}$$

이므로

$$(2\sqrt{3})A = 2(\sqrt{3}A)$$

이다.

(8) $$1A = 1\begin{pmatrix} -1 & 5 \\ 2 & 0 \end{pmatrix} = \begin{pmatrix} -1 & 5 \\ 2 & 0 \end{pmatrix} = A$$

이다.

정의 1.9 (행렬의 곱셈)

두 행렬 $A = (a_{ij})_{m \times n}$, $B = (b_{jk})_{n \times p}$ 의 곱 AB는

$$AB = (c_{ik})_{m \times p}, \quad c_{ik} = \sum_{j=1}^{n} a_{ij} b_{jk}$$

이다.

예를 들어 두 행렬 $A = \begin{pmatrix} a_{11} & a_{12} & a_{13} \\ a_{21} & a_{22} & a_{23} \\ a_{31} & a_{32} & a_{33} \end{pmatrix}$, $B = \begin{pmatrix} b_{11} & b_{12} & b_{13} \\ b_{21} & b_{22} & b_{23} \\ b_{31} & b_{32} & b_{33} \end{pmatrix}$ 가 3×3행렬일 때,

$$AB = (c_{ik})_{3 \times 3} = \begin{pmatrix} a_{11} & a_{12} & a_{13} \\ a_{21} & a_{22} & a_{23} \\ a_{31} & a_{32} & a_{33} \end{pmatrix} \begin{pmatrix} b_{11} & b_{12} & b_{13} \\ b_{21} & b_{22} & b_{23} \\ b_{31} & b_{32} & b_{33} \end{pmatrix}$$

$$= \begin{pmatrix} a_{11}b_{11} + a_{12}b_{21} + a_{13}b_{31} & a_{11}b_{12} + a_{12}b_{22} + a_{13}b_{32} & a_{11}b_{13} + a_{12}b_{23} + a_{13}b_{33} \\ a_{21}b_{11} + a_{22}b_{21} + a_{23}b_{31} & a_{21}b_{12} + a_{22}b_{22} + a_{23}b_{32} & a_{21}b_{13} + a_{22}b_{23} + a_{23}b_{33} \\ a_{31}b_{11} + a_{32}b_{21} + a_{33}b_{31} & a_{31}b_{12} + a_{32}b_{22} + a_{33}b_{32} & a_{31}b_{13} + a_{32}b_{23} + a_{33}b_{33} \end{pmatrix}$$

이다.

[주] 행렬의 곱셈은 3장 2절에서 소개될 선형변환의 합성으로부터 유도된다.

$$[U \cdot T] = [U] \cdot [T]$$

예제 1.9

$A=\begin{pmatrix}1 & 2 & -3\\ 0 & -1 & -2\end{pmatrix}$이고 $B=\begin{pmatrix}2 & 4\\ -1 & 5\\ 7 & 3\end{pmatrix}$일 때 AB와 BA을 구하여라.

풀이 $AB=\begin{pmatrix}1 & 2 & -3\\ 0 & -1 & -2\end{pmatrix}\begin{pmatrix}2 & 4\\ -1 & 5\\ 7 & 3\end{pmatrix}=\begin{pmatrix}2-2-21 & 4+10-9\\ 0+1-14 & 0-5-6\end{pmatrix}=\begin{pmatrix}-21 & 5\\ -13 & -11\end{pmatrix}$이고

$$BA=\begin{pmatrix}2 & 4\\ -1 & 5\\ 7 & 3\end{pmatrix}\begin{pmatrix}1 & 2 & -3\\ 0 & -1 & -2\end{pmatrix}=\begin{pmatrix}2+0 & 4-4 & -6-8\\ -1+0 & -2-5 & 3-10\\ 7+0 & 14-3 & -21-6\end{pmatrix}=\begin{pmatrix}2 & 0 & -14\\ -1 & -7 & -7\\ 7 & 11 & -27\end{pmatrix}$$

이다.

두 행렬 A, B의 곱 AB가 정의되기 위해서는 행렬 A의 열의 개수와 행렬 B의 행의 개수가 같아야 한다. 예제 1.9에서 보듯이 일반적으로 AB와 BA는 다른 행렬이다.

정리 1.10 (행렬의 곱셈에 관한 성질)

행렬연산에 대하여 닫혀 있는 행렬 A, B, C와 영행렬 O에 대하여 다음 성질이 성립한다.

(1) $(AB)C=A(BC)$

(2) $A(B+C)=AB+AC$

(3) $(A+B)C=AC+BC$

(4) $\alpha(AB)=(\alpha A)B=A(\alpha B)$

(5) $OA=AO=O$

(6) $I_m A=A I_n=A$

A가 정사각행렬일 때 $A^1=A$, $A^2=A\cdot A$, 귀납적으로 $n>1$일 때 $A^n=A^{n-1}\cdot A$로 정의한다.

예제 1.10

다음 행렬에 대하여 A^n, B^n(n은 자연수)을 구하여라.

(1) $A=\begin{pmatrix}-2 & -3\\ 1 & 1\end{pmatrix}$ (2) $B=\begin{pmatrix}1 & 1 & 0\\ 0 & 1 & 1\\ 0 & 0 & 1\end{pmatrix}$

풀이 (1) $A=\begin{pmatrix}-2 & -3\\ 1 & 1\end{pmatrix}$에서

$$A^2=\begin{pmatrix}-2 & -3\\ 1 & 1\end{pmatrix}\begin{pmatrix}-2 & -3\\ 1 & 1\end{pmatrix}=\begin{pmatrix}1 & 3\\ -1 & -2\end{pmatrix}$$

이고

$$A^3=A^2A=\begin{pmatrix}1 & 3\\ -1 & -2\end{pmatrix}\begin{pmatrix}-2 & -3\\ 1 & 1\end{pmatrix}=\begin{pmatrix}1 & 0\\ 0 & 1\end{pmatrix}=I_2$$

이다. 따라서 n이 자연수일 때

$$A=A^4=A^7=\cdots=A^{3n-2}$$

이고,

$$A^2=A^5=A^8=\cdots=A^{3n-1}$$

이고,

$$A^3=A^6=A^9=\cdots=A^{3n}=I_2$$

이다.

(2) $B=\begin{pmatrix}1 & 1 & 0\\ 0 & 1 & 1\\ 0 & 0 & 1\end{pmatrix}$에서

$$B^2=\begin{pmatrix}1 & 2 & 1\\ 0 & 1 & 2\\ 0 & 0 & 1\end{pmatrix},\ B^3=\begin{pmatrix}1 & 3 & 3\\ 0 & 1 & 3\\ 0 & 0 & 1\end{pmatrix},\ B^4=\begin{pmatrix}1 & 4 & 6\\ 0 & 1 & 4\\ 0 & 0 & 1\end{pmatrix},\cdots$$

이고 계차수열의 성질을 이용하면

$$B^n=\begin{pmatrix}1 & n & \dfrac{n(n-1)}{2}\\ 0 & 1 & n\\ 0 & 0 & 1\end{pmatrix}$$

이다.

연습문제 1절

1. 행렬 $A=\begin{pmatrix} 1 & a+b & 3 \\ 2 & 5 & b+c \\ a+c & 7 & 6 \end{pmatrix}$가 대칭행렬이 되는 a,b,c을 구하여라.

2. 행렬 $A=\begin{pmatrix} a & b & 2b+c \\ 3 & 0 & b+d \\ 0 & -2 & e \end{pmatrix}$가 반대칭행렬이 되는 a, b, c, d, e을 구하여라.

3. 다음 행렬 A, B에 대하여 AB와 BA을 구하여라.

(1) $A=\begin{pmatrix} 1 & -1 \\ 0 & 1 \end{pmatrix}, B=\begin{pmatrix} -1 & 1 \\ 0 & -1 \end{pmatrix}$ (2) $A=\begin{pmatrix} -2 & 2 \\ 0 & 3 \\ 3 & -1 \end{pmatrix}, B=\begin{pmatrix} -2 & 3 & 2 \\ 3 & 1 & 5 \end{pmatrix}$

4. $A=\begin{pmatrix} 1 & 4 & -7 & 10 \\ -2 & 5 & 8 & -11 \\ 3 & -6 & 9 & 12 \end{pmatrix}$에 대하여 A^tA와 AA^t을 구하여라.

5. 행렬 $A=\begin{pmatrix} 1 & -2 & -1 \\ 0 & 2 & 4 \\ 0 & 0 & 3 \end{pmatrix}, B=\begin{pmatrix} -5 & 2 \\ 1 & 1 \\ 2 & 1 \end{pmatrix}$ 에 대하여 BB^t와 B^tAB을 구하여라.

6. 다음을 만족하는 행렬집합 S의 원소가 4개일 때 집합 S를 구하여라.

$$S=\left\{A=\begin{pmatrix} a & b \\ c & d \end{pmatrix} \in M_{2\times 2} \,\middle|\, a,b,c,d \in \mathbb{R},\ A^2=\begin{pmatrix} 1 & 1 \\ 0 & 4 \end{pmatrix}\right\}$$

7. $B^2=-\begin{pmatrix} 2 & 0 \\ 0 & 2 \end{pmatrix}$을 만족하는 반대칭행렬 B을 모두 구하여라.

8. 다음 식을 만족하는 2차 정사각행렬 A, B을 하나씩만 구하여라. 단 $A, B \neq O$이다.

(1) $A^2=\begin{pmatrix} 0 & 0 \\ 0 & 0 \end{pmatrix}$ (2) $BB^t=B^tB$

9. $A=\begin{pmatrix} -2 & -3 \\ 1 & 1 \end{pmatrix}$일 때, A^{10}을 구하여라.

10. $A=\begin{pmatrix}1 & 3\\ 4 & -1\end{pmatrix}$에 대하여 $A^3-A^2-12A+11I_2$을 구하여라.

11. 다음 행렬 A에 대하여 A^n을 구하여라. (n은 자연수)

(1) $A=\begin{pmatrix}a & 1 & 0\\ 0 & a & 1\\ 0 & 0 & a\end{pmatrix}$

(2) $A=\begin{pmatrix}a & 1 & 1\\ 0 & a & 1\\ 0 & 0 & a\end{pmatrix}$

(3) $A=\begin{pmatrix}1 & a & 0 & 1\\ 0 & 1 & 0 & 0\\ 0 & 0 & 1 & a\\ 0 & 0 & 0 & 1\end{pmatrix}$

(4) $A=\begin{pmatrix}a & 1 & 0 & 0\\ 0 & a & 0 & 0\\ 0 & 0 & b & 0\\ 0 & 0 & 1 & b\end{pmatrix}$

12. 행렬 A, B에 대하여 $X+A=B$을 만족하는 X는 유일하고 $X=B-A$임을 증명하여라.

13. 임의의 대각행렬 A에 대하여 $AB=BA$을 만족하는 행렬 B는 대각행렬임을 증명하여라.

14. n차 정사각행렬 A에 대하여 다음을 증명하여라.

(1) A^tA는 대칭행렬이다.

(2) A^t-A는 반대칭행렬이다.

15. 임의의 정사각행렬은 대칭행렬과 반대칭행렬의 합으로 표현됨을 증명하여라.

16. 행렬 $A=\begin{pmatrix}3 & -1 & 2\\ 4 & 2 & 4\\ -3 & 1 & 5\end{pmatrix}$을 대칭행렬과 반대칭행렬의 합으로 표현하여라.

제2절 연립방정식

이 절에서는 행렬의 기본행연산을 소개하고 행연산을 통하여 행렬을 변형시켜 이를 이용하여 연립일차방정식의 해를 구한다.

2.1 연립일차방정식

정의 2.1 (확대계수행렬)

실수를 계수(coefficient)로 갖는 1계 n차 연립일차방정식

$$\begin{cases} a_{11}x_1 + a_{12}x_2 + \cdots + a_{1n}x_n = b_1 \\ a_{21}x_1 + a_{22}x_2 + \cdots + a_{2n}x_n = b_2 \\ \qquad \vdots \\ a_{m1}x_1 + a_{m2}x_2 + \cdots + a_{mn}x_n = b_m \end{cases} \quad \cdots\cdots\cdots (*)$$

은 행렬

$$A = \begin{pmatrix} a_{11} & a_{12} & \cdots & a_{1n} \\ a_{21} & a_{22} & \cdots & a_{2n} \\ \vdots & \vdots & & \vdots \\ a_{m1} & a_{m2} & \cdots & a_{mn} \end{pmatrix}, \ \boldsymbol{x} = \begin{pmatrix} x_1 \\ x_2 \\ \vdots \\ x_n \end{pmatrix}, \ \boldsymbol{b} = \begin{pmatrix} b_1 \\ b_2 \\ \vdots \\ b_m \end{pmatrix}$$

을 이용하여

$$\begin{pmatrix} a_{11} & a_{12} & \cdots & a_{1n} \\ a_{21} & a_{22} & \cdots & a_{2n} \\ \vdots & \vdots & & \vdots \\ a_{m1} & a_{m2} & \cdots & a_{mn} \end{pmatrix} \begin{pmatrix} x_1 \\ x_2 \\ \vdots \\ x_n \end{pmatrix} = \begin{pmatrix} b_1 \\ b_2 \\ \vdots \\ b_m \end{pmatrix}$$

즉

$$A\boldsymbol{x} = \boldsymbol{b}$$

으로 표현할 수 있다.

이때 행렬 A을 연립일차방정식 $(*)$의 계수행렬(coefficient matrix)이라 한다.

$m \times n$행렬 A에 $m \times 1$ 상수행렬 $\boldsymbol{b}$을 첨가하여 만든 $m \times (n+1)$ 행렬

$$(A \,|\, \boldsymbol{b}) = \left(\begin{array}{cccc|c} a_{11} & a_{12} & \cdots & a_{1n} & b_1 \\ a_{21} & a_{22} & \cdots & a_{2n} & b_2 \\ \vdots & \vdots & \vdots & & \vdots \\ a_{m1} & a_{m2} & \cdots & a_{mn} & b_m \end{array}\right)$$

을 연립일차방정식 $(*)$의 확대계수행렬(augmented matrix)이라 한다.

특히, $\boldsymbol{b} = \boldsymbol{0}$인 경우의 연립일차방정식을 제차연립방정식이라 하며, 그 외의 경우는 비제차연립방정식이라 한다.

예제 2.1

다음 연립일차방정식이 제차인지 비제차인지 설명하고, 이 방정식의 확대계수행렬을 구하여라.

(1) $\begin{cases} x_1 + 2x_2 + x_3 = 3 \\ 3x_1 - x_2 - 3x_3 = -1 \\ 2x_1 + 3x_2 + x_3 = 4 \end{cases}$ (2) $\begin{cases} x_1 + 2x_2 + x_3 = 0 \\ 3x_1 - x_2 - 3x_3 = 0 \\ 2x_1 + 3x_2 + x_3 = 0 \end{cases}$

풀이 (1) 주어진 연립일차방정식을 $A\boldsymbol{x} = \boldsymbol{b}$로 표현할 때 $\boldsymbol{b} = \begin{pmatrix} 3 \\ -1 \\ 4 \end{pmatrix} \neq \begin{pmatrix} 0 \\ 0 \\ 0 \end{pmatrix}$이므로 비제차 연립방정식이고 확대계수행렬은 $(A \mid \boldsymbol{b}) = \left(\begin{array}{ccc|c} 1 & 2 & 1 & 3 \\ 3 & -1 & -3 & -1 \\ 2 & 3 & 1 & 4 \end{array}\right)$이다.

(2) 주어진 연립일차방정식을 $A\boldsymbol{x} = \boldsymbol{b}$로 표현할 때 $\boldsymbol{b} = \begin{pmatrix} 0 \\ 0 \\ 0 \end{pmatrix} = \boldsymbol{0}$이므로 제차이고, 확대계수행렬은 $\left(\begin{array}{ccc|c} 1 & 2 & 1 & 0 \\ 3 & -1 & -3 & 0 \\ 2 & 3 & 1 & 0 \end{array}\right)$이다.

정의 2.2 (식의 기본연산)

연립방정식에 다음 세 가지 연산을 행하는 것을 식의 기본연산이라 한다.

(I) 두 방정식의 순서를 바꾸어 놓는다.

(II) 한 방정식의 양변에 0이 아닌 수를 곱한다.

(III) 한 방정식의 양변에 0이 아닌 실수를 곱한 것을 다른 방정식에 더한다.

연립방정식을 풀기 위하여 위의 세 가지 기본연산을 이용하여 변수를 소거해 나감으로써 보다 간단한 형태의 연립방정식을 얻는다. 이러한 과정을 가우스 소거법(Gauss elimination)이라 한다. 이 때 얻어지는 연립방정식의 해집합은 원래 연립방정식의 해집합과 같음을 알 수 있다.

또한 연립방정식을 확대계수행렬로 표현하여 확대계수행렬에 아래 기본행연산을 행하여 해를 구한다. 이렇게 구한 해는 연립방정식에 식의 기본연산을 행하여 구한 해와 같은 결과를 얻는다.

정의 2.3 (기본행연산)

행렬에 다음과 같은 세 가지 유형의 연산을 행하는 것을 기본행연산이라 한다.

(I) 두 행의 순서를 바꾸어 놓는다.

(II) 한 행에 0이 아닌 실수를 곱한다.

(III) 한 행에 0이 아닌 실수를 곱한 것을 다른 행에 더한다.

[주] 기본 열의 연산도 마찬가지로 정의하며 행렬의 열에 위의 연산을 행하는 것을 기본열 연산이라 한다.

예제 2.2

다음 연립방정식을 식의 기본연산과 기본행연산을 이용하여 풀어라.

$$\begin{cases} x_1 + 2x_2 + x_3 = 3 \dots\dots\dots ① \\ 3x_1 - x_2 - 3x_3 = -1 \dots\dots ② \\ 2x_1 + 3x_2 + x_3 = 4 \dots\dots\dots ③ \end{cases}$$

풀이 (i) 식의 기본연산으로 주어진 연립방정식을 풀어보자.

$(-3)\times①+②$을 하면 $-7x_2 - 6x_3 = -10 \dots\dots ④$ 이고

$(-2)\times①+③$을 하면 $-x_2 - x_3 = -2 \dots\dots ⑤$ 이다.

원래의 연립방정식의 ②와 ③을 새로운 방정식 ④와 ⑤로 바꾸어 놓으면 주어진 연립방정식과 동치인 연립방정식

$$\begin{cases} x_1 + 2x_2 + x_3 = 3 \dots\dots\dots ① \\ -7x_2 - 6x_3 = -10 \dots\dots ④ \\ -x_2 - x_3 = -2 \dots\dots\dots\dots ⑤ \end{cases}$$

을 얻는다.

이때, $-\frac{1}{7}\times④+⑤$을 하면 $-\frac{1}{7}x_3 = -\frac{4}{7}$ 에서 $x_3 = 4 \dots\dots ⑥$ 이고 원래의 연립방정식과 동치인 연립방정식

$$\begin{cases} x_1 + 2x_2 + x_3 = 3 \dots\dots\dots ① \\ -7x_2 - 6x_3 = -10 \dots\dots ④ \\ x_3 = 4 \dots\dots\dots\dots\dots\dots\dots\dots ⑥ \end{cases}$$

을 얻게 된다.

이것을 풀면 $x_3=4$, $x_2=-2$, $x_1=3$에서 단 하나의 해 $\boldsymbol{x}=\begin{pmatrix}3\\-2\\4\end{pmatrix}$을 얻는다.

(ii) 기본행연산으로 주어진 연립방정식을 풀어보자.

주어진 연립방정식을 확대계수행렬로 표현하여 기본행연산을 시행하면

$$\left(\begin{array}{ccc|c}1&2&1&3\\3&-1&-3&-1\\2&3&1&4\end{array}\right)\ \boxed{\begin{array}{c}-3R_1+R_2\rightarrow R_2\\-2R_1+R_3\rightarrow R_3\end{array}}\ \left(\begin{array}{ccc|c}1&2&1&3\\0&-7&-6&-10\\0&-1&-1&-2\end{array}\right)\ \boxed{R_2\leftrightarrow R_3}$$

$$\left(\begin{array}{ccc|c}1&2&1&3\\0&-1&-1&-2\\0&-7&-6&-10\end{array}\right)\ \boxed{\begin{array}{c}-R_2\rightarrow R_2\\-7R_2+R_3\rightarrow R_3\end{array}}\ \left(\begin{array}{ccc|c}1&2&1&3\\0&1&1&2\\0&0&1&4\end{array}\right)$$

이다. 기본행 연산에 의해 변형된 확대계수행렬을 이용하여 다시 연립방정식으로 표현하면

$$\begin{cases}x_1+2x_2+x_3=3\\x_2+x_3=2\\x_3=4\end{cases}$$

이다. 따라서 주어진 연립방정식의 해집합은 연립방정식

$$\begin{cases}x_1+2x_2+x_3=3\\x_2+x_3=2\\x_3=4\end{cases}$$

을 만족시키는 모든 $\boldsymbol{x}$들의 집합이다. 이 연립방정식의 해는 $x_1=3$, $x_2=-2$, $x_3=4$ 이므로 단 하나의 해

$$\boldsymbol{x}=\begin{pmatrix}3\\-2\\4\end{pmatrix}$$

을 얻는다.

예제 2.3

다음 연립방정식을 식의 기본연산과 기본행연산을 이용하여 풀어라.

$$\begin{cases}x_1+2x_2+x_3=-1\text{..........①}\\2x_1+4x_2+2x_3=3\text{.........②}\end{cases}$$

풀이 (i) 식의 기본연산으로 주어진 연립방정식을 풀어보자.

$(-2)\times$① + ②을 하면 $0=5$는 불능이므로 해가 존재하지 않는다.

(ii) 기본행연산으로 주어진 연립방정식을 풀어보자.

주어진 연립방정식을 확대계수행렬로 표현하여 기본행연산을 시행하면

$$\left(\begin{array}{ccc|c} 1 & 2 & 1 & -1 \\ 2 & 4 & 2 & 3 \end{array}\right) \quad \boxed{-2R_1+R_2 \rightarrow R_2} \quad \left(\begin{array}{ccc|c} 1 & 2 & 1 & -1 \\ 0 & 0 & 0 & 5 \end{array}\right)$$

이다.

따라서 주어진 연립방정식의 해집합은 다음 연립방정식을 만족시키는 모든 $\boldsymbol{x}$ 들의 집합이다.

$$\begin{cases} x_1+2x_2+x_3=-1 \\ 0=5 \end{cases}$$

이므로 해가 존재하지 않는다.

예제 2.4

다음 연립방정식을 식의 기본연산과 기본행연산을 이용하여 풀어라.

$$\begin{cases} x_1+x_2+x_3+x_4+x_5=2 \cdots\cdots ① \\ x_1+x_2+x_3+2x_4+2x_5=3 \cdots\cdots ② \\ x_1+x_2+x_3+2x_4+3x_5=2 \cdots\cdots ③ \end{cases}$$

풀이 (i) 식의 기본연산으로 주어진 연립방정식을 풀어보자.

$(-1)\times$① + ②을 하면 $x_4+x_5=1 \cdots\cdots$④ 이고

$(-1)\times$① + ③을 하면 $x_4+2x_5=0 \cdots\cdots$⑤ 이다.

주어진 연립방정식의 ②와 ③을 새로운 방정식 ④와 ⑤로 바꾸어 놓으면 원래의 연립방정식과 동치인 연립방정식

$$\begin{cases} x_1+x_2+x_3+x_4+x_5=2 \cdots\cdots ① \\ x_4+x_5=1 \cdots\cdots ④ \\ x_4+2x_5=0 \cdots\cdots ⑤ \end{cases}$$

을 얻는다. 이때, $(-1)\times$④ + ⑤을 하면

$$x_5=-1 \cdots\cdots ⑥$$

이고 원래의 연립방정식과 동치인 연립방정식

$$\begin{cases} x_1+x_2+x_3+x_4+x_5=2 \cdots\cdots ① \\ x_4+x_5=1 \cdots\cdots ④ \\ x_5=-1 \cdots\cdots ⑥ \end{cases}$$

을 얻게 된다. 이것을 풀면 $x_5=-1$, $x_4=2$, $x_1=1-x_2-x_3$이다. 임의의 실수 α, β에 대하여 $x_2=\alpha$, $x_3=\beta$라 두면 무수히 많은 해

$$\boldsymbol{x}=\begin{pmatrix} x_1 \\ x_2 \\ x_3 \\ x_4 \\ x_5 \end{pmatrix}=\begin{pmatrix} 1-\alpha-\beta \\ \alpha \\ \beta \\ 2 \\ -1 \end{pmatrix}=\begin{pmatrix} 1 \\ 0 \\ 0 \\ 2 \\ -1 \end{pmatrix}+\alpha\begin{pmatrix} -1 \\ 1 \\ 0 \\ 0 \\ 0 \end{pmatrix}+\beta\begin{pmatrix} -1 \\ 0 \\ 1 \\ 0 \\ 0 \end{pmatrix}$$

을 얻는다.

(ii) 기본행연산으로 주어진 연립방정식을 풀어보자.

주어진 연립방정식을 확대계수행렬로 표현하여 기본행연산을 시행하면

$$\left(\begin{array}{ccccc|c} 1 & 1 & 1 & 1 & 1 & 2 \\ 1 & 1 & 1 & 2 & 2 & 3 \\ 1 & 1 & 1 & 2 & 3 & 2 \end{array}\right) \boxed{\begin{array}{c} -R_1+R_2 \to R_2 \\ -R_1+R_3 \to R_3 \end{array}} \left(\begin{array}{ccccc|c} 1 & 1 & 1 & 1 & 1 & 2 \\ 0 & 0 & 0 & 1 & 1 & 1 \\ 0 & 0 & 0 & 1 & 2 & 0 \end{array}\right)$$

$$\boxed{-R_2+R_3 \to R_3} \left(\begin{array}{ccccc|c} 1 & 1 & 1 & 1 & 1 & 2 \\ 0 & 0 & 0 & 1 & 1 & 1 \\ 0 & 0 & 0 & 0 & 1 & -1 \end{array}\right)$$

이다. 따라서 주어진 연립방정식의 해집합은 다음 연립방정식을 만족시키는 모든 $\boldsymbol{x}$ 들의 집합이다.

$$\begin{cases} x_1+x_2+x_3+x_4+x_5=2 \\ x_4+x_5=1 \\ x_5=-1 \end{cases}$$

이므로, $x_5=-1$, $x_4=2$, $x_1=1-x_2-x_3$이다.

확대계수행렬의 각 행에서 처음으로 0이 아닌 성분에 대응하는 변수를 선도변수(leading variable)라 한다. 따라서 $x_1,\ x_4,\ x_5$는 선도변수이다. 변형과정에서 빠진 열에 대응하는 나머지 변수들을 자유변수(free variable)라 한다. 따라서 $x_2,\ x_3$는 자유변수이다.

임의의 실수 α, β에 대하여 $x_2=\alpha$, $x_3=\beta$라 두면 무수히 많은 해

$$\boldsymbol{x}=\begin{pmatrix} 1-\alpha-\beta \\ \alpha \\ \beta \\ 2 \\ -1 \end{pmatrix}$$

를 얻는다. ■

2.2 행사다리꼴과 Gauss소거법

정의 2.4 (행사다리꼴행렬)

다음 조건을 만족하는 행렬을 행사다리꼴(row-echelon form)행렬이라고 한다.

(Ⅰ) 각 행의 처음으로 0이 아닌 성분은 1이다.

(Ⅱ) 한 행의 0이 아닌 성분은 바로 위 행의 0이 아닌 성분보다 오른쪽에 위치한다.

(Ⅲ) 한 행이 모두 0이면 그 행은 0이 아닌 성분이 있는 행 아래에 위치한다.

예제 2.5

다음 행렬들은 행사다리꼴이다.

$$\begin{pmatrix} 1 & 4 & 2 \\ 0 & 1 & 3 \\ 0 & 0 & 1 \end{pmatrix}, \quad \begin{pmatrix} 1 & 2 & 3 \\ 0 & 0 & 1 \\ 0 & 0 & 0 \end{pmatrix}, \quad \begin{pmatrix} 1 & 3 & 1 & 0 \\ 0 & 0 & 1 & 3 \\ 0 & 0 & 0 & 0 \end{pmatrix}$$

예제 2.6

다음 행렬들은 행사다리꼴이 아니다.

$$\begin{pmatrix} 2 & 4 & 6 \\ 0 & 3 & 5 \\ 0 & 0 & 4 \end{pmatrix}, \quad \begin{pmatrix} 0 & 0 & 0 \\ 0 & 1 & 0 \end{pmatrix}, \quad \begin{pmatrix} 0 & 1 \\ 1 & 0 \end{pmatrix}$$

■ **[Gauss 소거법(Gaussian elimination)]**

동치인 연립방정식을 얻기 위해 연립방정식의 확대계수행렬에 세 가지 기본행연산을 사용하는 과정을 Gauss 소거법이라 한다.

예제 2.7

연립방정식

$$\begin{cases} x_1 + 2x_2 + x_3 = 3 \\ 3x_1 - x_2 - 3x_3 = -1 \\ 2x_1 + 3x_2 + x_3 = 4 \end{cases}$$

을 Gauss 소거법을 이용하여 풀어라.

풀이 주어진 연립방정식을 확대계수행렬로 표현하여 기본행연산을 시행하면

$$\left(\begin{array}{ccc|c} 1 & 2 & 1 & 3 \\ 3 & -1 & -3 & -1 \\ 2 & 3 & 1 & 4 \end{array}\right) \boxed{\begin{array}{c} -3R_1 + R_2 \to R_2 \\ -2R_1 + R_3 \to R_3 \end{array}} \left(\begin{array}{ccc|c} 1 & 2 & 1 & 3 \\ 0 & -7 & -6 & -10 \\ 0 & -1 & -1 & -2 \end{array}\right) \boxed{R_2 \leftrightarrow R_3}$$

$$\left(\begin{array}{ccc|c} 1 & 2 & 1 & 3 \\ 0 & -1 & -1 & -2 \\ 0 & -7 & -6 & -10 \end{array}\right) \boxed{-7R_2 + R_3 \to R_3} \left(\begin{array}{ccc|c} 1 & 2 & 1 & 3 \\ 0 & -1 & -1 & -2 \\ 0 & 0 & 1 & 4 \end{array}\right)$$

이다. 이 행렬을 연립방정식으로 표현하면

$$\begin{cases} x_1 + 2x_2 + x_3 = 3 \\ -x_2 - x_3 = -2 \\ x_3 = 4 \end{cases}$$

이고, $x_3 = 4$, $x_2 = -2$, $x_1 = 3$ 이므로 주어진 연립방정식은 단 하나의 해

$$\boldsymbol{x} = \begin{pmatrix} x_1 \\ x_2 \\ x_3 \end{pmatrix} = \begin{pmatrix} 3 \\ -2 \\ 4 \end{pmatrix}$$

을 얻는다.

정의 2.5 (기약 행사다리꼴행렬)

다음 조건을 만족하는 행렬을 기약 행사다리꼴(reduced row-echelon form)행렬이라고 한다.

(I) 행렬이 행사다리꼴이다.

(II) 각 행의 처음으로 0이 아닌 성분인 1은 그 열에서도 유일하게 0이 아닌 수이다.

예제 2.8

다음 행렬들은 기약 행사다리꼴이다.

$$\begin{pmatrix}1&0\\0&1\end{pmatrix},\quad \begin{pmatrix}1&0&0&3\\0&1&0&2\\0&0&1&1\end{pmatrix},\quad \begin{pmatrix}1&2&0&1\\0&0&1&3\\0&0&0&0\end{pmatrix}$$

예제 2.9

다음 행렬들은 기약 행사다리꼴이 아니다.

$$\begin{pmatrix}2&0\\0&2\end{pmatrix},\quad \begin{pmatrix}1&0&2&3\\0&1&0&2\\0&0&1&1\end{pmatrix},\quad \begin{pmatrix}0&3&2&0\\0&0&0&1\\0&0&0&0\end{pmatrix}$$

■ [Gauss–Jordan 소거법]

어떤 행렬을 기약 행사다리꼴로 고치는 기본행연산 과정을 Gauss-Jordan 소거법이라 한다.

예제 2.10

다음 연립방정식을 Gauss-Jordan 소거법을 이용하여 풀어라.

$$(1)\ \begin{cases}x_1+x_2+x_3+x_4+x_5=2\\x_1+x_2+x_3+2x_4+2x_5=3\\x_1+x_2+x_3+2x_4+3x_5=2\end{cases}\qquad (2)\ \begin{cases}x_1+2x_2+x_3=3\\3x_1-x_2-3x_3=-1\\2x_1+3x_2+x_3=4\end{cases}$$

풀이 (1) 주어진 연립방정식을 확대계수행렬로 표현하여 기본행연산을 시행하면

$$\left(\begin{array}{ccccc|c}1&1&1&1&1&2\\1&1&1&2&2&3\\1&1&1&2&3&2\end{array}\right)\ \boxed{\begin{array}{l}-R_1+R_2\to R_2\\-R_1+R_3\to R_3\end{array}}\ \left(\begin{array}{ccccc|c}1&1&1&1&1&2\\0&0&0&1&1&1\\0&0&0&1&2&0\end{array}\right)$$

$$\boxed{-R_2+R_3\to R_3}\ \left(\begin{array}{ccccc|c}1&1&1&1&1&2\\0&0&0&1&1&1\\0&0&0&0&1&-1\end{array}\right)\ \boxed{\begin{array}{l}-R_3+R_1\to R_1\\-R_3+R_2\to R_2\end{array}}$$

$$\left(\begin{array}{ccccc|c}1&1&1&1&0&3\\0&0&0&1&0&2\\0&0&0&0&1&-1\end{array}\right)\ \boxed{-R_2+R_1\to R_1}\ \left(\begin{array}{ccccc|c}1&1&1&0&0&1\\0&0&0&1&0&2\\0&0&0&0&1&-1\end{array}\right)$$

이다. 기약 행사다리꼴을 이용하여 연립 방정식으로 표현하면

$$\begin{cases} x_1 + x_2 + x_3 = 1 \\ x_4 = 2 \\ x_5 = -1 \end{cases}$$

이고, $x_5 = -1$, $x_4 = 2$, $x_1 = 1 - x_2 - x_3$이므로 자유변수를 $x_2 = \alpha$, $x_3 = \beta$라 두면 무수히 많은 해

$$\boldsymbol{x} = \begin{pmatrix} 1-\alpha-\beta \\ \alpha \\ \beta \\ 2 \\ -1 \end{pmatrix}$$

을 얻는다.

(2) 주어진 연립방정식을 확대계수행렬로 표현하여 기본행연산을 시행하면

$$\left(\begin{array}{ccc|c} 1 & 2 & 1 & 3 \\ 3 & -1 & -3 & -1 \\ 2 & 3 & 1 & 4 \end{array}\right) \quad \boxed{\begin{array}{l} -3R_1 + R_2 \to R_2 \\ -2R_1 + R_3 \to R_3 \end{array}} \quad \left(\begin{array}{ccc|c} 1 & 2 & 1 & 3 \\ 0 & -7 & -6 & -10 \\ 0 & -1 & -1 & -2 \end{array}\right)$$

$$\boxed{R_2 \leftrightarrow R_3} \quad \left(\begin{array}{ccc|c} 1 & 2 & 1 & 3 \\ 0 & -1 & -1 & -2 \\ 0 & -7 & -6 & -10 \end{array}\right) \quad \boxed{-R_2 \to R_2}$$

$$\left(\begin{array}{ccc|c} 1 & 2 & 1 & 3 \\ 0 & 1 & 1 & 2 \\ 0 & -7 & -6 & -10 \end{array}\right) \quad \boxed{7R_2 + R_3 \to R_3} \quad \left(\begin{array}{ccc|c} 1 & 2 & 1 & 3 \\ 0 & 1 & 1 & 2 \\ 0 & 0 & 1 & 4 \end{array}\right)$$

$$\boxed{\begin{array}{l} -R_3 + R_1 \to R_1 \\ -R_3 + R_2 \to R_2 \end{array}} \quad \left(\begin{array}{ccc|c} 1 & 2 & 0 & -1 \\ 0 & 1 & 0 & -2 \\ 0 & 0 & 1 & 4 \end{array}\right) \quad \boxed{-2R_2 + R_1 \to R_1}$$

$$\left(\begin{array}{ccc|c} 1 & 0 & 0 & 3 \\ 0 & 1 & 0 & -2 \\ 0 & 0 & 1 & 4 \end{array}\right)$$

에서 단 하나의 해

$$\boldsymbol{x} = \begin{pmatrix} 3 \\ -2 \\ 4 \end{pmatrix}$$

을 얻는다. ■

정리 2.6 (연립일차방정식의 해)

임의의 연립일차방정식에 대하여 다음 중의 하나는 참이다.

> (Ⅰ) 연립방정식은 꼭 하나의 해를 가진다.
> (Ⅱ) 연립방정식은 무한히 많은 해를 가진다.
> (Ⅲ) 연립방정식은 해를 가지지 않는다.

$A\boldsymbol{x}=\mathbf{0}$인 제차연립방정식은 항상 해를 갖는다. 모든 변수에 0을 대입하면 만족하기 때문이다. 이러한 해 $(0,0,\cdots,0)$를 자명한 해(trivial solution)라고 한다.

정리 2.7 (제차 연립일차방정식의 해)

> (Ⅰ) 제차연립방정식은 단지 자명한 해만을 가지거나 무한히 많은 해를 가진다.
> (Ⅱ) 제차연립방정식이 무한히 많은 해를 가질 필요충분조건은 자유변수를 가질 때이다.
> (Ⅲ) 제차연립방정식의 방정식의 수보다 변수의 수가 많다면 무한히 많은 해를 가진다.

예제 2.11

다음 제차연립방정식을 Gauss-Jordan 소거법을 이용하여 풀어라.

$$\begin{cases} x_1+x_2+x_3+x_4=0 \\ 2x_1+3x_2-x_3-x_4=0 \\ x_1-x_2+2x_3+2x_4=0 \\ 2x_1+5x_2-2x_3-2x_4=0 \end{cases}$$

풀이

$$\left(\begin{array}{cccc|c} 1 & 1 & 1 & 1 & 0 \\ 2 & 3 & -1 & -1 & 0 \\ 1 & -1 & 2 & 2 & 0 \\ 2 & 5 & -2 & -2 & 0 \end{array}\right) \boxed{\begin{array}{c} -2R_1+R_2\to R_2 \\ -R_1+R_3\to R_3 \\ -2R_1+R_4\to R_4 \end{array}} \left(\begin{array}{cccc|c} 1 & 1 & 1 & 1 & 0 \\ 0 & 1 & -3 & -3 & 0 \\ 0 & -2 & 1 & 1 & 0 \\ 0 & 3 & -4 & -4 & 0 \end{array}\right)$$

$$\boxed{\begin{array}{c} -R_2+R_1\to R_1 \\ 2R_2+R_3\to R_3 \\ -3R_2+R_4\to R_4 \end{array}} \left(\begin{array}{cccc|c} 1 & 0 & 4 & 4 & 0 \\ 0 & 1 & -3 & -3 & 0 \\ 0 & 0 & -5 & -5 & 0 \\ 0 & 0 & 5 & 5 & 0 \end{array}\right) \boxed{(-\frac{1}{5})R_3\to R_3}$$

$$\left(\begin{array}{cccc|c} 1 & 0 & 4 & 4 & 0 \\ 0 & 1 & -3 & -3 & 0 \\ 0 & 0 & 1 & 1 & 0 \end{array}\right) \boxed{\begin{array}{c} -4R_3+R_1\to R_1 \\ 3R_3+R_2\to R_2 \end{array}} \left(\begin{array}{cccc|c} 1 & 0 & 0 & 0 & 0 \\ 0 & 1 & 0 & 0 & 0 \\ 0 & 0 & 1 & 1 & 0 \end{array}\right)$$

에서

$$\begin{cases} x_1 = 0 \\ x_2 = 0 \\ x_3 + x_4 = 0 \end{cases}$$

이고, $x_1 = 0,\ x_2 = 0,\ x_3 = -x_4$이므로 자유변수 $x_4 = \alpha$(α는 실수)라 두면 무수히 많은 해

$$\boldsymbol{x} = \begin{pmatrix} 0 \\ 0 \\ -\alpha \\ \alpha \end{pmatrix}$$

을 얻는다.

연습문제 2절

1. 다음 행렬에 대하여 행사다리꼴과 기약 행사다리꼴을 분류하여라.

(1) $\begin{pmatrix} 1 & 0 & 0 \\ 0 & 0 & 0 \\ 0 & 0 & 1 \end{pmatrix}$ (2) $\begin{pmatrix} 1 & 2 & 3 \\ 0 & 0 & 0 \\ 0 & 0 & 1 \end{pmatrix}$

(3) $\begin{pmatrix} 0 & 1 & 0 \\ 1 & 0 & 0 \\ 0 & 0 & 0 \end{pmatrix}$ (4) $\begin{pmatrix} 1 & 1 & 0 \\ 0 & 1 & 0 \\ 0 & 0 & 0 \end{pmatrix}$

(5) $\begin{pmatrix} 1 & 2 & 0 & 3 & 0 \\ 0 & 0 & 1 & 1 & 0 \\ 0 & 0 & 0 & 0 & 1 \\ 0 & 0 & 0 & 0 & 0 \end{pmatrix}$ (6) $\begin{pmatrix} 1 & 0 & 0 & 5 \\ 0 & 0 & 1 & 3 \\ 0 & 1 & 0 & 4 \end{pmatrix}$

(7) $\begin{pmatrix} 2 & 3 & 4 \\ 0 & 1 & 2 \\ 0 & 0 & 3 \end{pmatrix}$ (8) $\begin{pmatrix} 0 & 0 & 0 \\ 0 & 0 & 0 \\ 0 & 0 & 0 \end{pmatrix}$

2. 다음 행렬을 기약 행사다리꼴로 표현하여라.

(1) $\begin{pmatrix} 2 & 1 & 2 \\ -1 & 1 & -1 \end{pmatrix}$ (2) $\begin{pmatrix} 1 & 1 & -1 \\ 1 & 2 & 3 \\ 3 & 4 & 1 \end{pmatrix}$

(3) $\begin{pmatrix} 2 & 1 & 2 & 1 \\ -1 & 1 & -1 & 1 \\ 2 & 2 & 1 & 1 \end{pmatrix}$
(4) $\begin{pmatrix} 1 & 2 & 3 & 4 & 5 \\ 2 & 3 & 4 & 5 & 6 \\ 3 & 4 & 5 & 6 & 7 \\ 4 & 5 & 6 & 7 & 8 \end{pmatrix}$

(5) $\begin{pmatrix} 1 & 2 & -3 & 4 & -5 \\ -2 & 3 & 5 & -7 & 8 \\ 4 & 19 & -7 & 7 & 2 \\ 5 & 7 & -8 & 9 & 1 \end{pmatrix}$
(6) $\begin{pmatrix} a & b \\ c & d \end{pmatrix}$
(7) $\begin{pmatrix} a & b & c \\ d & e & f \\ g & h & i \end{pmatrix}$

3. 행렬 $\begin{pmatrix} 2 & 1 & 3 \\ 0 & -2 & 7 \\ 3 & 4 & 5 \end{pmatrix}$을 행연산 도중에 분수가 나타나지 않도록 기약 행사다리꼴로 변형하여라.

4. 다음 행렬을 기약 행사다리꼴로 변형하여라.

(1) $\begin{pmatrix} 1 & 1 & 1 & a \\ 1 & 1 & a & a \\ 1 & a & a & a \\ a & a & a & a \end{pmatrix}$
(2) $\begin{pmatrix} 1 & a & a & a \\ a & 1 & a & a \\ a & a & 1 & a \\ a & a & a & 1 \end{pmatrix}$

5. 확대계수행렬 $\left(\begin{array}{ccc|c} 1 & 2 & 1 & 3 \\ 1 & 3 & -1 & 4 \\ 1 & 2 & a^2-8 & a \end{array}\right)$에 대응하는 선형연립방정식에 대하여 다음 물음에 답하여라.

(1) 해를 갖지 않기 위한 a의 조건

(2) 유일한 해를 갖기 위한 a의 조건

(3) 무수히 많은 해를 갖기 위한 a의 조건

(4) $a=0$일 때 해를 구하여라.

6. 미지수 x_1, x_2, x_3, x_4에 관한 연립방정식의 확대계수행렬에 기본행연산을 시행하여 아래와 같은 사다리꼴 행렬을 얻었다고 할 때, 연립방정식의 해집합 또는 일반해를 구하여라.

$$\left(\begin{array}{cccc|c} 1 & 2 & 0 & 3 & 4 \\ 0 & 0 & 1 & 2 & 3 \\ 0 & 0 & 0 & 0 & 0 \end{array}\right)$$

7. 주어진 연립방정식의 확대계수행렬이 기본행연산에 의해 다음과 같이 변형되었다. 이 경우 원래의 연립방정식의 해를 구하여라.

(1) $\left(\begin{array}{ccc|c} 1 & 0 & 0 & 5 \\ 0 & 1 & 0 & -2 \\ 0 & 0 & 1 & 4 \end{array}\right)$ (2) $\left(\begin{array}{cccc|c} 1 & 0 & 0 & 4 & -1 \\ 0 & 1 & 0 & 2 & 6 \\ 0 & 0 & 1 & 3 & 2 \end{array}\right)$ (3) $\left(\begin{array}{ccc|c} 1 & 0 & 0 & 0 \\ 0 & 1 & 2 & 0 \\ 0 & 0 & 0 & 1 \end{array}\right)$

8. 다음 연립방정식을 식의 기본연산과 기본행연산을 이용하여 풀어라.

(1) $\begin{cases} x_1 + 2x_2 = 1 \\ 3x_1 - x_2 = 2 \end{cases}$ (2) $\begin{cases} x_1 + x_2 + 2x_3 = 9 \\ 2x_1 + 4x_2 - 3x_3 = 1 \\ 3x_1 + 6x_2 - 5x_3 = 0 \end{cases}$

9. 연립방정식 $\begin{cases} 2x + 4y + 6z = 18 \\ 2x - \ \ y + z = \ \ 8 \\ 3x \qquad\ \ - z = \ 3 \end{cases}$ 을 Gauss소거법을 이용하여 해를 구하여라.

10. $\begin{cases} x \quad\ - y \qquad\quad = a \\ -\alpha x + y + \alpha z = b \\ -\beta x \qquad + z \ = 0 \end{cases}$ $(0 < \alpha < 1,\ 0 < \beta < 1)$에서 유일한 해 $\begin{pmatrix} x \\ y \\ z \end{pmatrix}$을 구하여라.

11. 다음 연립방정식을 Gauss-Jordan 소거법을 이용하여 해를 구하여라.

(1) $\begin{cases} x_1 \quad + 2x_3 - 2x_4 = 1 \\ -x_1 + x_2 \qquad + x_4 = -2 \\ \qquad x_2 + 2x_3 - x_4 = 1 \end{cases}$ (2) $\begin{cases} x_1 - x_2 - x_3 + 2x_4 = 1 \\ 2x_1 - 2x_2 - x_3 + 3x_4 = 3 \\ -x_1 + x_2 - x_3 \qquad\quad = -3 \end{cases}$

12. 다음 제차연립방정식이 자명하지 않은 해를 갖도록 λ를 구하여라.

$$\begin{cases} (\lambda - 3)x_1 + x_2 = 0 \\ x_1 + (\lambda - 3)x_2 = 0 \end{cases}$$

제3절 기본행렬과 역행렬

단위행렬에 기본행연산을 시행하여 얻어지는 행렬인 기본행렬을 정의하고, 기본행렬을 이용하여 역행렬을 구한다.

3.1 기본행렬

정의 3.1 (기본행렬의 정의)

단위행렬 I_n에 오직 한 가지의 기본행연산(기본열연산)을 행하여 얻어지는 행렬을 기본행렬(Elementary matrix)이라 한다. 세 가지 기본행연산의 종류에 따라 제Ⅰ,Ⅱ,Ⅲ형으로 분류한다.

(Ⅰ) I_n의 두 행을 바꿈으로써 얻어지는 행렬

(Ⅱ) I_n의 한 행에 0아닌 상수를 곱해서 얻어지는 행렬

(Ⅲ) I_n의 한 행에 적당한 수를 곱한 것을 다른 행에 더해서 얻어지는 행렬

예제 3.1

기본행렬 $E_I=\begin{pmatrix}0&0&1\\0&1&0\\1&0&0\end{pmatrix}$, $E_{II}=\begin{pmatrix}1&0&0\\0&3&0\\0&0&1\end{pmatrix}$, $E_{III}=\begin{pmatrix}1&0&0\\0&1&0\\-2&0&1\end{pmatrix}$을 설명하여라.

풀이 단위행렬 $I_3=\begin{pmatrix}1&0&0\\0&1&0\\0&0&1\end{pmatrix}$에서 $E_I=\begin{pmatrix}0&0&1\\0&1&0\\1&0&0\end{pmatrix}$는 1행과 3행을 바꿈으로서 얻어지는 행렬 즉 $\boxed{R_1\leftrightarrow R_3}$로 표시하고 $E_{II}=\begin{pmatrix}1&0&0\\0&3&0\\0&0&1\end{pmatrix}$는 2행에 0이 아닌 상수 3을 곱해서 얻어지는 행렬 즉 $\boxed{3\times R_2\rightarrow R_2}$로 표시하고 $E_{III}=\begin{pmatrix}1&0&0\\0&1&0\\-2&0&1\end{pmatrix}$는 1행에 -2를 곱한 것을 3행에 더해서 얻어지는 행렬 즉 $\boxed{(-2)\times R_1+R_3\rightarrow R_3}$로 표현한다.

3.2 역행렬

정의 3.2 (역행렬의 정의)

n차 정사각행렬 A에 대하여 $AB = BA = I_n$를 만족하는 같은 크기의 n차 정사각행렬 B가 존재할 때 행렬 A를 n차 가역행렬(invertible matrix) 또는 정칙행렬(nonsingular matrix)이라 한다. 이 때 행렬 B를 행렬 A의 역행렬(inverse matrix)이라고 하며 A^{-1}로 나타낸다. ■

정사각행렬 B, C가 모두 가역행렬 A의 역행렬이면

$$C = CI_n = C(AB) = (CA)B = I_nB = B$$

이므로

$$B = C$$

이다. 즉 가역행렬 A의 역행렬은 유일하다. 사실 $AB = I_n$와 $BA = I_n$는 서로 필요충분조건이므로 B가 A의 역행렬임을 보이기 위해서는 두 조건 중 한 가지만 성립함을 보여주면 된다.

정리 3.3 (가역행렬의 성질)

n차 정사각행렬 A, B가 가역행렬이면 다음을 만족한다.

(1) $(A^{-1})^{-1} = A$

(2) $(AB)^{-1} = B^{-1}A^{-1}$

(3) $(\alpha A)^{-1} = \dfrac{1}{\alpha} A^{-1}$ (α는 0 아닌 실수)

(4) $(A^m)^{-1} = (A^{-1})^m$ (m은 자연수)

(5) $(A^t)^{-1} = (A^{-1})^t$

증명 $(B^{-1}A^{-1})AB = B^{-1}(A^{-1}A)B = B^{-1}B = I_n$이고

$AB(B^{-1}A^{-1}) = A(BB^{-1})A^{-1} = AA^{-1} = I_n$이므로 $(AB)^{-1} = B^{-1}A^{-1}$이다.

나머지 성질들의 증명은 연습문제로 남긴다.

예제 3.2

행렬 $(ABC)^{-1} = C^{-1}B^{-1}A^{-1}$임을 보여라.

풀이 $(ABC)^{-1} = ((AB)C)^{-1} = C^{-1}(AB)^{-1} = C^{-1}(B^{-1}A^{-1}) = C^{-1}B^{-1}A^{-1}$

이다.

예제 3.3

가역행렬 $A = \begin{pmatrix} 2 & 1 \\ 3 & 2 \end{pmatrix}$의 역행렬 A^{-1}을 구하여라.

풀이 $A^{-1} = \begin{pmatrix} a_1 & a_2 \\ a_3 & a_4 \end{pmatrix}$라 하면

$$AA^{-1} = I_2$$

즉 $\begin{pmatrix} 2 & 1 \\ 3 & 2 \end{pmatrix}\begin{pmatrix} a_1 & a_2 \\ a_3 & a_4 \end{pmatrix} = \begin{pmatrix} 1 & 0 \\ 0 & 1 \end{pmatrix}$에서 $\begin{pmatrix} 2a_1 + a_3 & 2a_2 + a_4 \\ 3a_1 + 2a_3 & 3a_2 + 2a_4 \end{pmatrix} = \begin{pmatrix} 1 & 0 \\ 0 & 1 \end{pmatrix}$이고 연립방정식

$$\begin{cases} 2a_1 + a_3 = 1 \\ 3a_1 + 2a_3 = 0 \end{cases}, \quad \begin{cases} 2a_2 + a_4 = 0 \\ 3a_2 + 2a_4 = 1 \end{cases}$$

을 얻게 된다. 이 때 연립방정식의 해를 구하면

$$a_1 = 2, a_2 = -1, a_3 = -3, a_4 = 2$$

이므로

$$A^{-1} = \begin{pmatrix} 2 & -1 \\ -3 & 2 \end{pmatrix}$$

이다.

정리 3.4

행렬 E가 기본행렬이면 E는 가역행렬이고 역행렬 E^{-1}는 E와 같은 형의 기본행렬이다.

증명 (i) E가 I_n의 제i행과 제j행을 바꾼 제 I 형의 기본행렬일 때, E는 같은 행을

다시 바꿈으로써 다시 I_n로 변형된다. 따라서 $EE=I_n$이고 E는 자기 자신이 역행렬이다. 즉 $E^{-1}=E$이다.

$$E=\begin{pmatrix} 1 & & & & & & \\ & \ddots & & & & O & \\ & & 0 & & 1 & & \\ & & & \ddots & & & \\ & & 1 & & 0 & & \\ & O & & & & \ddots & \\ & & & & & & 1 \end{pmatrix}\begin{matrix} \\ \\ i \\ \\ j \\ \\ \\ \end{matrix},\quad E^{-1}=\begin{pmatrix} 1 & & & & & & \\ & \ddots & & & & O & \\ & & 0 & & 1 & & \\ & & & \ddots & & & \\ & & 1 & & 0 & & \\ & O & & & & \ddots & \\ & & & & & & 1 \end{pmatrix}\begin{matrix} \\ \\ i \\ \\ j \\ \\ \\ \end{matrix}$$

$$\qquad\quad i \qquad j \qquad\qquad\qquad\qquad\qquad i \qquad j$$

(ii) E가 I_n의 제 i행에 0 아닌 수 k를 곱함으로써 얻어진 제Ⅱ형의 기본행렬이라면, E의 제 i행에 $\dfrac{1}{k}$을 곱함으로써 단위행렬 I_n로 변형되므로 E^{-1}은 E와 같은 형의 기본행렬이다.

$$E=\begin{pmatrix} 1 & & & & & \\ & \ddots & & & O & \\ & & 1 & & & \\ & & & k & & \\ & & & & 1 & \\ & O & & & & \ddots \\ & & & & & & 1 \end{pmatrix}i,\quad E^{-1}=\begin{pmatrix} 1 & & & & & \\ & \ddots & & & O & \\ & & 1 & & & \\ & & & \frac{1}{k} & & \\ & & & & 1 & \\ & O & & & & \ddots \\ & & & & & & 1 \end{pmatrix}i$$

$$\qquad\qquad i \qquad\qquad\qquad\qquad\qquad\qquad i$$

(iii) 마지막으로 E를 I_n의 제 i행에 k배 한 것을 제j행에 더해서 얻어진 제Ⅲ형의 기본행렬이라 가정하자. E는 제 i행에 k배 한 것을 제j행에서 빼면 단위행렬 I_n로 변형된다. 따라서 E^{-1}은 E와 같은 형의 기본행렬이다.

$$E=\begin{pmatrix} 1 & & & & & & \\ \vdots & \ddots & & & & O & \\ 0 & \cdots & 1 & & & & \\ \vdots & & & \ddots & & & \\ 0 & \cdots & k & \cdots & 1 & & \\ \vdots & & & & & \ddots & \\ 0 & \cdots & & \cdots & & \cdots & 1 \end{pmatrix}\begin{matrix} \\ \\ i \\ \\ j \\ \\ \\ \end{matrix},\quad E^{-1}=\begin{pmatrix} 1 & & & & & & \\ \vdots & \ddots & & & & O & \\ 0 & \cdots & 1 & & & & \\ \vdots & & & \ddots & & & \\ 0 & \cdots & -k & \cdots & 1 & & \\ \vdots & & & & & \ddots & \\ 0 & \cdots & & \cdots & & \cdots & 1 \end{pmatrix}\begin{matrix} \\ \\ i \\ \\ j \\ \\ \\ \end{matrix}$$

$$\qquad\quad i \qquad j \qquad\qquad\qquad\qquad\qquad i \qquad j$$

예제 3.4

예제 3.1의 기본행렬 $E_1=\begin{pmatrix}0&0&1\\0&1&0\\1&0&0\end{pmatrix}$, $E_2=\begin{pmatrix}1&0&0\\0&3&0\\0&0&1\end{pmatrix}$, $E_3=\begin{pmatrix}1&0&0\\0&1&0\\-2&0&1\end{pmatrix}$에서 E_1^{-1}, E_2^{-1}, E_3^{-1}을 구하여라.

풀이 E_1가 I_3의 제1행과 제3행을 바꾼 제 I 형의 기본행렬이므로 $E_1^{-1}=E_1$이다.

그러므로 $E_1^{-1}=\begin{pmatrix}0&0&1\\0&1&0\\1&0&0\end{pmatrix}$ 이다. E_2가 I_3의 제2행에 3를 곱함으로써 얻어진 제II형의 기본행렬이므로 E_2^{-1}은 I_3의 제2행에 $\frac{1}{3}$를 곱함으로써 얻어진 제II형의 기본행렬이고 $E_2^{-1}=\begin{pmatrix}1&0&0\\0&\frac{1}{3}&0\\0&0&1\end{pmatrix}$이다. E_3가 I_3의 제1행에 -2배 한 것을 제3행에 더해서 얻어진 제III형의 기본행렬이므로 E_3^{-1}은 I_3의 제1행에 2배 한 것을 제3행에 더해서 얻어진 제III형의 기본행렬이고 $E_3^{-1}=\begin{pmatrix}1&0&0\\0&1&0\\2&0&1\end{pmatrix}$이다.

정리 3.5

$m\times n$행렬 A에 대하여

(1) E가 $m\times m$ 기본행렬일 때, EA는 A에 E와 같은 형의 기본행연산을 행하여 얻은 행렬이다.

(2) E가 $n\times n$ 기본행렬일 때, AE는 A에 E와 같은 형의 기본열연산을 행하여 얻은 행렬이다.

따름정리 3.6

$n\times n$행렬 A와 기본행렬 E에 대하여,

(1) EA는 A에 기본행연산을 행하여 얻은 행렬이다.

(2) AE는 A에 기본열연산을 행하여 얻은 행렬이다.

정의 3.7 (행에 관한 동치)

유한개의 기본행렬 $E_1, E_2, \cdots, E_k$가 존재하여

$$B = E_k E_{k-1} \cdots E_1 A$$

를 만족할 때 B는 A와 행에 관한 동치 또는 행동치라고 한다.

B가 A에 유한번의 기본행연산을 행하여 얻어질 때 B는 A와 행동치라고 한다. 정리 3.4에 의해 다음을 알 수 있다.

(i) A가 B와 행동치이면 B는 A와 행동치이다.

(ii) A가 B와 행동치이고 B가 C와 행동치이면 A는 C와 행동치이다.

이것의 증명은 연습문제로 남기기로 한다.

정리 3.8

n차 정사각행렬 A에 대하여 다음 명제들은 동치이다.

(a) A는 가역행렬이다.

(b) $A\boldsymbol{x} = \mathbf{0}$은 자명한 해 $\mathbf{0}$만을 갖는다.

(c) A는 I_n와 행동치이다.

증명 (a)⇒(b) A가 가역행렬이고 $\hat{\boldsymbol{x}}$가 $A\boldsymbol{x} = \mathbf{0}$의 해라면

$$\hat{\boldsymbol{x}} = I_n \hat{\boldsymbol{x}} = (A^{-1}A)\hat{\boldsymbol{x}} = A^{-1}(A\hat{\boldsymbol{x}}) = A^{-1}\mathbf{0} = \mathbf{0}$$

이다. 따라서 $A\boldsymbol{x} = \mathbf{0}$은 자명한 해 $\mathbf{0}$만을 갖는다.

(b)⇒(c) 연립방정식의 기본 연산을 사용하여 행렬 A를 사다리꼴행렬 U로 변형시키면 $A\boldsymbol{x} = \mathbf{0}$과 $U\boldsymbol{x} = \mathbf{0}$은 같은 해집합을 갖는다. U의 대각성분 중의 하나가 0이라면 U의 마지막 행이 모두 0이다. 그렇다면 $A\boldsymbol{x} = \mathbf{0}$은 방정식의 개수보다 미지수의 개수가 더 많은 연립방정식과 동치이고 정리 2.7에 의해 자명하지 않은 해를 갖게 된다. 따라서 U는 대각성분이 모두 1인 삼각행렬이 되어야 한다. 그것은 A가 단위행렬 I_n와 행동치임을 뜻한다.

(c)⇒(a) A는 I_n와 행동치이면 정의에 의하여 기본행렬 $E_1, E_2, \cdots, E_k$가 존재하여

$$A = E_k E_{k-1} \cdots E_1 I_n = E_k E_{k-1} \cdots E_1$$

이다. $E_1, E_2, \cdots, E_k$가 가역행렬이므로 $E_k E_{k-1} \cdots E_1$도 가역행렬이다. 따라서 A는 가역행렬이며

$$A^{-1} = (E_k E_{k-1} \cdots E_1)^{-1} = E_1^{-1} E_2^{-1} \cdots E_k^{-1}$$

이다.

A가 가역행렬이면 정리 3.8에 의해 A는 I_n와 행동치이므로

$$E_k E_{k-1} \cdots E_1 A = I_n$$

를 만족하는 기본행렬 $E_1, E_2, \cdots, E_k$가 존재한다. 이 방정식의 양변의 오른쪽에 A^{-1}을 곱하면

$$E_k E_{k-1} \cdots E_1 I_n = A^{-1}$$

을 얻는다. 따라서 가역행렬 A를 I_n로 변형하는 것과 동일한 기본행연산을 계속함으로써 I_n를 A^{-1}로 변형시키게 된다. 이것은 A의 역행렬 A^{-1}을 구하는 한 가지 방법이다. 즉 $(A \mid I_n)$에서 A를 I_n로 변형시키는 행연산을 I_n에 똑같이 행하면 I_n는 A^{-1}로 변형된다.

[주] $(A \mid I_n) \underset{\text{기본 행연산}}{\uparrow\!\!\rightarrow} (I_n \mid A^{-1})$

예제 3.5

가역행렬 $A = \begin{pmatrix} 1 & 4 & 3 \\ -1 & -2 & 0 \\ 2 & 2 & 3 \end{pmatrix}$의 역행렬 A^{-1}을 기본행연산을 이용하여 구하여라.

풀이 $\left(\begin{array}{ccc|ccc} 1 & 4 & 3 & 1 & 0 & 0 \\ -1 & -2 & 0 & 0 & 1 & 0 \\ 2 & 2 & 3 & 0 & 0 & 1 \end{array}\right) \sim \left(\begin{array}{ccc|ccc} 1 & 4 & 3 & 1 & 0 & 0 \\ 0 & 2 & 3 & 1 & 1 & 0 \\ 0 & -6 & -3 & -2 & 0 & 1 \end{array}\right) \sim \left(\begin{array}{ccc|ccc} 1 & 4 & 3 & 1 & 0 & 0 \\ 0 & 2 & 3 & 1 & 1 & 0 \\ 0 & 0 & 6 & 1 & 3 & 1 \end{array}\right)$

$$\sim\left(\begin{array}{ccc|ccc}1 & 4 & 0 & \frac{1}{2} & -\frac{3}{2} & -\frac{1}{2} \\ 0 & 2 & 0 & \frac{1}{2} & -\frac{1}{2} & -\frac{1}{2} \\ 0 & 0 & 6 & 1 & 3 & 1\end{array}\right)\sim\left(\begin{array}{ccc|ccc}1 & 0 & 0 & -\frac{1}{2} & -\frac{1}{2} & \frac{1}{2} \\ 0 & 2 & 0 & \frac{1}{2} & -\frac{1}{2} & -\frac{1}{2} \\ 0 & 0 & 6 & 1 & 3 & 1\end{array}\right)$$

$$\sim\left(\begin{array}{ccc|ccc}1 & 0 & 0 & -\frac{1}{2} & -\frac{1}{2} & \frac{1}{2} \\ 0 & 1 & 0 & \frac{1}{4} & -\frac{1}{4} & -\frac{1}{4} \\ 0 & 0 & 1 & \frac{1}{6} & \frac{1}{2} & \frac{1}{6}\end{array}\right)\text{에서 } A^{-1}=\begin{pmatrix}-\frac{1}{2} & -\frac{1}{2} & \frac{1}{2} \\ \frac{1}{4} & -\frac{1}{4} & -\frac{1}{4} \\ \frac{1}{6} & \frac{1}{2} & \frac{1}{6}\end{pmatrix}\text{이다.}$$

따름정리 3.9

n차 정사각행렬 A에 대하여 연립방정식 $A\boldsymbol{x}=\boldsymbol{b}$가 유일한 해를 가질 필요충분조건은 A가 가역행렬인 것이다.

증명 A가 가역행렬이라면 $A^{-1}\boldsymbol{b}$는 $A\boldsymbol{x}=\boldsymbol{b}$의 유일한 해이다. 역으로 $A\boldsymbol{x}=\boldsymbol{b}$가 유일한 해 $\hat{\boldsymbol{x}}$를 갖는다고 가정하자. A가 가역행렬이 아니라고 하면, $A\boldsymbol{x}=\boldsymbol{0}$은 자명하지 않은 해 $\boldsymbol{z}\neq\boldsymbol{0}$를 갖는다. $\boldsymbol{y}=\hat{\boldsymbol{x}}+\boldsymbol{z}$라고 하자. 분명히 $\boldsymbol{y}\neq\hat{\boldsymbol{x}}$이다. 그리고

$$A\boldsymbol{y}=A(\hat{\boldsymbol{x}}+\boldsymbol{z})=A\hat{\boldsymbol{x}}+A\boldsymbol{z}=\boldsymbol{b}+\boldsymbol{0}=\boldsymbol{b}$$

이다. 따라서 $\boldsymbol{y}$는 또한 $A\boldsymbol{x}=\boldsymbol{b}$의 해이다. 이것은 $A\boldsymbol{x}=\boldsymbol{b}$가 유일한 해를 갖는다는 가정에 모순이다. 그러므로 $A\boldsymbol{x}=\boldsymbol{b}$가 유일한 해를 갖는다면 A는 가역행렬인 것이다.

예제 3.6

다음 연립방정식의 해를 역행렬을 이용하여 풀어라.

$$\begin{cases}x_1+4x_2+3x_3=12 \\ -x_1-2x_2=-12 \\ 2x_1+2x_2+3x_3=8\end{cases}$$

풀이 주어진 연립방정식의 계수행렬은 예제 3.5에서 나온 행렬 $A=\begin{pmatrix}1 & 4 & 3 \\ -1 & -2 & 0 \\ 2 & 2 & 3\end{pmatrix}$이다. 따라서

구하고자 하는 해는

$$x = A^{-1}b = \begin{pmatrix} -\frac{1}{2} & -\frac{1}{2} & \frac{1}{2} \\ \frac{1}{4} & -\frac{1}{4} & -\frac{1}{4} \\ \frac{1}{6} & \frac{1}{2} & \frac{1}{6} \end{pmatrix} \begin{pmatrix} 12 \\ -12 \\ 8 \end{pmatrix} = \begin{pmatrix} 4 \\ 4 \\ -\frac{8}{3} \end{pmatrix}$$

이다.

연습문제 3절

1. $A = \begin{pmatrix} 0 & 2 & 0 \\ 1 & 0 & 0 \\ 1 & 0 & 1 \end{pmatrix}$의 왼쪽에 기본행렬들을 곱하여 단위행렬 I_3로 만들어라.

2. $A = \begin{pmatrix} 0 & 2 & 0 \\ 1 & 0 & 0 \\ 1 & 0 & 1 \end{pmatrix}$의 오른쪽에 기본행렬들을 곱하여 단위행렬 I_3로 만들어라.

3. 행연산을 이용하여 행렬 $A = \begin{pmatrix} 2 & 4 \\ 1 & 3 \end{pmatrix}$의 역행렬 A^{-1}을 구하여라.

4. $A^3 = \begin{pmatrix} 1 & 1 \\ -5 & -2 \end{pmatrix}$일 때 행렬 $(3A)^{-3}$을 구하여라.

5. $A = \begin{pmatrix} 1 & 1 \\ 0 & -2 \end{pmatrix}$, $B = \begin{pmatrix} 1 & 0 \\ 1 & -1 \end{pmatrix}$, $C = \begin{pmatrix} 1 & 2 \\ -1 & -3 \end{pmatrix}$일 때 행렬 $(ABC)^{-1}$을 구하여라.

6. 행렬 A^{-n}(n은 자연수)을 구하여라.

(1) $A = \begin{pmatrix} -2 & -3 \\ 1 & 1 \end{pmatrix}$ (2) $A = \begin{pmatrix} 1 & 3 \\ -1 & -2 \end{pmatrix}$

7. 기본행연산을 이용하여 행렬 $A=\begin{pmatrix}1 & 1 & 0\\ 1 & 0 & 2\\ 0 & 1 & 1\end{pmatrix}$의 역행렬을 구하여라.

8. $A=\begin{pmatrix}1 & 2 & 3\\ 1 & -1 & 1\\ -2 & 1 & -3\end{pmatrix}$일 때 A^2의 역행렬이 존재하면 구하여라.

9. $A=\begin{pmatrix}1 & 0 & 0\\ 0 & -1 & 1\\ 0 & 0 & 1\end{pmatrix}$일 때, A^{-1}와 A^{-2}을 구하여라.

10. 기본행연산을 이용하여 행렬 $A=\begin{pmatrix}0 & 0 & 2 & 0\\ 1 & 0 & 0 & 1\\ 0 & -1 & 3 & 0\\ 2 & 1 & 5 & 3\end{pmatrix}$의 역행렬을 구하여라.

11. 다음 연립방정식의 계수행렬의 역행렬을 구하고 그 역행렬을 이용하여 유일한 해를 구하여라.

$$\begin{cases} x-y-z=2\\ 3x-3y+2z=16\\ 2x-y+z=9\end{cases}$$

12. $AB-BA=I_n$을 만족시키는 n차 정방행렬 A, B가 존재하지 않음을 증명하여라.

제4절 행렬식

이 절에서는 정사각행렬을 하나의 실수 값으로 표현하는 행렬식을 정의하고, 행렬식의 대수적 성질을 이용하여 행렬식을 효과적으로 구하는 방법을 소개한다. 행렬식(determinant)은 연립1차 방정식의 해를 구하기 위한 도구로 사용되며, 주어진 행렬의 역행렬을 구하는데 이용된다.

4.1 행렬식의 정의와 성질

행렬식이란 $n \times n$행렬 $A=(a_{ij})$에 대하여 실수 값을 대응시키는 함수로써, 기호로 $|A|$ 또는 $\det(A)$로 표시한다. 즉 $n \times n$행렬 $A=(a_{ij})$에 대한 행렬식 $\det(A)$는

$$\begin{aligned} \det(\text{또는} |\ |): M_{n\times n} &\rightarrow \mathbb{R} \\ A=(a_{ij}) &\mapsto \det(A)(\text{또는 } |A|) \end{aligned}$$

인 함수로써 다음과 같이 정의한다.

(i) 2×2행렬 $A=\begin{pmatrix} a_{11} & a_{12} \\ a_{21} & a_{22} \end{pmatrix}$에 대한 행렬식

$$|A|=\begin{vmatrix} a_{11} & a_{12} \\ a_{21} & a_{22} \end{vmatrix}=a_{11}a_{22}-a_{12}a_{21}$$

으로 정의한다.

(ii) 3×3행렬 $A=\begin{pmatrix} a_{11} & a_{12} & a_{13} \\ a_{21} & a_{22} & a_{23} \\ a_{31} & a_{32} & a_{33} \end{pmatrix}$에 대한 행렬식

$$|A|=\begin{vmatrix} a_{11} & a_{12} & a_{13} \\ a_{21} & a_{22} & a_{23} \\ a_{31} & a_{32} & a_{33} \end{vmatrix}=a_{11}\begin{vmatrix} a_{22} & a_{23} \\ a_{32} & a_{33} \end{vmatrix}-a_{12}\begin{vmatrix} a_{21} & a_{23} \\ a_{31} & a_{33} \end{vmatrix}+a_{13}\begin{vmatrix} a_{21} & a_{22} \\ a_{31} & a_{32} \end{vmatrix}$$

으로 정의한다.

(iii) 4×4행렬 $A=\begin{pmatrix} a_{11} & a_{12} & a_{13} & a_{14} \\ a_{21} & a_{22} & a_{23} & a_{24} \\ a_{31} & a_{32} & a_{33} & a_{34} \\ a_{41} & a_{42} & a_{43} & a_{44} \end{pmatrix}$에 대한 행렬식

$$|A|=\begin{vmatrix} a_{11} & a_{12} & a_{13} & a_{14} \\ a_{21} & a_{22} & a_{23} & a_{24} \\ a_{31} & a_{32} & a_{33} & a_{34} \\ a_{41} & a_{42} & a_{43} & a_{44} \end{vmatrix}$$

$$=a_{11}\begin{vmatrix} a_{22} & a_{23} & a_{24} \\ a_{32} & a_{33} & a_{34} \\ a_{42} & a_{43} & a_{44} \end{vmatrix}-a_{12}\begin{vmatrix} a_{21} & a_{23} & a_{24} \\ a_{31} & a_{33} & a_{34} \\ a_{41} & a_{43} & a_{44} \end{vmatrix}+a_{13}\begin{vmatrix} a_{21} & a_{22} & a_{24} \\ a_{31} & a_{32} & a_{34} \\ a_{41} & a_{42} & a_{44} \end{vmatrix}-a_{14}\begin{vmatrix} a_{21} & a_{22} & a_{23} \\ a_{31} & a_{32} & a_{33} \\ a_{41} & a_{42} & a_{43} \end{vmatrix}$$

으로 정의한다.

$n\times n$행렬 $A=(a_{ij})$에 대한 행렬식 $|A|$을 정의하는 과정은 다음과 같다.

$n\times n$행렬 $A=(a_{ij})$에 대하여 a_{ij}를 포함하는 행과 열을 제거시켜서 얻은 $(n-1)\times(n-1)$ 행렬을 a_{ij}에 대한 소행렬(minor)이라 하고 M_{ij}로 나타낸다. 이때, M_{ij}의 행렬식

$$|M_{ij}|$$

를 a_{ij}의 소행렬식이라 한다. 그리고

$$A_{ij}=(-1)^{i+j}|M_{ij}|$$

를 a_{ij}의 여인수라 한다.

여인수의 정의를 이용하여 행렬식을 다시 표현해 보면,

$$\begin{vmatrix} a_{11} & a_{12} \\ a_{21} & a_{22} \end{vmatrix}=a_{11}a_{22}-a_{12}a_{21}=(-1)^{1+1}a_{11}a_{22}+(-1)^{1+2}a_{12}a_{21}=a_{11}A_{11}+a_{12}A_{12}$$

$$\begin{aligned}\begin{vmatrix} a_{11} & a_{12} & a_{13} \\ a_{21} & a_{22} & a_{23} \\ a_{31} & a_{32} & a_{33} \end{vmatrix}&=a_{11}\begin{vmatrix} a_{22} & a_{23} \\ a_{32} & a_{33} \end{vmatrix}-a_{12}\begin{vmatrix} a_{21} & a_{23} \\ a_{31} & a_{33} \end{vmatrix}+a_{13}\begin{vmatrix} a_{21} & a_{22} \\ a_{31} & a_{32} \end{vmatrix} \\ &=(-1)^{1+1}a_{11}|M_{11}|+(-1)^{1+2}a_{12}|M_{12}|+(-1)^{1+3}a_{13}|M_{13}| \\ &=a_{11}A_{11}+a_{12}A_{12}+a_{13}A_{13}\end{aligned}$$

$$\begin{vmatrix} a_{11} & a_{12} & a_{13} & a_{14} \\ a_{21} & a_{22} & a_{23} & a_{24} \\ a_{31} & a_{32} & a_{33} & a_{34} \\ a_{41} & a_{42} & a_{43} & a_{44} \end{vmatrix}$$

$$=a_{11}\begin{vmatrix} a_{22} & a_{23} & a_{24} \\ a_{32} & a_{33} & a_{34} \\ a_{42} & a_{43} & a_{44} \end{vmatrix}-a_{12}\begin{vmatrix} a_{21} & a_{23} & a_{24} \\ a_{31} & a_{33} & a_{34} \\ a_{41} & a_{43} & a_{44} \end{vmatrix}+a_{13}\begin{vmatrix} a_{21} & a_{22} & a_{24} \\ a_{31} & a_{32} & a_{34} \\ a_{41} & a_{42} & a_{44} \end{vmatrix}-a_{14}\begin{vmatrix} a_{21} & a_{22} & a_{23} \\ a_{31} & a_{32} & a_{33} \\ a_{41} & a_{42} & a_{43} \end{vmatrix}$$

$$=(-1)^{1+1}a_{11}|M_{11}|+(-1)^{1+2}a_{12}|M_{12}|+(-1)^{1+3}a_{13}|M_{13}|+(-1)^{1+4}a_{14}|M_{14}|$$

$$=a_{11}A_{11}+a_{12}A_{12}+a_{13}A_{13}+a_{14}A_{14}$$

임을 알 수 있다.

정의 4.1 행렬식의 정의

n차 정사각행렬 $A=(a_{ij})$에 대하여

$$|A| \text{ 또는 } \det(A)$$

를 A의 행렬식(determinant)이라 하고 다음과 같이 정의한다.

$$|A| = \sum_{j=1}^{n} (-1)^{1+j} a_{1j} |M_{1j}| = \sum_{j=1}^{n} a_{1j} A_{1j}$$

단, M_{1j}는 a_{1j}에 대한 A의 소행렬이다.

$n \times n$행렬 A의 행렬식을 귀납적 방법으로 정의해 보자. A가 2×2행렬일 때,

$$|A| = \begin{vmatrix} a_{11} & a_{12} \\ a_{21} & a_{22} \end{vmatrix} = a_{11}a_{22} - a_{12}a_{21}$$

이다. A가 $(n-1) \times (n-1)$ 행렬일 때 행렬식이 정의된다고 가정하자.

이제 n차 정사각행렬 $A = (a_{ij})$에 대하여

$$|A| = a_{11}|M_{11}| - a_{12}|M_{12}| + \cdots + (-1)^{1+n} a_{1n}|M_{1n}| = \sum_{j=1}^{n} (-1)^{1+j} a_{1j} |M_{1j}|$$

으로 두면 a_{1j}에 대한 A의 소행렬 M_{1j}는 $(n-1) \times (n-1)$행렬이므로 수학적 귀납법의 가정에 의하여 n차 정사각행렬의 행렬식의 정의에 모순이 없음을 알 수 있다.

위의 정의는 행렬 A의 행렬식을 행렬 A의 제1행에 관한 여인수 전개를 통하여 얻은 것이며, 정리 4.2의 행렬식의 성질에서 임의의 행과 열에 관한 여인수 전개를 하여도 동일한 행렬식 값을 구할 수 있음을 알 수 있다. 즉 여인수 전개를 이용하여 행렬식을 구할 때 임의의 행 또는 열을 사용하여도 그 결과는 같다. 따라서 행렬식을 구할 때 0이 많이 포함되어 있는 행 또는 열을 선택하면 행렬식 계산에 대한 연산이 보다 간편해진다.

$n = 3$일 때, 제2행에 관한 여인수 전개를 하면 A의 행렬식은

$$\begin{aligned} |A| = \begin{vmatrix} a_{11} & a_{12} & a_{13} \\ a_{21} & a_{22} & a_{23} \\ a_{31} & a_{32} & a_{33} \end{vmatrix} &= (-1)^{2+1}a_{21}|M_{21}| + (-1)^{2+2}a_{22}|M_{22}| + (-1)^{2+3}a_{23}|M_{23}| \\ &= -a_{21}(a_{12}a_{33} - a_{13}a_{32}) + a_{22}(a_{11}a_{33} - a_{13}a_{31}) - a_{23}(a_{11}a_{32} - a_{12}a_{31}) \\ &= a_{11}(a_{22}a_{33} - a_{23}a_{32}) - a_{12}(a_{21}a_{33} - a_{23}a_{31}) + a_{13}(a_{21}a_{32} - a_{22}a_{31}) \\ &= (-1)^{1+1}a_{11}|M_{11}| + (-1)^{1+2}a_{12}|M_{12}| + (-1)^{1+3}a_{13}|M_{13}| \end{aligned}$$

이다.

예제 4.1

$A=\begin{pmatrix} 1 & 4 & 3 \\ -1 & -2 & 0 \\ 2 & 2 & 3 \end{pmatrix}$일 때 A의 행렬식을 구하여라.

풀이 (1행에 관한 여인수 전개식)으로 구하면

$$|A|=\begin{vmatrix} 1 & 4 & 3 \\ -1 & -2 & 0 \\ 2 & 2 & 3 \end{vmatrix}$$

$$=(1)(-1)^{1+1}\begin{vmatrix} -2 & 0 \\ 2 & 3 \end{vmatrix}+4(-1)^{1+2}\begin{vmatrix} -1 & 0 \\ 2 & 3 \end{vmatrix}+3(-1)^{1+3}\begin{vmatrix} -1 & -2 \\ 2 & 2 \end{vmatrix}$$

$$=(-6-0)+(-4)(-3-0)+3(-2+4)=-6+12+6=12$$

이다.

(2행에 관한 여인수 전개식)으로 구하면

$$|A|=\begin{vmatrix} 1 & 4 & 3 \\ -1 & -2 & 0 \\ 2 & 2 & 3 \end{vmatrix}$$

$$=(-1)(-1)^{2+1}\begin{vmatrix} 4 & 3 \\ 2 & 3 \end{vmatrix}+(-2)(-1)^{2+2}\begin{vmatrix} 1 & 3 \\ 2 & 3 \end{vmatrix}+0(-1)^{2+3}\begin{vmatrix} 1 & 4 \\ 2 & 2 \end{vmatrix}$$

$$=(12-6)+(-2)(3-6)+0=6+6=12$$

이다.

(3 열에 관한 여인수 전개식)으로 구하면

$$|A|=\begin{vmatrix} 1 & 4 & 3 \\ -1 & -2 & 0 \\ 2 & 2 & 3 \end{vmatrix}$$

$$=3(-1)^{1+3}\begin{vmatrix} -1 & -2 \\ 2 & 2 \end{vmatrix}+0(-1)^{2+3}\begin{vmatrix} 1 & 4 \\ 2 & 2 \end{vmatrix}+3(-1)^{3+3}\begin{vmatrix} 1 & 4 \\ -1 & -2 \end{vmatrix}$$

$$=3(-2+4)+0+3(-2+4)=6+6=12$$

이다.

자주 접하게 되는 3차 행렬식의 계산은 사루스(Sarrus)의 법칙이라는 계산법이 있다. 이 방법은 3차 정사각행렬 $A=(a_{ij})$의 열을 다음과 같이

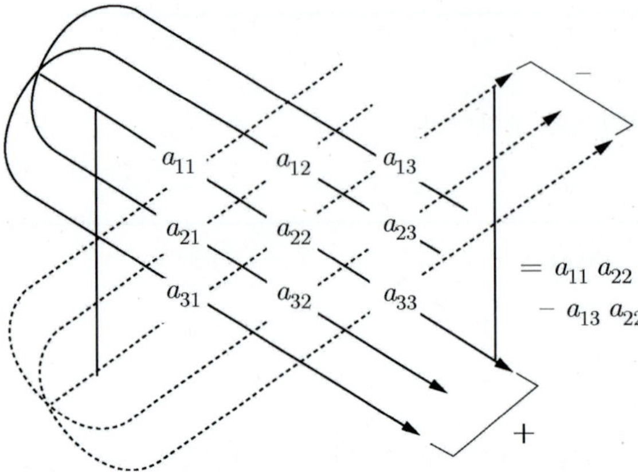

$$= a_{11}a_{22}a_{33} + a_{12}a_{23}a_{31} + a_{13}a_{21}a_{32} - a_{13}a_{22}a_{31} - a_{11}a_{22}a_{32} - a_{12}a_{23}a_{33}$$

순서대로 적은 다음, 왼쪽부터 아래로 향하는 대각선 위의 수를 곱한 값인

$$a_{11}a_{22}a_{33}, \quad a_{12}a_{23}a_{31}, \quad a_{13}a_{21}a_{32}$$

의 앞에는 양의 부호를, 그리고

$$a_{13}a_{22}a_{31}, \quad a_{11}a_{23}a_{32}, \quad a_{12}a_{21}a_{33}$$

의 앞에는 음의 부호를 붙인 다음 모두 합하여 행렬식을 계산한다.

정의 4.1에 의하여 n차 정사각행렬의 행렬식을 계산하기 위해서는 $n!$개의 항에 대한 부호의 결정과 연산을 해야 한다. 비교적 기억하기 쉬운 사루스의 법칙은 3차 행렬식의 계산에만 적용되고, 4차 이상의 행렬식 계산에는 적용할 수 없다.

다음은 행렬식의 계산을 보다 효율적으로 할 수 있게 해주는 행렬식의 기본적인 성질들이고 귀납적으로 어렵지 않게 증명될 수 있다.

정리 4.2 행렬식의 성질

n차 정사각행렬 $A=(a_{ij})$, $B=(b_{ij})$, $C=(c_{ij})$이고 α는 실수이다.

(1) A의 한 행(열)이 모두 0 이면 $|A|=0$이다.

(2) A의 임의의 두 행(열)을 바꾸어 얻은 행렬을 B라 하면 $|B|=-|A|$이다.

(3) A의 임의의 두 행(열)이 같으면 $|A|=0$이다.

(4) A의 한 행(열)에 α를 곱해서 얻은 행렬을 B라 하면 $|B|=\alpha|A|$이다.

(5) A의 한 행(열)에 다른 행(열)의 α배를 더해도 행렬식은 같다.

(6) $|A^t| = |A|$이다.

(7) A가 상삼각행렬, 하삼각행렬 또는 대각행렬이면 $|A| = a_{11}a_{22}\cdots a_{nn}$이다.

(8) $|AB| = |A||B|$이다.

예제 4.2

다음 행렬을 이용하여 정리 4.2의 성질들을 조사하여라.

(1) $A = \begin{pmatrix} 0 & 0 & 0 \\ 3 & 4 & 2 \\ -1 & 5 & 9 \end{pmatrix}$ (2) $A = \begin{pmatrix} 1 & -2 & 3 \\ 0 & 0 & 2 \\ 5 & 1 & 3 \end{pmatrix}$, $B = \begin{pmatrix} 1 & -2 & 3 \\ 5 & 1 & 3 \\ 0 & 0 & 2 \end{pmatrix}$, $C = \begin{pmatrix} 5 & 1 & 3 \\ 1 & -2 & 3 \\ 0 & 0 & 2 \end{pmatrix}$

(3) $A = \begin{pmatrix} 1 & 2 & 3 \\ -1 & 0 & 5 \\ 1 & 2 & 3 \end{pmatrix}$ (4) $A = \begin{pmatrix} 1 & 2 & 3 \\ -2 & 0 & 2 \\ 7 & 1 & 0 \end{pmatrix}$, $B = \begin{pmatrix} 2 & 4 & 6 \\ -2 & 0 & 2 \\ 7 & 1 & 0 \end{pmatrix}$

(5) $A = \begin{pmatrix} 1 & 2 & 3 \\ -2 & 0 & 2 \\ 7 & 1 & 0 \end{pmatrix}$, $B = \begin{pmatrix} 1 & 2 & 3 \\ -2 & 0 & 2 \\ 3 & 1 & 4 \end{pmatrix}$ (6) $A = \begin{pmatrix} 1 & 2 & 3 \\ -2 & 0 & 2 \\ 7 & 1 & 0 \end{pmatrix}$, $B = \begin{pmatrix} 1 & -2 & 7 \\ 2 & 0 & 1 \\ 3 & 2 & 0 \end{pmatrix}$

(7) $A = \begin{pmatrix} 2 & 1 & 0 \\ 0 & -3 & 1 \\ 0 & 0 & -3 \end{pmatrix}$ (8) $A = \begin{pmatrix} 1 & -2 & 3 \\ 0 & 0 & 2 \\ 3 & 1 & 0 \end{pmatrix}$, $B = \begin{pmatrix} 1 & -1 & 3 \\ 1 & 0 & 1 \\ 0 & 1 & 0 \end{pmatrix}$

풀이 (1) 행렬 A의 한 행이 모두 0이므로 $|A| = 0$이다.

(2) 제2행에 대한 여인수 전개에 의해서 $|A| = -22$이다. 행렬 B는 행렬 A의 제2행과 제3행을 바꾼 행렬이므로 $|B| = -|A|$이고, 행렬 C는 행렬 A의 제1행과 제2행을 바꾼 뒤 다시 제1행과 제3행을 교환하였으므로 $|C| = -(-|A|) = |A|$이다.

그러므로 $|B| = 22$, $|C| = -22$이다.

(3) 행렬 A의 제1행과 제3행이 같으므로 $|A| = 0$이다.

(4) $|A| = 1\times|M_{11}| - 2\times|M_{12}| + 3\times|M_{13}| = 20$이고, 행렬 B는 행렬 A의 제1행에 2를 곱해서 얻은 행렬이므로 $|B| = 2\times|A| = 40$이다.

(5) 행렬 B는 행렬 A의 제2행의 2배를 A의 제3행에 더하여 얻은 행렬이다.

따라서 $|B| = |A| = 20$이다.

(6) 행렬 B는 행렬 A의 전치행렬이므로 $|B| = |A^t| = |A| = 20$이다.

(7) 행렬 A는 상삼각행렬이므로 $|A| = 2\times(-3)\times(-3) = 18$이다.

(8) $|A| = -14$, $|B| = 2$이므로 $|AB| = -28$이다.

예제 4.3

$$A = \begin{pmatrix} 1 & 1 & 1 & 3 \\ 0 & 3 & 1 & 1 \\ 0 & 0 & 2 & 2 \\ -1 & -1 & -1 & 2 \end{pmatrix}$$이고 $$B = \begin{pmatrix} 0 & 0 & 0 & 1 \\ 1 & 0 & 0 & 0 \\ 0 & 1 & 0 & 0 \\ 0 & 0 & 1 & 0 \end{pmatrix}$$일 때 AB의 행렬식을 구하여라.

풀이 $$AB = \begin{pmatrix} 1 & 1 & 1 & 3 \\ 0 & 3 & 1 & 1 \\ 0 & 0 & 2 & 2 \\ -1 & -1 & -1 & 2 \end{pmatrix}\begin{pmatrix} 0 & 0 & 0 & 1 \\ 1 & 0 & 0 & 0 \\ 0 & 1 & 0 & 0 \\ 0 & 0 & 1 & 0 \end{pmatrix} = \begin{pmatrix} 1 & 1 & 3 & 1 \\ 3 & 1 & 1 & 0 \\ 0 & 2 & 2 & 0 \\ -1 & -1 & 2 & -1 \end{pmatrix}$$에서

$$|AB| = \begin{vmatrix} 1 & 1 & 3 & 1 \\ 3 & 1 & 1 & 0 \\ 0 & 2 & 2 & 0 \\ -1 & -1 & 2 & -1 \end{vmatrix} = \begin{vmatrix} 1 & 1 & 3 & 1 \\ 0 & -2 & -8 & -3 \\ 0 & 2 & 2 & 0 \\ 0 & 0 & 5 & 0 \end{vmatrix} = \begin{vmatrix} -2 & -8 & -3 \\ 2 & 2 & 0 \\ 0 & 5 & 0 \end{vmatrix}$$

$$= \begin{vmatrix} -2 & -8 & -3 \\ 0 & -6 & -3 \\ 0 & 5 & 0 \end{vmatrix} = -\begin{vmatrix} -2 & -3 & -8 \\ 0 & -3 & -6 \\ 0 & 0 & 5 \end{vmatrix} = (-1)(-2)(-3)(5) = -30$$

이다. 또한

$$|A| = \begin{vmatrix} 1 & 1 & 1 & 3 \\ 0 & 3 & 1 & 1 \\ 0 & 0 & 2 & 2 \\ -1 & -1 & -1 & 2 \end{vmatrix} = \begin{vmatrix} 1 & 1 & 1 & 3 \\ 0 & 3 & 1 & 1 \\ 0 & 0 & 2 & 2 \\ 0 & 0 & 0 & 5 \end{vmatrix} = 30$$이고

$$|B| = \begin{vmatrix} 0 & 0 & 0 & 1 \\ 1 & 0 & 0 & 0 \\ 0 & 1 & 0 & 0 \\ 0 & 0 & 1 & 0 \end{vmatrix} = (1)(-1)^{1+4}\begin{vmatrix} 1 & 0 & 0 \\ 0 & 1 & 0 \\ 0 & 0 & 1 \end{vmatrix} = -1$$에서

$|AB| = |A||B| = -30$이다.

정의 4.3 수반행렬

n차 정사각행렬 $A = (a_{ij})$ 에 대하여 a_{ij}의 여인수(cofactor) A_{ij}에 대하여 $adj\,A$를 A의 수반행렬(classical adjoint or adjugate matrix)라 하고 다음과 같이 나타낸다.

$$adj\,A = \begin{pmatrix} A_{11} & A_{12} & \cdots & A_{1n} \\ A_{21} & A_{22} & \cdots & A_{2n} \\ \vdots & \vdots & & \vdots \\ A_{n1} & A_{n2} & \cdots & A_{nn} \end{pmatrix}^t = \begin{pmatrix} A_{11} & A_{21} & \cdots & A_{n1} \\ A_{12} & A_{22} & \cdots & A_{n2} \\ \vdots & \vdots & & \vdots \\ A_{1n} & A_{2n} & \cdots & A_{nn} \end{pmatrix}$$

수반행렬 $adj\,A$의 성분을 보면 a_{ij}의 여인수 A_{ij}를 성분으로 하는 행렬의 전치행렬이므로 A_{ij}의 순서에 주의한다.

예제 4.4

행렬 $A = \begin{pmatrix} 1 & 0 & 3 \\ 2 & 5 & 1 \\ 0 & 1 & 3 \end{pmatrix}$의 수반행렬을 구하여라.

풀이 행렬 $A = \begin{pmatrix} 1 & 0 & 3 \\ 2 & 5 & 1 \\ 0 & 1 & 3 \end{pmatrix}$의 여인수는

$A_{11} = (-1)^{1+1}\begin{vmatrix} 5 & 1 \\ 1 & 3 \end{vmatrix} = 14$, $A_{12} = (-1)^{1+2}\begin{vmatrix} 2 & 1 \\ 0 & 3 \end{vmatrix} = -6$,

$A_{13} = (-1)^{1+3}\begin{vmatrix} 2 & 5 \\ 0 & 1 \end{vmatrix} = 2$, $A_{21} = (-1)^{2+1}\begin{vmatrix} 0 & 3 \\ 1 & 3 \end{vmatrix} = 3$,

$A_{22} = (-1)^{2+2}\begin{vmatrix} 1 & 3 \\ 0 & 3 \end{vmatrix} = 3$, $A_{23} = (-1)^{2+3}\begin{vmatrix} 1 & 0 \\ 0 & 1 \end{vmatrix} = -1$,

$A_{31} = (-1)^{3+1}\begin{vmatrix} 0 & 3 \\ 5 & 1 \end{vmatrix} = -15$, $A_{32} = (-1)^{3+2}\begin{vmatrix} 1 & 3 \\ 2 & 1 \end{vmatrix} = 5$,

$A_{33} = (-1)^{3+3}\begin{vmatrix} 1 & 0 \\ 2 & 5 \end{vmatrix} = 5$

이므로 정의에 의하여 행렬 A의 수반행렬은

$adj\,A = \begin{pmatrix} A_{11} & A_{21} & A_{31} \\ A_{12} & A_{22} & A_{32} \\ A_{13} & A_{23} & A_{33} \end{pmatrix} = \begin{pmatrix} 14 & 3 & -15 \\ -6 & 3 & 5 \\ 2 & -1 & 5 \end{pmatrix}$이다.

정리 4.4 수반행렬과 역행렬의 관계

n차 정사각행렬 $A=(a_{ij})$가 가역행렬이면

$$A^{-1}=\frac{1}{|A|}\,adj\,A$$

이다.

예제 4.5

수반행렬을 이용하여 행렬 $A=\begin{pmatrix}1 & 0 & 3\\ 2 & 5 & 1\\ 0 & 1 & 3\end{pmatrix}$의 역행렬을 구하여라.

풀이 예제 4.4에서 행렬 A의 행렬식 $|A|=20$이고 A의 수반행렬

$$adj\,A=\begin{pmatrix}14 & 3 & -15\\ -6 & 3 & 5\\ 2 & -1 & 5\end{pmatrix}$$

이다. 그러므로 행렬 A의 역행렬은

$$A^{-1}=\frac{1}{20}\begin{pmatrix}14 & 3 & -15\\ -6 & 3 & 5\\ 2 & -1 & 5\end{pmatrix}$$

이다.

정리 4.5 가역행렬의 필요충분조건

n차 정사각행렬 $A=(a_{ij})$가 가역행렬이기 위한 필요충분조건은 $|A|\neq 0$이다.

증명 행렬 A가 가역행렬이면 A^{-1}가 존재하고 $AA^{-1}=A^{-1}A=I_n$이다. 정리 4.2 행렬식의 기본성질에 의하여

$$1=|I_n|=|AA^{-1}|=|A||A^{-1}|$$

이므로 $|A|\neq 0$이다.

이제 $|A|\neq 0$라고 가정하자. n차 정사각행렬

$$B = \frac{1}{|A|} adj\, A$$

라 하면

$$AB = BA = I_n$$

이므로

$$B = A^{-1}$$

이다.

정리 4.6 역행렬의 행렬식

n차 정사각행렬 $A = (a_{ij})$가 가역이면 $|A| \neq 0$이고 $|A^{-1}| = \frac{1}{|A|}$이다.

증명 정리 4.5에 의하여 행렬 A가 가역이면 $|A| \neq 0$이고

$$AA^{-1} = I_n = A^{-1}A$$

이다. 정리 4.2 행렬식의 기본성질에 의하여

$$1 = |I_n| = |AA^{-1}| = |A||A^{-1}|$$

이다. 그러므로 $|A^{-1}| = \frac{1}{|A|}$이 성립한다.

예제 4.6

행렬 $A = \begin{pmatrix} 2 & 9 \\ 1 & -3 \end{pmatrix}$의 행렬식을 이용하여 역행렬 A^{-1}의 행렬식을 구하여라.

풀이 $|A| = -6 - 9 = -15$ 이므로

$|A^{-1}| = \frac{1}{|A|} = -\frac{1}{15}$이다.

4.2 Cramer 법칙

정리 4.7 (Cramer 법칙)

n차 정사각행렬 $A=(a_{ij})$, $|A| \neq 0$라고 하자. 미지수 x_i $(i=1,2,\cdots,n)$에 관한 연립일차방정식 $A\boldsymbol{x}=\boldsymbol{b}$의 유일한 해는

$$x_i = \frac{|A_i|}{|A|}\,(i=1,2,\cdots,n)$$

이다. 여기서 A_i는 A의 i열의 성분을 b의 성분으로 바꾸어 놓은 행렬이다.

증명 A가 가역이므로 연립일차방정식 $A\boldsymbol{x}=\boldsymbol{b}$의 해 $\boldsymbol{x}=\boldsymbol{A}^{-1}\boldsymbol{b}$이다.

$$A^{-1}\boldsymbol{b}=\frac{1}{|A|}(adj\,A)\,\boldsymbol{b}=\frac{1}{|A|}\begin{pmatrix} A_{11} & A_{21} & \cdots & A_{n1} \\ A_{12} & A_{22} & \cdots & A_{n2} \\ \vdots & \vdots & & \vdots \\ A_{1i} & A_{2i} & \cdots & A_{ni} \\ \vdots & \vdots & & \vdots \\ A_{1n} & A_{2m} & \cdots & A_{nn} \end{pmatrix}\begin{pmatrix} b_1 \\ b_2 \\ \vdots \\ b_n \end{pmatrix}$$

여기서 $n\times 1$행렬 $(adj\,A)\boldsymbol{b}$의 i성분은

$$A_{1i}b_1+A_{2i}b_2+\cdots+A_{ni}b_n$$

이다. 그리고

$$A_i=\begin{pmatrix} a_{11} & a_{12} & \cdots & b_1 \cdots & a_{1n} \\ a_{21} & a_{22} & \cdots & b_2 \cdots & a_{2n} \\ \vdots & \vdots & & \vdots & \vdots \\ a_{n1} & a_{n2} & \cdots & b_n \cdots & a_{nn} \end{pmatrix}$$

이므로 i열에 대하여 여인수 전개하면 A_i의 행렬식

$$|A_i|=b_1A_{1i}+b_2A_{2i}+\cdots+b_nA_{ni}$$

가 성립한다. 그러므로

$$\boldsymbol{x}=A^{-1}\boldsymbol{b}=\frac{1}{|A|}(adj\,A)\,\boldsymbol{b}=\frac{1}{|A|}\begin{pmatrix} |A_1| \\ |A_2| \\ \vdots \\ |A_n| \end{pmatrix}$$

이다. 즉

$$x_i = \frac{|A_i|}{|A|}\,(i=1,2,\cdots,n)$$

가 성립한다.

예제 4.7

다음 연립방정식을 Cramer 법칙을 이용하여 풀어라.

$$\begin{cases} x_1 + 2x_2 + x_3 = 3 \\ 3x_1 - x_2 - 3x_3 = -1 \\ 2x_1 + 3x_2 + x_3 = 4 \end{cases}$$

풀이 $A = \begin{pmatrix} 1 & 2 & 1 \\ 3 & -1 & -3 \\ 2 & 3 & 1 \end{pmatrix}$에서

$$|A| = \begin{vmatrix} 1 & 2 & 1 \\ 3 & -1 & -3 \\ 2 & 3 & 1 \end{vmatrix} = \begin{vmatrix} 1 & 2 & 1 \\ 0 & -7 & -6 \\ 0 & -1 & -1 \end{vmatrix} = \begin{vmatrix} -7 & -6 \\ -1 & -1 \end{vmatrix} = 1,$$

$$|A_1| = \begin{vmatrix} 3 & 2 & 1 \\ -1 & -1 & -3 \\ 4 & 3 & 1 \end{vmatrix} = \begin{vmatrix} 0 & 0 & 1 \\ 8 & 5 & -3 \\ 1 & 1 & 1 \end{vmatrix} = \begin{vmatrix} 8 & 5 \\ 1 & 1 \end{vmatrix} = 3,$$

$$|A_2| = \begin{vmatrix} 1 & 3 & 1 \\ 3 & -1 & -3 \\ 2 & 4 & 1 \end{vmatrix} = \begin{vmatrix} 1 & 3 & 1 \\ 0 & -10 & -6 \\ 0 & -2 & -1 \end{vmatrix} = \begin{vmatrix} -10 & -6 \\ -2 & -1 \end{vmatrix} = -2,$$

$$|A_3| = \begin{vmatrix} 1 & 2 & 3 \\ 3 & -1 & -1 \\ 2 & 3 & 4 \end{vmatrix} = \begin{vmatrix} 1 & 2 & 3 \\ 0 & -7 & -10 \\ 0 & -1 & -2 \end{vmatrix} = \begin{vmatrix} -7 & -10 \\ -1 & -2 \end{vmatrix} = 4 \text{이므로}$$

$$x_1 = \frac{|A_1|}{|A|} = 3,\ x_2 = \frac{|A_2|}{|A|} = -2,\ x_3 = \frac{|A_3|}{|A|} = 4 \text{이다.}$$

예제 4.8

연립방정식

$$\begin{cases} x + by = a \\ x - dy = -c \end{cases}$$

에서 단 하나의 해가 존재할 조건을 구하고, 이 때 Cramer 법칙을 이용하여 해를 구하여라.

풀이 연립방정식을 행렬로 표현하면

$$\begin{pmatrix} 1 & b \\ 1 & -d \end{pmatrix} \begin{pmatrix} x \\ y \end{pmatrix} = \begin{pmatrix} a \\ -c \end{pmatrix}$$

에서 $A=\begin{pmatrix}1 & b\\ 1 & -d\end{pmatrix}$가 가역이기 위해서는

$$|A|=\begin{vmatrix}1 & b\\ 1 & -d\end{vmatrix}=-d-b\neq 0$$

이다. 이때

$$|A_1|=\begin{vmatrix}a & b\\ -c & -d\end{vmatrix}=-ad+bc,\quad |A_2|=\begin{vmatrix}1 & a\\ 1 & -c\end{vmatrix}=-c-a$$

이므로

$$x=\frac{|A_1|}{|A|}=\frac{(-ad+bc)}{(-d-b)}=\frac{ad-bc}{b+d},\ y=\frac{|A_2|}{|A|}=\frac{(-c-a)}{(-d-b)}=\frac{a+c}{b+d}$$

이다.

[주] 순열(permutation)을 이용한 행렬식의 또 다른 정의

S를 유한집합이라 할 때, S의 원소에 순서를 주는 것을 S의 순열이라 한다.

집합 S가 n개의 원소를 가지고 있다면 순열은 $n!$가지가 있다. 임의의 순열은 순서를 갖는 순서열로 나타낼 수 있다. 예를 들어 $S=\{1,2,3\}$이라면 순열은 다음과 같이 6개가 있다.

$$(1,2,3),\ (1,3,2),\ (2,1,3),\ (2,3,1),\ (3,1,2),\ (3,2,1)$$

S_n을 $\{1,2,\cdots,n\}$의 모든 순열들의 집합이라 하자. S_n의 한 원소

$$\boldsymbol{k}=(k_1,k_2,\cdots,k_n)$$

이 $i<j$일 때 $k_i>k_j$ 즉 어떤 큰 수가 어느 작은 수보다 앞에 왔다면 $\boldsymbol{k}$는 전도를 갖는다고 말한다. 어느 순열이 짝수 개의 전도를 가지면 우순열이라 하고 홀수 개의 전도를 가지면 기순열이라 한다. S_3에서 $(1,3,2),(2,1,3),(3,2,1)$은 기순열이고 $(1,2,3),(2,3,1),(3,1,2)$은 우순열이다. 그리고 순열들의 집합 S_n에서 실수집합으로서의 함수 $\delta(\boldsymbol{k})$를 다음과 같이 정의하고 이것을 $\boldsymbol{k}$의 등가라 한다. S_n에서의 임의의 순열 $\boldsymbol{k}$에 대하여

$$\delta(\boldsymbol{k})=\begin{cases}0 & (\boldsymbol{k}\ \text{우순열})\\ 1 & (\boldsymbol{k}\ \text{기순열})\end{cases}$$

이라 하자. $A=(a_{ij})$가 $n\times n$행렬일 때

$$|A|=\sum(-1)^{\delta(\boldsymbol{k})}\,a_{1k_1}a_{2k_2}\cdots a_{nk_n}$$

이다. 여기서 $\sum$는 S_n 에서의 모든 순열 $\boldsymbol{k}=(k_1 k_2 \cdots k_n)$에 관한 합이다.

연습문제 4절

1. 행렬 $A=\begin{pmatrix} 2 & -2 & 0 \\ 1 & -3 & 2 \\ -1 & 3 & 1 \end{pmatrix}$에 대하여 다음 물음에 답하여라.

(1) 제 3행에 관한 전개식으로 $|A|$을 구하여라.

(2) 제 2열에 관한 전개식으로 $|A|$을 구하여라.

2. 행 또는 열에 관한 전개식을 이용하여 다음을 계산하여라.

$$\begin{vmatrix} 1 & -2 & 1 & 3 \\ 0 & 0 & 5 & 2 \\ 3 & -3 & 4 & 1 \\ 2 & 0 & -2 & -3 \end{vmatrix}$$

3. $|A|=-3,\ |B|=5$인 n차 정사각행렬일 때, 다음을 구하여라.

(1) $|AB|$ (2) $|ABA^{-1}|$

4. A 가 3×3 행렬이고 $\det(A)=-2$일 때, 다음의 행렬식을 계산하여라.

(1) $\det(A^t)$ (2) $\det(3A)$ (3) $\det(A^2)$

(4) $\det(A^{-1})$ (5) $\det(AA^t)$

5. $A=\begin{pmatrix} a & b \\ c & d \end{pmatrix}$의 행렬식이 $|A|=3$일 때 다음을 구하여라.

(1) $\begin{vmatrix} a & b \\ -3c & -3d \end{vmatrix}$ (2) $\begin{vmatrix} a-3c & b-3d \\ c & d \end{vmatrix}$

(3) $\begin{vmatrix} c & d \\ a & b \end{vmatrix}$ (4) $\begin{vmatrix} 2c & 2d \\ 2a & 2b \end{vmatrix}$

6. $A=\begin{pmatrix} 2 & -2 & 0 \\ 1 & -3 & 2 \\ -1 & 3 & 1 \end{pmatrix}$, $B=\begin{pmatrix} 3 & 2 & 4 \\ 1 & -2 & 3 \\ 2 & 3 & 2 \end{pmatrix}$, $C=\begin{pmatrix} 2 & 1 & -1 \\ 2 & 1 & 2 \\ 3 & 1 & 1 \end{pmatrix}$일 때 다음을 구하여라.

(1) $|ABC|$　　　　(2) $|AB^2C^2|$

7. $\begin{vmatrix} x-6 & 3 & 7 \\ 1 & x-2 & -1 \\ -5 & 3 & x+6 \end{vmatrix}=0$을 만족하는 해를 구하여라.

8. 다음을 증명하여라.

(1) $\begin{vmatrix} a+b & c & c \\ a & b+c & a \\ b & b & c+a \end{vmatrix}=2\begin{vmatrix} 0 & b & a \\ b & 0 & c \\ a & c & 0 \end{vmatrix}$

(2) $\begin{vmatrix} 1 & a & a^3 \\ 1 & b & b^3 \\ 1 & c & c^3 \end{vmatrix}=(a-b)(b-c)(c-a)(a+b+c)$

9. 다음을 계산하여라.

(1) $\begin{vmatrix} \sin\alpha & \cos\alpha & \sin(\alpha+\delta) \\ \sin\beta & \cos\beta & \sin(\beta+\delta) \\ \sin\gamma & \cos\gamma & \sin(\gamma+\delta) \end{vmatrix}$　　　　(2) $\begin{vmatrix} (a+b)^2 & c^2 & c^2 \\ a^2 & (b+c)^2 & a^2 \\ b^2 & b^2 & (c+a)^2 \end{vmatrix}$

10. 다음 행렬의 행렬식을 구하여라.

(1) $\begin{pmatrix} 1 & 5 & 1 \\ 2 & 6 & 1 \\ 1 & 9 & 3 \end{pmatrix}$　　(2) $\begin{pmatrix} 1 & 2 & 1 \\ 2 & 2 & 1 \\ 1 & 2 & 3 \end{pmatrix}$　　(3) $\begin{pmatrix} 1 & -2 & 1 \\ 0 & 2 & 5 \\ 0 & 0 & -3 \end{pmatrix}$

(4) $\begin{pmatrix} a+1 & a+2 & a+3 \\ a+4 & a+5 & a+6 \\ a+7 & a+8 & a+9 \end{pmatrix}$　　(5) $\begin{pmatrix} 1 & 0 & 1 & 1 \\ -1 & 1 & -1 & 1 \\ -1 & 1 & 1 & 0 \\ -1 & 1 & -1 & 1 \end{pmatrix}$

11. $\begin{vmatrix} 1 & 1 & 1 & 1 \\ a & b & c & d \\ a^2 & b^2 & c^2 & d^2 \\ a^3 & b^3 & c^3 & d^3 \end{vmatrix}$을 인수분해 하여라.

12. 문제11을 이용하여 $\begin{vmatrix} 1 & x_1 & x_1^2 & x_1^3 \\ 1 & x_2 & x_2^2 & x_2^3 \\ 1 & x_3 & x_3^2 & x_3^3 \\ 1 & x_4 & x_4^2 & x_4^3 \end{vmatrix}$의 값을 구하여라.

13. $\begin{vmatrix} 1 & x_1 & x_1^2 & x_1^3 & \cdots & x_1^{n-1} \\ 1 & x_2 & x_2^2 & x_2^3 & \cdots & x_2^{n-1} \\ 1 & x_3 & x_3^2 & x_3^3 & \cdots & x_3^{n-1} \\ \vdots & \vdots & \vdots & \vdots & & \vdots \\ 1 & x_n & x_n^2 & x_n^3 & \cdots & x_n^{n-1} \end{vmatrix}$의 값을 구하여라.(이 행렬식을 Vandermonde 행렬식이라 한다.)

14. 다음 행렬이 가역임을 밝히고 수반행렬을 이용하여 역행렬을 구하여라.

(1) $\begin{pmatrix} 1 & 1 & 1 \\ 2 & -1 & -3 \\ 1 & 1 & -2 \end{pmatrix}$ (2) $\begin{pmatrix} 1 & 0 & 1 \\ 3 & 3 & 4 \\ 2 & 2 & 3 \end{pmatrix}$

15. Cramer 법칙을 이용하여 다음 연립방정식의 유일한 해를 구하여라.

(1) $\begin{cases} (\cos\theta)x - (\sin\theta)y = \cos\theta - 3\sin\theta \\ (\sin\theta)x + (\cos\theta)y = \sin\theta + 3\cos\theta \end{cases}$

(2) $\begin{cases} x + y - z = 2 \\ x - y + z = 3 \\ -x + y + z = 4 \end{cases}$

16. Cramer 법칙을 이용하여 다음 연립방정식의 해 중 z값만 구하여라.

$$\begin{cases} x + y + z + w = 5 \\ 2x - y - 3z - w = 3 \\ x + y - 2z + 2w = 11 \\ x + 3z + 2w = 5 \end{cases}$$

17. 다음 연립방정식에서 독립인 해 $\begin{pmatrix} x \\ y \\ z \end{pmatrix}$을 구하여라.

$$\begin{cases} x - y = a \\ -\alpha x + y + \alpha z = b \\ -\beta x + z = 0 \end{cases} \quad (0 < \alpha < 1,\ 0 < \beta < 1)$$

18. 행렬 $A=\begin{pmatrix} 2 & 1 & -1 & a \\ 2 & -3 & -1 & b \\ 1 & 3 & 2 & c \\ 1 & -2 & -1 & d \end{pmatrix}$이고 $\det(A)=9$일 때, $\begin{pmatrix} 2 & 1 & -1 & a \\ 2 & -3 & -1 & b \\ 1 & 3 & 2 & c \\ 1 & -2 & -1 & d \end{pmatrix}\begin{pmatrix} x \\ y \\ z \\ w \end{pmatrix}=\begin{pmatrix} 2 \\ 4 \\ -3 \\ 1 \end{pmatrix}$의 w을 구하여라.

19. 연립방정식 $\begin{cases} 3x+2y=4 \\ 4x-5y=6 \end{cases}$에 대하여 다음 물음에 답하여라.

(1) Gauss-Jordan 소거법을 이용하여 해를 구하여라.

(2) 역행렬을 이용하여 해를 구하여라.

(3) Cramer 공식을 이용하여 해를 구하여라.

20. $A=(a_{ij})_{n\times n}$ 일 때, 실수 k에 대하여 $|kA|=k^n|A|$ 임을 보여라.

21. n차 정방행렬 A가 가역일 때, $|adjA|=|A|^{n-1}$ 임을 증명하여라.

22. n차 정사각행렬 A, B에 대하여 다음 명제의 참과 거짓을 판정하여라.

(1) A의 한 열이 다른 열의 상수 배이면 $|A|=0$이다.

(2) $|A^t|=|A|$이다.

(3) $|3A|=3|A|$이다.

(4) E가 n차 단위행렬 I_n의 두 행을 서로 바꾼 기본행렬이면 $|EA|=-|A|$이다.

(5) $|AB|=|A|\,|B|$이다.

(6) A가 가역이기 위한 필요충분조건은 $|A|=1$이다.

(7) $|A+B|=|A|+|B|$이다.

제5절 응용

정사각행렬을 행에 관한 사다리꼴 행렬과 기본행렬들의 곱으로 표현하는 방법을 익히고, 이를 이용하여 연립일차방정식의 해를 구한다.

5.1 LU 인수분해

유한개의 기본행렬 $E_1, E_2, \cdots, E_n$을 이용하여

$$U = E_n \cdots E_1 A$$

을 만족하는 행렬 A의 행사다리꼴(row echelon form) 행렬 U을 구할 수 있다.

예제 5.1

정칙행렬 $A = \begin{pmatrix} 1 & 3 & 7 \\ 2 & 6 & 8 \\ 0 & 4 & 3 \end{pmatrix}$을 행에 관한 사다리꼴 행렬 U와 기본행렬들의 곱으로 표시하여라.

풀이 먼저 A의 행 사다리꼴 행렬 U을 구해보자. $-2R_1 + R_2 \to R_2$, $R_2 \leftrightarrow R_3$을 시행하면

$$\begin{pmatrix} 1 & 3 & 7 \\ 2 & 6 & 8 \\ 0 & 4 & 3 \end{pmatrix} \sim \begin{pmatrix} 1 & 3 & 7 \\ 0 & 0 & -6 \\ 0 & 4 & 3 \end{pmatrix} \sim \begin{pmatrix} 1 & 3 & 7 \\ 0 & 4 & 3 \\ 0 & 0 & -6 \end{pmatrix} = U\text{에서}$$

$$E_1 = \begin{pmatrix} 1 & 0 & 0 \\ -2 & 1 & 0 \\ 0 & 0 & 1 \end{pmatrix},\ E_2 = \begin{pmatrix} 1 & 0 & 0 \\ 0 & 0 & 1 \\ 0 & 1 & 0 \end{pmatrix}\text{이므로}$$

$U = E_2 E_1 A$이다. 그러므로

$$A = E_1^{-1} E_2^{-1} U = \begin{pmatrix} 1 & 0 & 0 \\ 2 & 1 & 0 \\ 0 & 0 & 1 \end{pmatrix} \begin{pmatrix} 1 & 0 & 0 \\ 0 & 0 & 1 \\ 0 & 1 & 0 \end{pmatrix} \begin{pmatrix} 1 & 3 & 7 \\ 0 & 4 & 3 \\ 0 & 0 & -6 \end{pmatrix}\text{이다.}$$

예제 5.2

행렬 $U=\begin{pmatrix}1 & 3 & 7\\ 0 & 4 & 3\\ 0 & 0 & -6\end{pmatrix}$을 기본행렬들의 곱으로 표시하여라.

풀이 먼저 U의 변형된 행 사다리꼴 단위행렬 I_3을 구해보자.

$$\begin{pmatrix}1 & 3 & 7\\ 0 & 4 & 3\\ 0 & 0 & -6\end{pmatrix}\ \boxed{-\frac{1}{6}R_3\to R_3}\ \begin{pmatrix}1 & 3 & 7\\ 0 & 4 & 3\\ 0 & 0 & 1\end{pmatrix}\ \boxed{-3R_3+R_2\to R_2}$$

$$\begin{pmatrix}1 & 3 & 7\\ 0 & 4 & 0\\ 0 & 0 & 1\end{pmatrix}\ \boxed{-7R_3+R_1\to R_1}\ \begin{pmatrix}1 & 3 & 0\\ 0 & 4 & 0\\ 0 & 0 & 1\end{pmatrix}\ \boxed{\frac{1}{4}R_2\to R_2}$$

$$\begin{pmatrix}1 & 3 & 0\\ 0 & 1 & 0\\ 0 & 0 & 1\end{pmatrix}\ \boxed{-3R_2+R_1\to R_1}\ \begin{pmatrix}1 & 0 & 0\\ 0 & 1 & 0\\ 0 & 0 & 1\end{pmatrix}=I_3$$

이다.

$$E_1=\begin{pmatrix}1 & 0 & 0\\ 0 & 1 & 0\\ 0 & 0 & -\frac{1}{6}\end{pmatrix},\ E_2=\begin{pmatrix}1 & 0 & 0\\ 0 & 1 & -3\\ 0 & 0 & 1\end{pmatrix},\ E_3=\begin{pmatrix}1 & 0 & -7\\ 0 & 1 & 0\\ 0 & 0 & 1\end{pmatrix},\ E_4=\begin{pmatrix}1 & 0 & 0\\ 0 & \frac{1}{4} & 0\\ 0 & 0 & 1\end{pmatrix},\ E_5=\begin{pmatrix}1 & -3 & 0\\ 0 & 1 & 0\\ 0 & 0 & 1\end{pmatrix}$$

이므로 $I_3=E_5\cdots E_1U$ 이다. 따라서 $U=(E_5\cdots E_1)^{-1}I_3=E_1^{-1}\cdots E_5^{-1}$이다.

정의 5.1 (LU 인수분해)

행렬 A는 행에 관한 사다리꼴 행렬 U와 기본행렬들의 곱 즉

$$A=(E_n\cdots E_1)^{-1}U=E_1^{-1}\cdots E_n^{-1}U$$

으로 표시할 수 있다. 이때

$$L=E_1^{-1}\cdots E_n^{-1}$$

이라 두면

$$A=LU$$

를 행렬 A의 LU 인수분해라고 한다.

예제 5.3

행렬 $A=\begin{pmatrix} 2 & 3 & -1 & 4 & 1 \\ 6 & 6 & -5 & 11 & 4 \\ -8 & -36 & -12 & -28 & 2 \\ -2 & -9 & -3 & 4 & 9 \end{pmatrix}$의 LU 인수분해를 구하여라.

풀이 $A=LU$를 만족하는 4×4행렬 L을 구해보자.

행렬 A에서 $-3R_1+R_2\to R_2$, $4R_1+R_3\to R_3$, $R_1+R_4\to R_4$을 시행하면

$$A\sim\begin{pmatrix} 2 & 3 & -1 & 4 & 1 \\ 0 & -3 & -2 & -1 & 1 \\ 0 & -24 & -16 & -12 & 6 \\ 0 & -6 & -4 & 8 & 10 \end{pmatrix}$$

이 된다. 여기서

$$E_1=\begin{pmatrix} 1 & 0 & 0 & 0 \\ -3 & 1 & 0 & 0 \\ 0 & 0 & 1 & 0 \\ 0 & 0 & 0 & 1 \end{pmatrix},\ E_2=\begin{pmatrix} 1 & 0 & 0 & 0 \\ 0 & 1 & 0 & 0 \\ 4 & 0 & 1 & 0 \\ 0 & 0 & 0 & 1 \end{pmatrix},\ E_3=\begin{pmatrix} 1 & 0 & 0 & 0 \\ 0 & 1 & 0 & 0 \\ 0 & 0 & 1 & 0 \\ 1 & 0 & 0 & 1 \end{pmatrix}$$

이다. 따라서

$$L=E_1^{-1}E_2^{-1}E_3^{-1}=\begin{pmatrix} 1 & 0 & 0 & 0 \\ 3 & 1 & 0 & 0 \\ -4 & \square & 1 & 0 \\ -1 & \square & \square & 1 \end{pmatrix}$$

라 두고 행렬 안의 □를 구해보자. 같은 방법으로 행렬

$$\begin{pmatrix} 2 & 3 & -1 & 4 & 1 \\ 0 & -3 & -2 & -1 & 1 \\ 0 & -24 & -16 & -12 & 6 \\ 0 & -6 & -4 & 8 & 10 \end{pmatrix}$$

에서 $-8R_2+R_3\to R_3$, $-2R_2+R_4\to R_4$을 시행하면

$$\begin{pmatrix} 2 & 3 & -1 & 4 & 1 \\ 0 & -3 & -2 & -1 & 1 \\ 0 & -24 & -16 & -12 & 6 \\ 0 & -6 & -4 & 8 & 10 \end{pmatrix}\sim\begin{pmatrix} 2 & 3 & -1 & 4 & 1 \\ 0 & -3 & -2 & -1 & 1 \\ 0 & 0 & 0 & -4 & -2 \\ 0 & 0 & 0 & 10 & 8 \end{pmatrix}$$

이 되므로

$$L=\begin{pmatrix} 1 & 0 & 0 & 0 \\ 3 & 1 & 0 & 0 \\ -4 & 8 & 1 & 0 \\ -1 & 2 & \square & 1 \end{pmatrix}$$

이 된다. 행렬

$$\begin{pmatrix} 2 & 3 & -1 & 4 & 1 \\ 0 & -3 & -2 & -1 & 1 \\ 0 & 0 & 0 & -4 & -2 \\ 0 & 0 & 0 & 10 & 8 \end{pmatrix}$$

에서 $\frac{5}{2}R_3 + R_4 \to R_4$을 시행하면

$$\begin{pmatrix} 2 & 3 & -1 & 4 & 1 \\ 0 & -3 & -2 & -1 & 1 \\ 0 & 0 & 0 & -4 & -2 \\ 0 & 0 & 0 & 10 & 8 \end{pmatrix} \sim \begin{pmatrix} 2 & 3 & -1 & 4 & 1 \\ 0 & -3 & -2 & -1 & 1 \\ 0 & 0 & 0 & -4 & -2 \\ 0 & 0 & 0 & 0 & 3 \end{pmatrix} = U$$

이 된다. 따라서

$$L = \begin{pmatrix} 1 & 0 & 0 & 0 \\ 3 & 1 & 0 & 0 \\ -4 & 8 & 1 & 0 \\ -1 & 2 & -\frac{5}{2} & 1 \end{pmatrix}$$

임을 알 수 있다. 즉

$$A = \begin{pmatrix} 1 & 0 & 0 & 0 \\ 3 & 1 & 0 & 0 \\ -4 & 8 & 1 & 0 \\ -1 & 2 & -\frac{5}{2} & 1 \end{pmatrix} \begin{pmatrix} 2 & 3 & -1 & 4 & 1 \\ 0 & -3 & -2 & -1 & 1 \\ 0 & 0 & 0 & -4 & -2 \\ 0 & 0 & 0 & 0 & 3 \end{pmatrix} = LU$$

이다.

예제 5.4

A의 LU 인수분해

$$A = \begin{pmatrix} 4 & -2 & 1 \\ 20 & -7 & 12 \\ 8 & -13 & -17 \end{pmatrix} = \begin{pmatrix} 1 & 0 & 0 \\ 5 & 1 & 0 \\ 2 & -3 & 1 \end{pmatrix} \begin{pmatrix} 4 & -2 & 1 \\ 0 & 3 & 7 \\ 0 & 0 & 2 \end{pmatrix} = LU$$

를 사용하여 연립방정식 $A\boldsymbol{x} = \begin{pmatrix} 11 \\ 70 \\ 17 \end{pmatrix} = \boldsymbol{b}$의 해 $\boldsymbol{x} = \begin{pmatrix} x_1 \\ x_2 \\ x_3 \end{pmatrix}$를 구하여라.

풀이 $\boldsymbol{y}=\begin{pmatrix} y_1 \\ y_2 \\ y_3 \end{pmatrix}$라 할 때 연립일차방정식

$$L\boldsymbol{y}=\boldsymbol{b}$$

을 풀면

$$\begin{cases} y_1 & = 11 \\ 5y_1 + y_2 & = 70 \\ 2y_1 - 3y_2 + y_3 = 17 \end{cases}$$

이므로

$$y_1 = 11,\ y_2 = 70 - 5y_1 = 15,\ y_3 = 17 - 2y_1 + 3y_2 = 40$$

이다. 이제 연립일차방정식

$$U\boldsymbol{x}=\boldsymbol{y}$$

로부터

$$\begin{cases} 4x_1 - 2x_2 + x_3 = 11 \\ \qquad 3x_2 + 7x_3 = 15 \\ \qquad\qquad 2x_3 = 40 \end{cases}$$

를 풀면

$$x_1 =-\frac{277}{12},\ x_2 =-\frac{125}{3},\ x_3 = 20$$

이 된다. 그러므로 원래 방정식의 해는

$$\boldsymbol{x}=\begin{pmatrix} -\dfrac{277}{12} \\ -\dfrac{125}{3} \\ 20 \end{pmatrix}$$

이다.

5.2 활용

(Ⅰ)

1973년 미국의 경제학자 바실리 레온티에프(Wassily Leontief)는 수학적 모델을 이용하여 복잡한 경제 현상을 계획하고 예측할 수 있도록 한 공로를 인정받아 노벨 경제학상을 수상하였다.

그의 유명한 "투입-산출 분석(Input-output analysis)"은 경제적인 모델과 사회과학의 연관성을 연구한 것으로 경제현상을 연립선형방정식으로, 즉 하나의 행렬로 이해한 것이다. 의 · 식 · 주를 각각 책임지는 농부, 재단사, 목수로만 이루어진 구성원이 오직 세 명인 작은 사회를 생각해보자. 농부, 재단사, 목수가 생산하는 제품들은 오직 한 곳의 시장에서 거래되며 이들 세 명은 생산된 모든 제품들을 소비한다고 가정하는 즉 다른 지역으로부터의 상품의 수입과 수출이 없는 "closed model"을 살펴보자. 각각의 사람이 원자재들을 소비하는 비율이 아래의 표와 같다고 하자.

	음식	의류	집
농부	0.40	0.20	0.20
재단사	0.10	0.70	0.20
목수	0.50	0.10	0.60

경제가 폐쇄되어 있는 이 사회가 제대로 돌아가기 위해서는 각 개인의 수입과 지출은 같아야 한다. p_1, p_2와 p_3가 농부, 재단사 그리고 목수 각각의 수입이라고 하면 전체 의류비는 재단사의 수입 p_2이므로 농부가 의류의 20%를 소비한다면 농부가 의류비에 지출하는 금액은 $0.20\,p_2$ 이다. 즉 농부가 음식, 의류, 집에 지출하는 비용은 반드시 농부의 수입과 일치해야 한다. 이를 방정식으로 보면

$$0.40\,p_1 + 0.20\,p_2 + 0.20\,p_3 = p_1$$

이다. 동일한 방법으로 재단사와 목수의 지출비용을 살펴보면 연립방정식

$$\begin{aligned} 0.40\,p_1 + 0.20\,p_2 + 0.20\,p_3 &= p_1 \\ 0.10\,p_1 + 0.70\,p_2 + 0.20\,p_3 &= p_2 \\ 0.50\,p_1 + 0.10\,p_2 + 0.60\,p_3 &= p_3 \end{aligned}$$

을 얻게 되고, 계수행렬을

$$A = \begin{pmatrix} 0.40 & 0.20 & 0.20 \\ 0.10 & 0.70 & 0.20 \\ 0.50 & 0.10 & 0.60 \end{pmatrix}$$

라 하고

$$\boldsymbol{p} = \begin{pmatrix} p_1 \\ p_2 \\ p_3 \end{pmatrix}$$

라 하면, 이는

$$Ap = p$$

라 표현할 수 있다. 그의 저서에서 행렬 A는 "투입-산출 행렬(Input-output matrix)", $Ap = p$ 는 "균형조건(Equilibrium condition)"이라 불린다.

위의 방정식을 풀면

$$p = \begin{pmatrix} 0.25 \\ 0.35 \\ 0.40 \end{pmatrix}$$

이고 이것은 이 지역의 경제가 유지되기 위해서는 농부, 재단사, 목수의 수입의 비율이 25: 35 : 40 (또는 5: 7: 8)이 되어야 한다는 것을 알 수 있다.

출처 : Linear Algebra 4th edition – Stephen Friedberg, Arnold Insel, Lawrence Spence

(Ⅱ) The Surveyor's Formula

그림 1-1(a)와 같은 다각형 모양의 토지의 면적을 측량하기 위한 고전적인 방법은 다각형의 경계를 따라 각도가 변하는 지점을 기록하고 이 자료를 바탕으로 토지를 삼각형 모양으로 나눈 후 삼각측량법을 이용하여 그 면적을 구하는 것이다. 다소 계산이 복잡해 보이는 이 방법 대신, 그림 1-1(b)와 같이 직교좌표계를 도입한다면 어떨까?

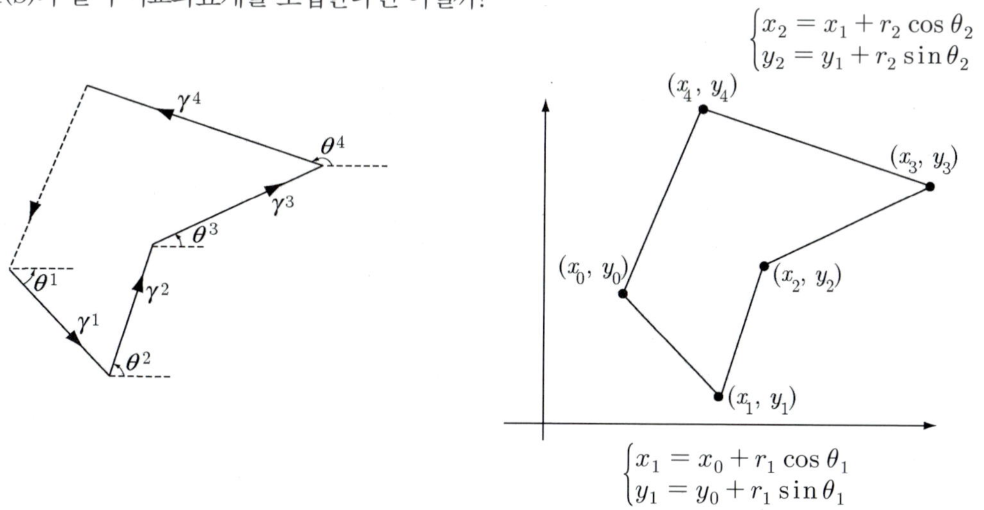

(a) (b)

[그림 1-1]

다각형의 각 꼭짓점의 위치를 극좌표에서 직교좌표로 변환하기만 하면 꼭짓점의 좌표들로 이루어진 함수인 다각형의 면적을 구하는 공식(The Surveyor's Formula)을 적용하면 된다.

즉 꼭짓점들을 반시계방향으로 각각

$$(x_0, y_0),\ (x_1, y_1), \cdots, (x_{n-1}, y_{n-1})$$

이라 하면 주어진 다각형의 면적은

$$A = \frac{1}{2}\left\{ \begin{vmatrix} x_0 & x_1 \\ y_0 & y_1 \end{vmatrix} + \begin{vmatrix} x_1 & x_2 \\ y_1 & y_2 \end{vmatrix} + \cdots + \begin{vmatrix} x_{n-2} & x_{n-1} \\ y_{n-2} & y_{n-1} \end{vmatrix} + \begin{vmatrix} x_{n-1} & x_0 \\ y_{n-1} & y_0 \end{vmatrix} \right\}$$

이다.

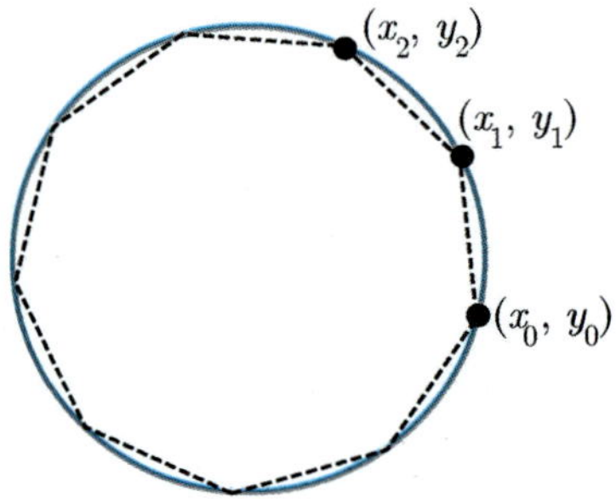

주목할 점은 다각형을 이루는 각각의 모서리들이 위의 공식을 구성하고 있는 2×2행렬의 행렬식(Determinant)에 있는 두 개의 열벡터와 일치한다는 것이다. 이 공식은 2×2 행렬의 행렬식을 $\mathbb{R}^2$ 평면에서의 평행사변형의 면적으로 기하학적으로 이해하는데 기초를 두고 있다.

원의 내부에 왼쪽과 같이 n각형을 그린 후 위의 공식을 이용하여 n각형의 면적 A_n을 구한 다음 극한값 $\lim_{n\to\infty} A_n$을 계산하면 이 값이 바로 원의 면적과 일치함을 알 수 있다. 즉 이 공식은 원과 같은 단순폐곡선의 내부면적을 구하는데도 사용되어 진다.

출처 : College Math. J. 17-4(1986),326-337. Bart Barden

연습문제 5절

1. 행렬 $A=\begin{pmatrix} 2 & 1 & 3 \\ 4 & -1 & 3 \\ -2 & 5 & 5 \end{pmatrix}$의 LU 인수분해를 구하여라.

2. 행렬 $A=\begin{pmatrix} 2 & 1 & 3 \\ 4 & -1 & 3 \\ -2 & 5 & 5 \end{pmatrix}$의 LU 인수분해를 이용하여 연립방정식 $A\boldsymbol{x}=\begin{pmatrix} 14 \\ 28 \\ -4 \end{pmatrix}$을 만족하는 유일한 해 $\boldsymbol{x}=\begin{pmatrix} x_1 \\ x_2 \\ x_3 \end{pmatrix}$을 구하여라.

3. 행렬 $A=\begin{pmatrix} 1 & 2 & -1 \\ 3 & 6 & 2 \\ -1 & 1 & 4 \end{pmatrix}$의 LU 인수분해를 이용하여 연립방정식 $A\boldsymbol{x}=\begin{pmatrix} 9 \\ 37 \\ 6 \end{pmatrix}$을 만족하는 유일한 해 $\boldsymbol{x}=\begin{pmatrix} x_1 \\ x_2 \\ x_3 \end{pmatrix}$을 구하여라.

제2장 벡터공간

▶▶ 덧셈과 스칼라 곱에 관한 연산은 수학의 다방면에 다양하게 사용되고 있다. 그러나 이와 같은 연산은 보통 계산 규칙에 관한 집합의 성질에 의하여 결정된다. 따라서 덧셈과 스칼라 곱에 관한 수학체계의 일반적 이론을 정의할 필요가 있고, 이러한 수학적 체계를 벡터공간 또는 선형공간이라고 부른다. 이 장에서는 벡터공간의 정의를 하고, 벡터공간에 관한 일반적 이론의 몇 가지를 전개하기로 한다.

제1절 벡터공간

이 절에서는 벡터공간을 정의하고 벡터공간의 기본성질을 연구한다.

정의 1.1 (벡터공간의 정의)

공집합이 아닌 집합 V가 덧셈과 스칼라 곱의 두 연산에 대하여 닫혀 있고 즉,

(1) $\boldsymbol{u}, \boldsymbol{v} \in V$이면 $\boldsymbol{u}+\boldsymbol{v} \in V$

(2) $\boldsymbol{u} \in V$이고 k가 실수이면 $k\boldsymbol{u} \in V$

가 성립하고, V의 모든 원소 $\boldsymbol{u}, \boldsymbol{v}, \boldsymbol{w}$와 모든 실수 k, l에 대하여 아래의 8가지 조건이 성립하면, V를 벡터공간(vector space)이라고 한다.

(i) $\boldsymbol{u}+\boldsymbol{v}=\boldsymbol{v}+\boldsymbol{u}$ (합에 관한 교환법칙)

(ii) $(\boldsymbol{u}+\boldsymbol{v})+\boldsymbol{w}=\boldsymbol{u}+(\boldsymbol{v}+\boldsymbol{w})$ (합에 관한 결합법칙)

(iii) $\boldsymbol{u}+\boldsymbol{0}=\boldsymbol{u}$ (합에 관한 항등원)

(iv) $\boldsymbol{u}+(-\boldsymbol{u})=\boldsymbol{0}$ (합에 관한 역원)

(v) $k(\boldsymbol{u}+\boldsymbol{v})=k\boldsymbol{u}+k\boldsymbol{v}$ (스칼라 곱에 관한 분배법칙)

(vi) $(k+l)\boldsymbol{u}=k\boldsymbol{u}+l\boldsymbol{u}$ (스칼라 곱에 관한 분배법칙)

(vii) $(kl)\boldsymbol{u}=k(l\boldsymbol{u})$ (스칼라 곱에 관한 결합법칙)

(viii) $1\boldsymbol{u}=\boldsymbol{u}$ (1은 스칼라 곱에서의 항등원)

그리고 V가 벡터공간일 때, V의 각 원소를 벡터라고 부른다. 이 경우 벡터와 대비하여 실수를 스칼라라고 한다.

■ 벡터공간의 종류

• 유클리드 벡터공간 $\mathbb{R}^n$

n이 양의 정수일 때, 모든 실수열의 순서쌍 $(a_1, a_2, \cdots, a_n)$들의 집합을 $\mathbb{R}^n$이라 하자. $\mathbb{R}^n$의 두 원소 $\boldsymbol{u}=(u_1, u_2, \cdots, u_n)$, $\boldsymbol{v}=(v_1, v_2, \cdots, v_n)$와 스칼라 k에 대하여

(1) $\boldsymbol{u}+\boldsymbol{v}=(u_1+v_1, u_2+v_2, \cdots, u_n+v_n)$

(2) $k\boldsymbol{u}=(ku_1, ku_2, \cdots, ku_n)$

로 정의할 때, $\mathbb{R}^n$은 이러한 덧셈과 스칼라곱 연산에 대하여 닫혀있다. 그리고

$\mathbb{R}^n$의 세 원소 $\boldsymbol{u}=(u_1, u_2, \cdots, u_n)$, $\boldsymbol{v}=(v_1, v_2, \cdots, v_n)$, $\boldsymbol{w}=(w_1, w_2, \cdots, w_n)$와 스칼라 k, l에 대하여

(i) $\boldsymbol{u}+\boldsymbol{v}=\boldsymbol{v}+\boldsymbol{u}$

(ii) $(\boldsymbol{u}+\boldsymbol{v})+\boldsymbol{w}=\boldsymbol{u}+(\boldsymbol{v}+\boldsymbol{w})$

(iii) $\boldsymbol{u}+\mathbf{0}=\boldsymbol{u}$

(iv) $\boldsymbol{u}+(-\boldsymbol{u})=\mathbf{0}$

(v) $k(\boldsymbol{u}+\boldsymbol{v})=k\boldsymbol{u}+k\boldsymbol{v}$

(vi) $(k+l)\boldsymbol{u}=k\boldsymbol{u}+l\boldsymbol{u}$

(vii) $(kl)\boldsymbol{u}=k(l\boldsymbol{u})$

(viii) $1\boldsymbol{u}=\boldsymbol{u}$

이 성립한다. $\mathbb{R}^n$은 주어진 두 연산 (1), (2)에 대하여 벡터공간의 8가지 조건을 만족하므로 벡터공간이다. 이 때 $\mathbb{R}^n$을 유클리드 n차 벡터공간이라 부른다.

유클리드 n차 벡터공간 $\mathbb{R}^n$의 영벡터 $\mathbf{0}$는 $(0, 0, \cdots, 0)$으로 정의된다.

$\boldsymbol{u} = (u_1, u_2, \cdots, u_n)$이 $\mathbb{R}^n$에 있는 임의의 벡터이면 $-\boldsymbol{u} = (-u_1, -u_2, \cdots, -u_n)$으로 정의된다.

유클리드 n차 벡터는 n차 행벡터 $(a_1, a_2, \cdots, a_n)$ 또는 n차 열벡터 $\begin{pmatrix} a_1 \\ a_2 \\ \vdots \\ a_n \end{pmatrix}$로 나타낼 수 있는데 이 교재에서는 $\mathbb{R}^n$의 벡터를 n차 열벡터 $\begin{pmatrix} a_1 \\ a_2 \\ \vdots \\ a_n \end{pmatrix}$으로 표기한다.

- **벡터공간** $M_{m \times n}$

  $M_{m \times n}$을 실수 성분을 가지는 모든 $m \times n$행렬의 집합이라 하자.

  $M_{m \times n}$의 두 원소 $A = (a_{ij})$, $B = (b_{ij})$와 스칼라 k에 대하여

  (1) $A + B = (a_{ij} + b_{ij})$　　　　(2) $kA = (ka_{ij})$

로 정의할 때, $M_{m \times n}$은 행렬의 덧셈과 스칼라 곱에 대하여 닫혀있다. 그리고

  $M_{m \times n}$의 세 원소 $A = (a_{ij})$, $B = (b_{ij})$, $C = (c_{ij})$와 스칼라 k, l에 대하여

  (i) $A + B = (a_{ij} + b_{ij}) = (b_{ij} + a_{ij}) = B + A$

  (ii) $(A + B) + C = (a_{ij} + b_{ij}) + (c_{ij}) = (a_{ij}) + (b_{ij} + c_{ij}) = A + (B + C)$

  (iii) $A + O = (a_{ij} + 0) = (a_{ij}) = A$

  (iv) $A + (-A) = (a_{ij} + (-a_{ij})) = O$

  (v) $k(A + B) = (k(a_{ij} + b_{ij})) = (ka_{ij}) + (kb_{ij}) = kA + kB$

  (vi) $(k + l)A = ((k + l)a_{ij}) = (ka_{ij}) + (la_{ij}) = kA + lA$

  (vii) $(kl)A = (kla_{ij}) = k(la_{ij}) = k(lA)$

  (viii) $1A = (1a_{ij}) = (a_{ij}) = A$

이다. $M_{m \times n}$은 주어진 두 연산 (1), (2)에 대하여 벡터공간의 8가지 조건을 만족하므로 벡터공간이다. 영행렬 O는 모든 성분이 0이고 크기가 A와 같은 행렬이다.

예제 1.1

폐구간 $[a, b]$ 위에서 정의된 연속인 실함수 전체의 집합을 $C[a, b]$이라 하자.

모든 $x \in [a, b]$일 때 $C[a, b]$의 두 함수 f, g와 스칼라 k에 대하여

(1) $(f + g)(x) = f(x) + g(x)$

(2) $(kf)(x) = kf(x)$

로 정의할 때 $C[a, b]$은 벡터공간임을 보여라.

풀이 $C[a,b]$의 함수 f, g에 대하여 두 연속함수의 합과 연속함수의 상수배는 연속함수이므로 함수 $f+g$와 kf는 분명히 $C[a,b]$의 한 원소이다. 즉 $C[a,b]$은 주어진 두 연산 (1), (2)에 대하여 닫혀있다.

$C[a,b]$의 함수 f, g, h와 스칼라 α, β에 대하여

(i) $(f+g)(x)=f(x)+g(x)=g(x)+f(x)=(g+f)(x)$에서 $f+g=g+f$이다.

(ii) $\{(f+g)+h\}(x)=\{f(x)+g(x)\}+h(x)=f(x)+\{g(x)+h(x)\}$
$=\{f+(g+h)\}(x)$이므로 $(f+g)+h=f+(g+h)$이다.

(iii) $(f+\mathbf{0})(x)=f(x)+\mathbf{0}(x)=f(x)+0=f(x)$에서 $f+\mathbf{0}=f$인 $\mathbf{0}\in C[a,b]$가 존재한다.

(iv) $\{f+(-f)\}(x)=f(x)-f(x)=0=\mathbf{0}(x)$에서 $f+(-f)=\mathbf{0}$인 $-f\in C[a,b]$가 존재한다.

(v) $\{\alpha(f+g)\}(x)=\alpha f(x)+\alpha g(x)=(\alpha f+\alpha g)(x)$에서 $\alpha(f+g)=\alpha f+\alpha g$이다.

(vi) $\{(\alpha+\beta)(f)\}(x)=\alpha f(x)+\beta f(x)=(\alpha f+\beta f)(x)$에서 $(\alpha+\beta)f=\alpha f+\beta f$이다.

(vii) $\{(\alpha\beta)f\}(x)=(\alpha\beta)f(x)=\alpha\{\beta f(x)\}=\{\alpha(\beta f)\}(x)$에서 $(\alpha\beta)f=\alpha(\beta f)$이다.

(viii) $(1f)(x)=f(x)$에서 $1f=f$이다.

따라서 $C[a,b]$은 주어진 두 연산 (1), (2)에 대하여 8가지 조건을 만족하므로 벡터공간이다. 이때 $C[a,b]$의 영벡터 $\mathbf{0}(x)$는 정의역의 모든 원소를 0으로 보내는 함수로 정의된다.

정리 1.2 (벡터공간의 성질)

V가 벡터공간이고 $\boldsymbol{x}\in V$이면 다음이 성립한다.

(1) $\mathbf{0}$ 은 유일하다.

(2) $0\boldsymbol{x}=\mathbf{0}$이다.

(3) $\boldsymbol{x}+\boldsymbol{y}=\mathbf{0}$이면 $\boldsymbol{y}=-\boldsymbol{x}$ 이다. 즉 덧셈에 관한 역원은 유일하다.

(4) $(-1)\boldsymbol{x}=-\boldsymbol{x}$이다.

(5) 모든 스칼라 k에 대하여 $k\mathbf{0}=\mathbf{0}$이다.

(6) $k\boldsymbol{u}=\mathbf{0}$이면 $k=0$ 또는 $\boldsymbol{u}=\mathbf{0}$이다.

증명 (1) V의 임의의 벡터 $\boldsymbol{x}$에 대하여, $\boldsymbol{x}+\mathbf{0}'=\boldsymbol{x}$를 만족하는 $\mathbf{0}$이 아닌 $\mathbf{0}'$이 존재한다고 하자.

조건 (iii)에 의하여 $\mathbf{0}=\mathbf{0}+\mathbf{0}=(\mathbf{0}+\mathbf{0})+\mathbf{0}'=\mathbf{0}+(\mathbf{0}+\mathbf{0}')=\mathbf{0}+\mathbf{0}'=\mathbf{0}'$이므로

$\mathbf{0} = \mathbf{0}'$ 이다.

(2) 조건(viii)와 (vi)에 의하여 $\boldsymbol{x} = 1\boldsymbol{x} = (1+0)\boldsymbol{x} = 1\boldsymbol{x} + 0\boldsymbol{x} = \boldsymbol{x} + 0\boldsymbol{x}$ 이므로 (ii)에 의하여 $-\boldsymbol{x} + \boldsymbol{x} = -\boldsymbol{x} + (\boldsymbol{x} + 0\boldsymbol{x}) = (-\boldsymbol{x} + \boldsymbol{x}) + 0\boldsymbol{x}$ 가 성립한다. (iv)와 (iii)에 의하여 $\mathbf{0} = \mathbf{0} + 0\boldsymbol{x} = 0\boldsymbol{x}$ 가 성립한다.

(3) $\boldsymbol{x} + \boldsymbol{y} = \mathbf{0}$ 이면 (iii)에 의하여 $-\boldsymbol{x} = -\boldsymbol{x} + \mathbf{0} = -\boldsymbol{x} + (\boldsymbol{x} + \boldsymbol{y})$ 이므로 (iii), (iv)와 (ii)에 의하여 $\boldsymbol{y} = \mathbf{0} + \boldsymbol{y} = (-\boldsymbol{x} + \boldsymbol{x}) + \boldsymbol{y} = -\boldsymbol{x} + (\boldsymbol{x} + \boldsymbol{y}) = -\boldsymbol{x} + \mathbf{0} = -\boldsymbol{x}$ 이다.

(4) $\mathbf{0} = 0\boldsymbol{x} = (1 + (-1))\boldsymbol{x} = 1\boldsymbol{x} + (-1)\boldsymbol{x} = \boldsymbol{x} + (-1)\boldsymbol{x}$ 이므로 $(-1)\boldsymbol{x} = -\boldsymbol{x}$ 이다.

(5) (iii), (v)에 의하여 $k\mathbf{0} = k(\mathbf{0} + \mathbf{0}) = k\mathbf{0} + k\mathbf{0}$ 이므로 $k\mathbf{0} - k\mathbf{0} = k\mathbf{0}$ 이다. (iv)에 의하여 $\mathbf{0} = k\mathbf{0}$ 이다.

(6) $k \neq 0$ 이라고 가정하자. k는 0아닌 실수이므로 실수 k^{-1} 이 존재한다. $k\boldsymbol{u} = \mathbf{0}$ 의 양변에 k^{-1} 를 곱하면 $k^{-1}(k\boldsymbol{u}) = k^{-1}\mathbf{0}$ 이다. 조건 (vii)과 (5)에 의하여 $1\boldsymbol{u} = \mathbf{0}$ 이므로 (viii)에 의하여 $\boldsymbol{u} = \mathbf{0}$ 이다.

연습문제 1절

1. 집합 $\mathbb{R}^2$의 두 원소 $u = (x, y)$, $v = (x', y')$와 스칼라 k에 대하여 덧셈과 스칼라 곱에 대한 연산을 다음과 같이 정의한다. 각 경우에 대하여 $\mathbb{R}^2$가 벡터공간이 되는지 확인하여라.

(1) $u + v = (x + x', 2y + y')$, $\quad ku = (kx, ky)$

(2) $u + v = (x + x' + 1, y + y')$, $\quad ku = (kx + k - 1, ky)$

(3) $u + v = (x + x', y + y')$, $\quad ku = (kx, y)$

(4) $u + v = (x + x', 0)$, $\quad ku = (kx, ky)$

2. P_n은 n차 이하의 실수계수 다항식 전체의 집합이다. 두 원소 $p_n(x) = a_n x^n + a_{n-1}x^{n-1} + \cdots + a_1 x + a_0$, $q_n(x) = b_n x^n + b_{n-1}x^{n-1} + \cdots + b_1 x + b_0$와 스칼라 k에 대하여

(1) $p_n(x) + q_n(x) = (a_n + n_n)x^n + (a_{n-1} + n_{n-1})x^{n-1} + \cdots + (a_1 + b_1)x + (a_0 + b_0)$

(2) $kp_n(x) = ka_n x^n + ka_{n-1}x^{n-1} + \cdots + ka_1 x + ka_0$로 정의할 때, P_n이 벡터공간임을 확인하여라.

제2절 부분공간

벡터공간과 같은 연산에 의하여 부분집합을 부분공간으로 정의하고, 예를 살펴본다.

정의 2.1 (부분공간의 정의)

S가 벡터공간 V의 공집합이 아닌 부분집합으로 V와 같은 연산에 의하여 S가 벡터공간이 될 때 S를 V의 부분공간(subspace)라 한다.

정리 2.2

S가 벡터공간 V의 공집합이 아닌 부분집합일 때, S가 V의 부분공간일 필요충분조건은

(i) $\boldsymbol{x}, \boldsymbol{y} \in S$이면 $\boldsymbol{x} + \boldsymbol{y} \in S$이다.

(ii) 스칼라 k와 $\boldsymbol{x} \in S$에 대하여 $k\boldsymbol{x} \in S$이고

이때 S를 V의 부분공간이라고 부른다.

조건(i)은 S가 덧셈에 관하여 닫혀있음을 의미한다. 조건(ii)은 S가 스칼라 곱에 관하여 닫혀 있음을 의미한다. 즉 S의 원소와 스칼라의 곱은 반드시 S의 원소이다. 즉 S의 임의의 두 원소의 합은 반드시 S의 원소이다.

벡터공간 V상에 정의되어 있는 덧셈과 스칼라 곱의 연산을 이용하여 S를 전체집합으로 갖는 새로운 벡터공간을 생각할 수 있다.

V의 공집합이 아닌 부분집합 S가 벡터공간이 됨을 보이기 위하여 벡터공간의 8가지 조건을 모두 보일 필요는 없다. 벡터공간의 조건 중 (i), (ii), (v), (vi), (vii)과 (viii)은 S가 V의 부분집합이므로 정의에 의해 성립한다. 정리 2.2의 조건(i)과 (ii)를 만족하면 벡터공간의 조건 (iii), (iv)가 성립한다. 따라서 S는 V상에 정의되어 있는 덧셈과 스칼라 곱의 연산에 대하여 벡터공간이 된다.

■ 부분공간의 예들

• 유클리드 벡터공간 $\mathbb{R}^n$

예제 2.1

벡터공간 $\mathbb{R}^3$의 다음 부분집합이 부분공간인지 아닌지를 설명하여라.

(1) $S=\left\{\begin{pmatrix}x_1\\x_2\\x_3\end{pmatrix} \middle|\ x_1=x_2,\ x_3\in\mathbb{R}\right\}$ (2) $T=\left\{\begin{pmatrix}x_1\\x_2\\1\end{pmatrix} \middle|\ x_1,\ x_2\in\mathbb{R}\right\}$

풀이 (1) S의 임의의 원소 $\boldsymbol{x}=\begin{pmatrix}a\\a\\b\end{pmatrix}$, $\boldsymbol{y}=\begin{pmatrix}c\\c\\d\end{pmatrix}$와 스칼라 k에 대하여

(ⅰ) $\boldsymbol{x}+\boldsymbol{y}=\begin{pmatrix}a\\a\\b\end{pmatrix}+\begin{pmatrix}c\\c\\d\end{pmatrix}=\begin{pmatrix}a+c\\a+c\\b+d\end{pmatrix}\in S$, (ⅱ) $k\boldsymbol{x}=k\begin{pmatrix}a\\a\\b\end{pmatrix}=\begin{pmatrix}ka\\ka\\kb\end{pmatrix}\in S$이 성립한다. S은 벡터공간 $\mathbb{R}^3$의 부분공간이다.

(2) T의 두 원소 $\boldsymbol{x}=\begin{pmatrix}a\\b\\1\end{pmatrix}$, $\boldsymbol{y}=\begin{pmatrix}c\\d\\1\end{pmatrix}$에 대하여

$$\boldsymbol{x}+\boldsymbol{y}=\begin{pmatrix}a\\b\\1\end{pmatrix}+\begin{pmatrix}c\\d\\1\end{pmatrix}=\begin{pmatrix}a+c\\b+d\\2\end{pmatrix}\not\in T$$

이다. 따라서 T는 벡터공간 $\mathbb{R}^3$의 부분공간이 아니다.

• $M_{m\times n}$

예제 2.2

다음 부분집합이 벡터공간 $M_{2\times 2}$의 부분공간인지 아닌지를 설명하여라.

(1) $S=\left\{\begin{pmatrix}a & b\\-b & a\end{pmatrix} \middle|\ a,\ b\in\mathbb{R}\right\}$

(2) $T=\left\{\begin{pmatrix}a_{11} & a_{12}\\a_{21} & a_{22}\end{pmatrix} \middle|\ \begin{vmatrix}a_{11} & a_{12}\\a_{21} & a_{22}\end{vmatrix}=0,\ \ a_{11},\ a_{12},\ a_{21},\ a_{22}\in\mathbb{R}\right\}$

풀이 (1) S의 임의의 원소 $A=\begin{pmatrix} a & b \\ -b & a \end{pmatrix}$, $B=\begin{pmatrix} c & d \\ -d & c \end{pmatrix}$와 스칼라 k에 대하여

(i) $A+B=\begin{pmatrix} a & b \\ -b & a \end{pmatrix}+\begin{pmatrix} c & d \\ -d & c \end{pmatrix}=\begin{pmatrix} a+c & b+d \\ -(b+d) & a+c \end{pmatrix}\in S$

(ii) $kA=\begin{pmatrix} ka & kb \\ -kb & ka \end{pmatrix}\in S$이 성립한다. S은 벡터공간 $M_{2\times 2}$의 부분공간이다.

(2) T의 두 원소 $A=\begin{pmatrix} 1 & 0 \\ 0 & 0 \end{pmatrix}$, $B=\begin{pmatrix} 0 & 0 \\ 0 & 1 \end{pmatrix}$에 대하여 $|A+B|=\begin{vmatrix} 1 & 0 \\ 0 & 1 \end{vmatrix}=1$이므로 $A+B\notin T$ 이다.

따라서 T는 벡터공간 $M_{2\times 2}$의 부분공간이 아니다.

- $C[a,b]$

예제 2.3

다음 부분집합이 벡터공간 $C[-1,1]$의 부분공간인지 아닌지를 설명하여라.

(1) $S=\{f\in C[-1,1] \mid f(-x)=f(x),\ x\in[-1,1]\}$

(2) $T=\{f\in C[-1,1] \mid f$는 $[-1,1]$에서 단조증가함수이다$\}$

풀이 (1) S의 임의의 원소 f, g와 스칼라 k에 대하여

(i) $(f+g)(-x)=f(-x)+g(-x)=f(x)+g(x)=(f+g)(x)$이므로 $f+g\in S$이다.

(ii) $(kf)(-x)=kf(-x)=kf(x)=(kf)(x)$이므로 $kf\in S$이다.

따라서 S은 벡터공간 $C[-1,1]$의 부분공간이다.

(2) T의 원소 $f(x)=x$와 스칼라 $k=-1$에 대하여 $(kf)(x)=-x$는 단조감소함수이므로 $kf\notin T$이다.

따라서 T는 벡터공간 $C[-1,1]$의 부분공간이 아니다.

- P_n

예제 2.4

다음 부분집합이 벡터공간 P_2의 부분공간인지 아닌지를 설명하여라.

(1) $S=\{p(x)=a_0+a_1x+a_2x^2\in P_2 \mid a_0,\ a_2\in\mathbb{R},\ a_1=0\}$

(2) $T=\{p(x)=a_0+a_1x+a_2x^2\in P_2 \mid a_0,\ a_2\in\mathbb{R},\ a_1=1\}$

풀이 (1) S의 임의의 원소 $p(x)=a_0+a_2x^2$, $q(x)=b_0+b_2x^2$와 스칼라 k에 대하여

(i) $p(x)+q(x)=(a_0+a_2x^2)+(b_0+b_2x^2)=(a_0+b_0)+(a_2+b_2)x^2\in S$

(ii) $kp(x)=k(a_0+a_2x^2)=ka_0+ka_2x^2\in S$

이다. 따라서 S은 벡터공간 P_2의 부분공간이다.

(2) T의 두 원소 $p(x)=1+x+x^2$와 $q(x)=-1+x-x^2$에 대하여

$p(x)+q(x)=2x\not\in T$ 이다.

따라서 T는 벡터공간 P_2의 부분공간이 아니다.

[주] V가 벡터공간일 때 V와 $\{\mathbf{0}\}$는 V의 부분공간이다.

정리 2.3

U와 V가 벡터공간 W의 부분공간일 때 $U\cap V$도 W의 부분공간이다.

증명 U와 V가 벡터공간이므로 $\mathbf{0}\in U$, $\mathbf{0}\in V$이다. 따라서 $\mathbf{0}\in U\cap V$이다.

$\boldsymbol{x},\boldsymbol{y}\in U\cap V$이라고 하면 $\boldsymbol{x},\boldsymbol{y}\in U,\ V$ 이다.

U와 V가 벡터공간 W의 부분공간이므로 두 벡터 $\boldsymbol{x},\boldsymbol{y}$ 와 스칼라 k에 대하여

$\boldsymbol{x}+\boldsymbol{y}\in U,\ V$이고 $k\boldsymbol{x}\in U,\ V$이다.

즉 $\boldsymbol{x}+\boldsymbol{y}\in U\cap V$이고 $k\boldsymbol{x}\in U\cap V$이므로 $U\cap V$는 W의 부분공간이다.

연습문제 2절

1. 다음 집합이 주어진 벡터공간의 부분공간인가를 조사하고, 그 이유를 설명하여라.

(1) $W=\left\{\begin{pmatrix}x_1\\x_2\\x_3\end{pmatrix}\middle|\ x_1^2=x_2^2\right\}$, $\mathbb{R}^3$

(2) $W=\{A\in M_{3\times3}\mid A^t=-3A\}$, $M_{3\times3}$

(3) $W=\left\{\begin{pmatrix}x\\y\end{pmatrix}\middle|\ xy\ge 0\right\}$, $\mathbb{R}^2$

(4) $W=\{A\in M_{n\times n}\mid A^t=A\}$, $M_{n\times n}$

2. 다음 부분집합이 벡터공간 $M_{3\times 3}$의 부분공간인지 아닌지를 설명하여라.

(1) 3×3 반대칭행렬의 집합 S_1

(2) 3×3 가역행렬의 집합 S_2

3. 다음 집합이 벡터공간 P_4의 부분공간인가를 설명하여라.

(1) 차수가 짝수인 P_4의 다항식 전체의 집합 S

(2) $p(0)=0$을 만족시키는 P_4의 다항식 전체의 집합 S

4. 다음 집합이 벡터공간 $C[-1,1]$의 부분공간인가를 설명하여라.

(1) $f(-1)=f(1)$을 만족시키는 $C[-1,1]$의 함수 전체의 집합 S

(2) $[-1,1]$에서 연속인 단조증가함수 전체의 집합 S

5. U와 V는 벡터공간 W의 부분공간일 때, 집합 $U+V=\{\boldsymbol{u}+\boldsymbol{v} \mid \boldsymbol{u}\in U, \boldsymbol{v}\in V\}$이 벡터공간 W의 부분공간임을 증명하여라.

제3절 일차독립과 일차종속

벡터공간의 모든 벡터는 덧셈과 스칼라 곱의 연산만을 이용하여 생성집합의 원소를 만들 수 있다. 특히 최소생성집합을 구하는 것은 바람직한 일이다. 생성집합을 구하기 위하여 집합의 원소 사이에 어떤 연관이 있는지를 조사할 필요가 있다. 이를 위하여 일차독립과 일차종속의 개념을 소개한다. 이와 같은 개념은 벡터공간의 구조를 이해하는데 가장 중요하다.

정의 3.1 (1차결합, 생성)

$\boldsymbol{v}_1, \boldsymbol{v}_2, \cdots, \boldsymbol{v}_n$가 벡터공간 V의 원소일 때, 임의의 스칼라 $\alpha_1, \alpha_2, \cdots, \alpha_n$ 에 대하여

$$\alpha_1\boldsymbol{v}_1+\alpha_2\boldsymbol{v}_2+\cdots+\alpha_n\boldsymbol{v}_n$$

을 $v_1, v_2, \cdots, v_n$의 1차결합(linear combination)이라고 한다. $v_1, v_2, \cdots, v_n$의 1차결합 전체의 집합을 $v_1, v_2, \cdots, v_n$으로 생성(span)되는 부분공간이라 하고, 기호 $\mathrm{Span}\{v_1, v_2, \cdots, v_n\}$로 나타낸다. 즉

$$\mathrm{Span}\{v_1, v_2, \cdots, v_n\} = \{\alpha_1 v_1 + \alpha_2 v_2 + \cdots + \alpha_n v_n \mid \alpha_1, \cdots, \alpha_n \in \mathbb{R}\}$$

이다.

예제 3.1

벡터 $\begin{pmatrix} a \\ b \\ 0 \end{pmatrix}$와 $\begin{pmatrix} a \\ b \\ c \end{pmatrix}$을 벡터공간 $\mathbb{R}^3$의 원소의 1차결합으로 표현하여라.

풀이 $\begin{pmatrix} a \\ b \\ 0 \end{pmatrix} = a\begin{pmatrix} 1 \\ 0 \\ 0 \end{pmatrix} + b\begin{pmatrix} 0 \\ 1 \\ 0 \end{pmatrix}$이므로 벡터 $\begin{pmatrix} a \\ b \\ 0 \end{pmatrix}$는 $\begin{pmatrix} 1 \\ 0 \\ 0 \end{pmatrix}$와 $\begin{pmatrix} 0 \\ 1 \\ 0 \end{pmatrix}$의 1차결합이고

$\begin{pmatrix} a \\ b \\ c \end{pmatrix} = a\begin{pmatrix} 1 \\ 0 \\ 0 \end{pmatrix} + b\begin{pmatrix} 0 \\ 1 \\ 0 \end{pmatrix} + c\begin{pmatrix} 0 \\ 0 \\ 1 \end{pmatrix}$이므로 벡터 $\begin{pmatrix} a \\ b \\ c \end{pmatrix}$는 $\begin{pmatrix} 1 \\ 0 \\ 0 \end{pmatrix}$, $\begin{pmatrix} 0 \\ 1 \\ 0 \end{pmatrix}$와 $\begin{pmatrix} 0 \\ 0 \\ 1 \end{pmatrix}$의 1차결합이다.

예제 3.2

벡터공간 $\mathbb{R}^3$에서 $\mathrm{Span}\left\{\begin{pmatrix} 1 \\ 0 \\ 0 \end{pmatrix}, \begin{pmatrix} 0 \\ 1 \\ 0 \end{pmatrix}\right\}$와 $\mathrm{Span}\left\{\begin{pmatrix} 1 \\ 0 \\ 0 \end{pmatrix}, \begin{pmatrix} 0 \\ 1 \\ 0 \end{pmatrix}, \begin{pmatrix} 0 \\ 0 \\ 1 \end{pmatrix}\right\}$을 구하여라.

풀이 (1) $\mathrm{Span}\left\{\begin{pmatrix} 1 \\ 0 \\ 0 \end{pmatrix}, \begin{pmatrix} 0 \\ 1 \\ 0 \end{pmatrix}\right\} = \left\{ v \in \mathbb{R}^3 \;\middle|\; v = a\begin{pmatrix} 1 \\ 0 \\ 0 \end{pmatrix} + b\begin{pmatrix} 0 \\ 1 \\ 0 \end{pmatrix},\ a, b \in \mathbb{R} \right\}$ 이므로

$\mathrm{Span}\left\{\begin{pmatrix} 1 \\ 0 \\ 0 \end{pmatrix}, \begin{pmatrix} 0 \\ 1 \\ 0 \end{pmatrix}\right\} = \left\{ \begin{pmatrix} a \\ b \\ 0 \end{pmatrix} \;\middle|\; a, b \in \mathbb{R} \right\}$이다.

(2) $\mathrm{Span}\left\{\begin{pmatrix} 1 \\ 0 \\ 0 \end{pmatrix}, \begin{pmatrix} 0 \\ 1 \\ 0 \end{pmatrix}, \begin{pmatrix} 0 \\ 0 \\ 1 \end{pmatrix}\right\} = \left\{ v \in \mathbb{R}^3 \;\middle|\; v = a\begin{pmatrix} 1 \\ 0 \\ 0 \end{pmatrix} + b\begin{pmatrix} 0 \\ 1 \\ 0 \end{pmatrix} + c\begin{pmatrix} 0 \\ 0 \\ 1 \end{pmatrix},\ a, b, c \in \mathbb{R} \right\}$이므로

$$\text{Span}\left\{\begin{pmatrix}1\\0\\0\end{pmatrix}, \begin{pmatrix}0\\1\\0\end{pmatrix}, \begin{pmatrix}0\\0\\1\end{pmatrix}\right\} = \left\{\begin{pmatrix}a\\b\\c\end{pmatrix} \middle| \ a,\ b,\ c \in \mathbb{R}\right\}$$ 이다.

정리 3.2

$\boldsymbol{v}_1, \boldsymbol{v}_2, \cdots, \boldsymbol{v}_n$이 벡터공간 V의 원소이면 $\text{Span}\{\boldsymbol{v}_1, \boldsymbol{v}_2, \cdots, \boldsymbol{v}_n\}$은 V의 부분공간이다.

증명 $\boldsymbol{v}_1, \boldsymbol{v}_2, \cdots, \boldsymbol{v}_n \in V$이고 $i = 1, 2, \cdots, n$에 대하여 α_i, β_i, k가 스칼라일 때

$$\boldsymbol{v} = \alpha_1 \boldsymbol{v}_1 + \alpha_2 \boldsymbol{v}_2 + \cdots + \alpha_n \boldsymbol{v}_n,\ \boldsymbol{w} = \beta_1 \boldsymbol{v}_1 + \beta_2 \boldsymbol{v}_2 + \cdots + \beta_n \boldsymbol{v}_n \in \text{Span}\{v_1, v_2, \cdots, v_n\}$$

라고 하자.

(i) $\boldsymbol{v} + \boldsymbol{w} = (\alpha_1 + \beta_1)\boldsymbol{v}_1 + (\alpha_2 + \beta_2)\boldsymbol{v}_2 + \cdots + (\alpha_n + \beta_n)\boldsymbol{v}_n$, $\alpha_i + \beta_i \in \mathbb{R}$이므로 $\boldsymbol{v} + \boldsymbol{w} \in \text{Span}\{\boldsymbol{v}_1, \boldsymbol{v}_2, \cdots, \boldsymbol{v}_n\}$이다.

(ii) $k\boldsymbol{v} = (k\alpha_1)\boldsymbol{v}_1 + (k\alpha_2)\boldsymbol{v}_2 + \cdots + (k\alpha_n)\boldsymbol{v}_n$, $k\alpha_i \in \mathbb{R}$ 이므로 $k\,\boldsymbol{v} \in \text{Span}\{\boldsymbol{v}_1, \boldsymbol{v}_2, \cdots, \boldsymbol{v}_n\}$이다.

따라서 $\text{Span}\{\boldsymbol{v}_1, \boldsymbol{v}_2, \cdots, \boldsymbol{v}_n\}$은 V의 부분공간이다.

정의 3.3 (생성집합)

벡터공간 V의 임의의 벡터를 V의 원소 $\boldsymbol{v}_1, \boldsymbol{v}_2, \cdots, \boldsymbol{v}_n$의 1차결합으로 나타낼 수 있을 때, 집합 $\{\boldsymbol{v}_1, \boldsymbol{v}_2, \cdots, \boldsymbol{v}_n\}$을 V의 생성집합이라고 하며

$$\text{Span}\{\boldsymbol{v}_1, \boldsymbol{v}_2, \cdots, \boldsymbol{v}_n\} = V$$

로 나타낸다.

예제 3.3

다음 집합이 벡터공간 $\mathbb{R}^3$의 생성집합임을 보여라.

(1) $\{\boldsymbol{u}_1 = (1,1,1)^t,\ \boldsymbol{u}_2 = (1,1,0)^t,\ \boldsymbol{u}_3 = (1,0,0)^t\}$

(2) $\{\boldsymbol{v}_1 = (1,0,0)^t,\ \boldsymbol{v}_2 = (0,1,0)^t,\ \boldsymbol{v}_3 = (0,0,1)^t,\ \boldsymbol{v}_4 = (1,2,3)^t\}$

풀이 $\mathbb{R}^3$의 부분집합이 $\mathbb{R}^3$의 생성집합이 되기 위해서는 $\mathbb{R}^3$의 임의의 벡터 $\begin{pmatrix} a \\ b \\ c \end{pmatrix}$가 주어진 집합의 벡터에 관한 1차결합으로 표시될 수 있어야 한다.

(1) $\mathbb{R}^3$의 임의의 벡터 $\begin{pmatrix} a \\ b \\ c \end{pmatrix}$가

$$\text{Span}\{\boldsymbol{u_1}, \boldsymbol{u_2}, \boldsymbol{u_3}\} = \{\alpha_1\boldsymbol{u_1} + \alpha_2\boldsymbol{u_2} + \alpha\,\boldsymbol{u_3} | \,\alpha_1, \alpha_2, \alpha_3 \in \mathbb{R}\}$$

의 원소가 되는지 살펴보자. 즉 $\begin{pmatrix} a \\ b \\ c \end{pmatrix} = \alpha_1\begin{pmatrix} 1 \\ 1 \\ 1 \end{pmatrix} + \alpha_2\begin{pmatrix} 1 \\ 1 \\ 0 \end{pmatrix} + \alpha_3\begin{pmatrix} 1 \\ 0 \\ 0 \end{pmatrix}$을 만족하는 스칼라 α_1, α_2, α_3가 유일하게 존재하는가를 조사하면 된다.

$$\begin{pmatrix} \alpha_1 + \alpha_2 + \alpha_3 \\ \alpha_1 + \alpha_2 \\ \alpha_1 \end{pmatrix} = \begin{pmatrix} a \\ b \\ c \end{pmatrix}$$

이므로 벡터의 상등조건에 의해 $\begin{cases} \alpha_1 + \alpha_2 + \alpha_3 = a \\ \alpha_1 + \alpha_2 = b \\ \alpha_1 = c \end{cases}$ 이 성립한다. 이 연립방정식은 유일한 해 $\begin{pmatrix} \alpha_1 \\ \alpha_2 \\ \alpha_3 \end{pmatrix} = \begin{pmatrix} c \\ b-c \\ a-b \end{pmatrix}$을 갖는다. 따라서

$$\begin{pmatrix} a \\ b \\ c \end{pmatrix} = c\,\boldsymbol{u_1} + (b-c)\boldsymbol{u_2} + (a-b)\boldsymbol{u_3} \in \text{Span}\{\boldsymbol{u_1}, \boldsymbol{u_2}, \boldsymbol{u_3}\}$$

이므로 주어진 집합은 $\mathbb{R}^3$의 생성집합이다.

(2) $\begin{pmatrix} a \\ b \\ c \end{pmatrix} = a\,\boldsymbol{u_1} + b\,\boldsymbol{u_2} + c\,\boldsymbol{u_3} + 0\,\boldsymbol{u_4}$이므로 주어진 집합은 $\mathbb{R}^3$의 생성집합이다.

예제 3.4

다음 집합이 벡터공간 $\mathbb{R}^3$의 생성집합이 아님을 보여라.

(1) $\{\boldsymbol{u_1} = (1,0,1)^t,\ \boldsymbol{u_2} = (0,1,0)^t\}$

(2) $\{\boldsymbol{v_1} = (1,2,4)^t,\ \boldsymbol{v_2} = (2,1,3)^t,\ \boldsymbol{v_3} = (4,-1,1)^t\}$

풀이 (1) $\text{Span}\{\boldsymbol{u_1}, \boldsymbol{u_2}\} \subseteq \mathbb{R}^3$은 자명하므로 $\mathbb{R}^3 \subseteq \text{Span}\{\boldsymbol{u_1}, \boldsymbol{u_2}\}$이 성립하는지 조사해보자.

$$\mathrm{Span}\{\boldsymbol{u_1},\boldsymbol{u_2}\}=\{\alpha_1\boldsymbol{u_1}+\alpha_2\boldsymbol{u_2}\mid\alpha_1,\alpha_2\in\mathbb{R}\}=\left\{\begin{pmatrix}\alpha_1\\\alpha_2\\\alpha_1\end{pmatrix}\middle|\ \alpha_1,\alpha_2\in\mathbb{R}\right\}$$

이므로 $\mathbb{R}^3$의 임의의 벡터 $\begin{pmatrix}a\\b\\c\end{pmatrix}$는 $a\neq c$이면 $\mathrm{Span}\{\boldsymbol{u_1},\boldsymbol{u_2}\}$의 원소가 될 수 없다.

즉 $\mathbb{R}^3\not\subseteq\mathrm{Span}\{\boldsymbol{u_1},\boldsymbol{u_2}\}$이므로 주어진 집합은 $\mathbb{R}^3$의 생성집합이 아니다.

(2) $\mathbb{R}^3$의 임의의 벡터 $\begin{pmatrix}a\\b\\c\end{pmatrix}$가

$$\mathrm{Span}\{\boldsymbol{v_1},\boldsymbol{v_2},\boldsymbol{v_3}\}=\{\alpha_1\boldsymbol{v_1}+\alpha_2\boldsymbol{v_2}+\alpha\,\boldsymbol{v_3}\mid\alpha_1,\alpha_2,\alpha_3\in\mathbb{R}\}$$

의 원소가 되는지 살펴보자. $\begin{pmatrix}a\\b\\c\end{pmatrix}=\alpha_1\begin{pmatrix}1\\2\\4\end{pmatrix}+\alpha_2\begin{pmatrix}2\\1\\3\end{pmatrix}+\alpha_3\begin{pmatrix}4\\-1\\1\end{pmatrix}$를 만족하는 스칼라 α_1, α_2, α_3가 유일하게 결정되어야 한다. 연립방정식 $\begin{cases}\alpha_1+2\alpha_2+4\alpha_3=a\\2\alpha_1+\alpha_2-\alpha_3=b\\4\alpha_1+3\alpha_2+\alpha_3=c\end{cases}$ 의 계수행렬의 행렬식 $\begin{vmatrix}1&2&4\\2&1&-1\\4&3&1\end{vmatrix}=0$이므로 연립방정식의 해 α_1, α_2, α_3을 유일하게 정할 수 없다. 따라서 $\begin{pmatrix}a\\b\\c\end{pmatrix}\notin\mathrm{Span}\{\boldsymbol{v_1},\boldsymbol{v_2},\boldsymbol{v_3}\}$이다. 즉 $\mathbb{R}^3\not\subseteq\mathrm{Span}\{\boldsymbol{v_1},\boldsymbol{v_2},\boldsymbol{v_3}\}$이므로 주어진 집합은 $\mathbb{R}^3$의 생성집합이 아니다. ■

예제 3.5

$\{1-x^2, x+2, x^2\}$은 벡터공간 $P_2=\{a_0+a_1x+a_2x^2\mid a_0,a_1,a_2\in\mathbb{R}\}$의 생성집합임을 보여라.

풀이 ax^2+bx+c가 P_2의 임의의 다항식일 때

$$ax^2+bx+c=\alpha_1(1-x^2)+\alpha_2(x+2)+\alpha_3x^2$$

을 만족하는 α_1, α_2, α_3을 정할 수 있으면 집합 $\{1-x^2, x+2, x^2\}$은 P_2의 생성집합이 된다.

$$ax^2+bx+c=\alpha_1(1-x^2)+\alpha_2(x+2)+\alpha_3x^2=(\alpha_3-\alpha_1)x^2+\alpha_2x+(\alpha_1+2\alpha_2)$$

에서 연립방정식 $\begin{cases} \alpha_3 - \alpha_1 &= a \\ \alpha_2 &= b \\ \alpha_1 + 2\alpha_2 &= c \end{cases}$ 을 풀면

$$\alpha_1 = c - 2b,\ \alpha_2 = b,\ \alpha_3 = a + c - 2b$$

로 유일하게 존재한다. 따라서 주어진 집합은 P_2의 생성집합 즉

$$\text{Span}\{1 - x^2,\ x + 2,\ x^2\} = P_2$$

이다.

정리 3.4

(1) $\boldsymbol{v}_1, \boldsymbol{v}_2, \cdots, \boldsymbol{v}_n$이 벡터공간 V를 생성하고 이 중에 한 벡터가 나머지 $n-1$개의 벡터의 1차결합으로 표시되면 $n-1$개의 벡터는 V를 생성한다.

(2) n개의 벡터 $\boldsymbol{v}_1, \boldsymbol{v}_2, \cdots, \boldsymbol{v}_n$에 대하여 한 벡터가 나머지 $n-1$개의 벡터의 1차결합으로 나타날 수 있기 위한 필요충분조건은 동시에 0이 아닌 스칼라 $c_1, c_2, \cdots, c_n$에 대하여

$$c_1\boldsymbol{v}_1 + c_2\boldsymbol{v}_2 + \cdots + c_n\boldsymbol{v}_n = \boldsymbol{0}$$

이 성립하는 것이다.

증명 (1) $\boldsymbol{v}_n$이 $\boldsymbol{v}_1, \boldsymbol{v}_2, \cdots, \boldsymbol{v}_{n-1}$의 1차결합으로 표시된다고 가정하자. 즉 스칼라 $\beta_1, \beta_2, \cdots, \beta_{n-1}$에 대하여

$$\boldsymbol{v}_n = \beta_1\boldsymbol{v}_1 + \beta_2\boldsymbol{v}_2 + \cdots + \beta_{n-1}\boldsymbol{v}_{n-1}$$

이라 하자. $\boldsymbol{v}_1, \boldsymbol{v}_2, \cdots, \boldsymbol{v}_n$이 V를 생성하므로 임의의 $\boldsymbol{v} \in V$는 $\boldsymbol{v}_1, \boldsymbol{v}_2, \cdots, \boldsymbol{v}_n$의 1차결합으로 표현된다. 따라서

$$\begin{aligned} \boldsymbol{v} &= \alpha_1\boldsymbol{v}_1 + \alpha_2\boldsymbol{v}_2 + \cdots + \alpha_{n-1}\boldsymbol{v}_{n-1} + \alpha_n\boldsymbol{v}_n \\ &= \alpha_1\boldsymbol{v}_1 + \alpha_2\boldsymbol{v}_2 + \cdots + \alpha_{n-1}\boldsymbol{v}_{n-1} + \alpha_n(\beta_1\boldsymbol{v}_1 + \beta_2\boldsymbol{v}_2 + \cdots + \beta_{n-1}\boldsymbol{v}_{n-1}) \\ &= (\alpha_1 + \alpha_n\beta_1)\boldsymbol{v}_1 + (\alpha_2 + \alpha_n\beta_2)\boldsymbol{v}_2 + \cdots + (\alpha_{n-1} + \alpha_n\beta_{n-1})\boldsymbol{v}_{n-1} \end{aligned}$$

가 성립한다. 즉 V의 임의의 벡터 $\boldsymbol{v}$는 $\boldsymbol{v}_1, \boldsymbol{v}_2, \cdots, \boldsymbol{v}_{n-1}$의 1차결합으로 나타난다. 그러므로 $\boldsymbol{v}_1, \boldsymbol{v}_2, \cdots, \boldsymbol{v}_{n-1}$은 V를 생성한다.

(2) v_n이 $v_1, v_2, \cdots, v_{n-1}$의 1차결합으로 표시된다고 가정하자.

스칼라 $\alpha_1, \alpha_2, \cdots, \alpha_{n-1}$에 대하여

$$v_n = \alpha_1 v_1 + \alpha_2 v_2 + \cdots + \alpha_{n-1} v_{n-1}$$

이라 하자. $\alpha_1 v_1 + \alpha_2 v_2 + \cdots + \alpha_{n-1} v_{n-1} - v_n = 0$이므로

$$c_i = \alpha_i \ (i = 1, 2, \cdots, n-1),\ c_n = -1$$

로 두면,

$$c_1 v_1 + c_2 v_2 + \cdots + c_{n-1} v_{n-1} + c_n v_n = 0$$

이 성립한다.

역으로, 적어도 한 개는 0이 아닌 $c_1, c_2, \cdots, c_n$에 대하여

$$c_1 v_1 + c_2 v_2 + \cdots + c_{n-1} v_{n-1} + c_n v_n = 0$$

라고 하자. 특히 $c_n \neq 0$라고 하면

$$v_n = \frac{-c_1}{c_n} v_1 + \frac{-c_2}{c_n} v_2 + \cdots + \frac{-c_{n-1}}{c_n} v_{n-1}$$

이 성립하므로 v_n은 $v_1, v_2, \cdots, v_{n-1}$의 1차결합으로 나타난다.

정의 3.5 (일차종속과 일차독립)

벡터공간의 원소 $v_1, v_2, \cdots, v_n$에 대하여 동시에 0이 아닌 스칼라 $c_1, c_2, \cdots, c_n$이 존재하여

$$c_1 v_1 + c_2 v_2 + \cdots + c_n v_n = 0$$

이 성립하면, 벡터 $v_1, v_2, \cdots, v_n$은 일차종속(linear deperdence)이라고 한다.

일차종속이 아닌 벡터는 일차독립(linear independence)이라고 한다.

벡터 $v_1, v_2, \cdots, v_n$이 일차독립이라는 것은 $c_1 = c_2 = \cdots = c_n = 0$일 경우에만

$$c_1 v_1 + c_2 v_2 + \cdots + c_n v_n = 0$$

이 성립한다는 것이고, 일차종속이라는 것은 $c_1, c_2, \cdots, c_n$가운데 0이 아닌 수가 있으면서 $c_1 v_1 + c_2 v_2 + \cdots + c_n v_n = 0$이 성립한다는 것이다.

예제 3.6

벡터공간 $\mathbb{R}^3$에서 다음 벡터들이 일차독립인지 일차종속인지를 보여라.

(1) $\begin{pmatrix}1\\1\\1\end{pmatrix}, \begin{pmatrix}1\\1\\0\end{pmatrix}, \begin{pmatrix}1\\0\\0\end{pmatrix}$ (2) $\begin{pmatrix}4\\2\\3\end{pmatrix}, \begin{pmatrix}2\\3\\1\end{pmatrix}, \begin{pmatrix}2\\-5\\3\end{pmatrix}$

풀이 (1) $\alpha_1\begin{pmatrix}1\\1\\1\end{pmatrix}+\alpha_2\begin{pmatrix}1\\1\\0\end{pmatrix}+\alpha_3\begin{pmatrix}1\\0\\0\end{pmatrix}=\begin{pmatrix}0\\0\\0\end{pmatrix}$에서 $\begin{pmatrix}\alpha_1+\alpha_2+\alpha_3\\ \alpha_1+\alpha_2\\ \alpha_1\end{pmatrix}=\begin{pmatrix}0\\0\\0\end{pmatrix}$이고 이때 해는 자명한 해 $\alpha_1=\alpha_2=\alpha_3=0$뿐이므로 주어진 벡터들은 일차독립이다.

(2) $\alpha_1\begin{pmatrix}4\\2\\3\end{pmatrix}+\alpha_2\begin{pmatrix}2\\3\\1\end{pmatrix}+\alpha_3\begin{pmatrix}2\\-5\\3\end{pmatrix}=\begin{pmatrix}0\\0\\0\end{pmatrix}$에서 $\begin{pmatrix}4\alpha_1+2\alpha_2+2\alpha_3\\ 2\alpha_1+3\alpha_2-5\alpha_3\\ 3\alpha_1+\alpha_2+3\alpha_3\end{pmatrix}=\begin{pmatrix}0\\0\\0\end{pmatrix}$이고

$$\left(\begin{array}{ccc|c}4&2&2&0\\2&3&-5&0\\3&1&3&0\end{array}\right)\sim\left(\begin{array}{ccc|c}1&\frac{1}{2}&\frac{1}{2}&0\\2&3&-5&0\\3&1&3&0\end{array}\right)\sim\left(\begin{array}{ccc|c}1&\frac{1}{2}&\frac{1}{2}&0\\0&2&-6&0\\0&-\frac{1}{2}&\frac{3}{2}&0\end{array}\right)$$

$$\sim\left(\begin{array}{ccc|c}1&\frac{1}{2}&\frac{1}{2}&0\\0&1&-3&0\\0&0&0&0\end{array}\right)\sim\left(\begin{array}{ccc|c}1&0&2&0\\0&1&-3&0\\0&0&0&0\end{array}\right)$$에서 부정인 해 $\alpha_1=-2\alpha_3,\ \alpha_2=3\alpha_3,$

$\alpha_3=t(\neq 0)\in\mathbb{R}$이므로 주어진 벡터들은 일차종속이다. ■

예제 3.7

벡터공간 P_2에서 $1-x^2,\ x+2,\ x^2$이 일차독립인지 일차종속인지를 보여라.

풀이 $\alpha_1(1-x^2)+\alpha_2(x+2)+\alpha_3x^2=0$에서 $(\alpha_3-\alpha_1)x^2+\alpha_2x+(\alpha_1+2\alpha_2)=0$이다. 이때 연립방정식 $\begin{cases}\alpha_3-\alpha_1=0\\ \alpha_2=0\\ \alpha_1+2\alpha_2=0\end{cases}$을 풀면 $\alpha_1=\alpha_2=\alpha_3=0$인 자명한 해를 갖는다. 따라서 주어진 벡터는 일차독립이다. ■

예제 3.8

벡터공간 $M_{2\times 2}$의 행렬 $A_1 = \begin{pmatrix} 0 & 1 \\ -1 & 0 \end{pmatrix}$, $A_2 = \begin{pmatrix} 1 & 0 \\ 0 & 1 \end{pmatrix}$, $A_3 = \begin{pmatrix} 1 & 1 \\ 1 & 1 \end{pmatrix}$이 일차독립인지 일차종속인지를 보여라.

풀이 $c_1A_1 + c_2A_2 + c_3A_3 = O$에서 $\begin{pmatrix} 0 & c_1 \\ -c_1 & 0 \end{pmatrix} + \begin{pmatrix} c_2 & 0 \\ 0 & c_2 \end{pmatrix} + \begin{pmatrix} c_3 & c_3 \\ c_3 & c_3 \end{pmatrix} = \begin{pmatrix} 0 & 0 \\ 0 & 0 \end{pmatrix}$이므로

$\begin{pmatrix} c_2 + c_3 & c_1 + c_3 \\ -c_1 + c_3 & c_2 + c_3 \end{pmatrix} = \begin{pmatrix} 0 & 0 \\ 0 & 0 \end{pmatrix}$이다. c_1, c_2, c_3 에 관한 일차연립방정식을 풀면

$c_1 = c_2 = c_3 = 0$인 자명한 해를 갖는다. 따라서 주어진 행렬은 일차독립이다.

벡터 $\boldsymbol{x}$와 $\boldsymbol{y}$가 $\mathbb{R}^2$에서 일차종속이면, 적어도 한 개는 0이 아닌 c_1, c_2에 대하여 $c_1\boldsymbol{x} + c_2\boldsymbol{y} = \boldsymbol{0}$이 성립한다. $c_1 \neq 0$이라면 $\boldsymbol{x} = -\dfrac{c_2}{c_1}\boldsymbol{y}$이다. 즉 $\boldsymbol{x}$는 $\boldsymbol{y}$의 상수배이다.

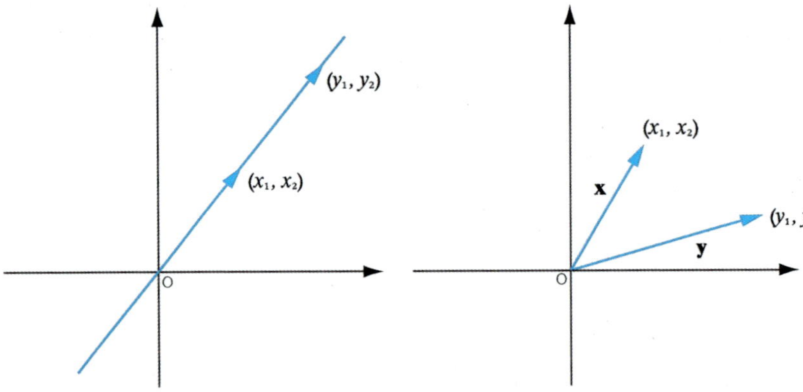

(a) **x**와 **y**는 일차종속 (b) **x**, **y**는 일차독립

[그림 2-1]

$\mathbb{R}^2$에서 두 개의 벡터가 일차종속이면 한 벡터는 다른 벡터의 상수배로 표시된다. 따라서 두 벡터의 시점을 원점에 두면 두 벡터는 같은 직선상에 있다.

$\mathbb{R}^3$에서 $\boldsymbol{x} = \begin{pmatrix} x_1 \\ x_2 \\ x_3 \end{pmatrix}$와 $\boldsymbol{y} = \begin{pmatrix} y_1 \\ y_2 \\ y_3 \end{pmatrix}$가 일차독립이면 점$(x_1, x_2, x_3)$과 점$(y_1, y_2, y_3)$은 3차원 공간

에서 원점을 지나는 동일 직선상에 있지 않다. 따라서 $(0,0,0)$, (x_1, x_2, x_3), (y_1, y_2, y_3)은 동일한 직선 위에 있지 않으므로 하나의 평면을 결정한다.

(z_1, z_2, z_3)가 이 평면상의 점이면, 벡터 $\boldsymbol{z}=\begin{pmatrix} z_1 \\ z_2 \\ z_3 \end{pmatrix}$을 $\boldsymbol{x}$와 $\boldsymbol{y}$의 일차결합으로 표시할 수 있으므로 $\boldsymbol{x}, \boldsymbol{y}, \boldsymbol{z}$는 일차종속이다. 반면에 (z_1, z_2, z_3)가 이 평면상에 있지 않으면, $\boldsymbol{x}, \boldsymbol{y}, \boldsymbol{z}$는 일차독립이다. (그림 2-2 참조)

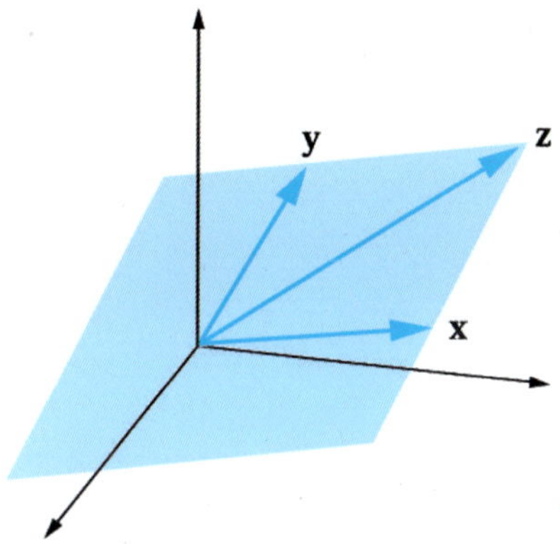

(a) **x**, **y**, **z**는 일차종속

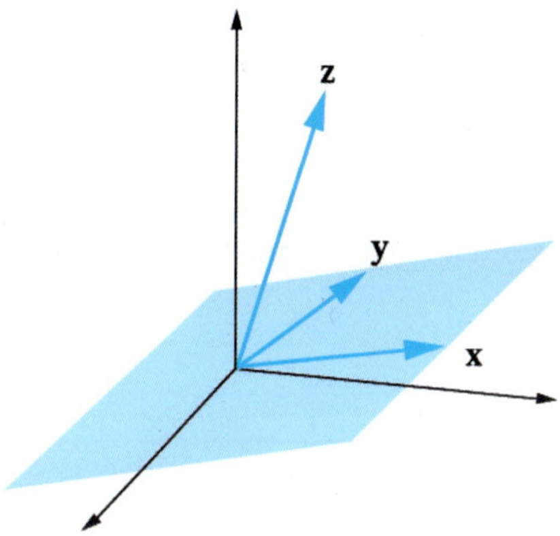

(b) **x**, **y**, **z**는 일차독립

[그림 2-2]

정리 3.6

벡터공간 $\mathbb{R}^n$의 n개의 벡터

$$\boldsymbol{x}_1=\begin{pmatrix} x_{11} \\ x_{21} \\ \vdots \\ x_{n1} \end{pmatrix}, \boldsymbol{x}_2=\begin{pmatrix} x_{12} \\ x_{22} \\ \vdots \\ x_{n2} \end{pmatrix}, \cdots, \boldsymbol{x}_n=\begin{pmatrix} x_{1n} \\ x_{2n} \\ \vdots \\ x_{nn} \end{pmatrix}$$

가 일차종속일 필요충분조건은 이들을 열벡터로 하는 행렬 $X=(x_{ij})$가 정칙행렬이 아닌 것이다.

증명 방정식 $c_1\boldsymbol{x}_1+c_2\boldsymbol{x}_2+\cdots+c_n\boldsymbol{x}_n=\boldsymbol{0}$은 다음 연립방정식과 동치이다.

$$\begin{cases} c_1x_{11}+c_2x_{12}+\cdots+c_nx_{1n}=0 \\ c_1x_{21}+c_2x_{22}+\cdots+c_nx_{2n}=0 \\ \qquad\qquad\vdots \\ c_1x_{n1}+c_2x_{n2}+\cdots+c_nx_{nn}=0 \end{cases}$$

$\boldsymbol{c}=\begin{pmatrix} c_1 \\ c_2 \\ \vdots \\ c_n \end{pmatrix}$라고 두면 연립방정식은 행렬방정식 $X\boldsymbol{c}=\boldsymbol{0}$으로 쓸 수 있다.

이 방정식이 자명하지 않는 해 $\boldsymbol{c}=\begin{pmatrix} c_1 \\ c_2 \\ \vdots \\ c_n \end{pmatrix}$를 갖기 위한 필요충분조건은 X가 정칙행렬이 아닌 것이다. 따라서 $\boldsymbol{x}_1, \boldsymbol{x}_2, \cdots, \boldsymbol{x}_n$가 일차종속이기 위한 필요충분조건은 X가 정칙행렬이 아닌 것이다.

예제 3.9

예제 3.6을 정리 3.6을 이용하여 설명하여라.

풀이 (1) $|A|=\begin{vmatrix} 1 & 1 & 1 \\ 1 & 1 & 0 \\ 1 & 0 & 0 \end{vmatrix}=-1(\neq 0)$이므로 주어진 벡터 $\begin{pmatrix} 1 \\ 1 \\ 1 \end{pmatrix}, \begin{pmatrix} 1 \\ 1 \\ 0 \end{pmatrix}, \begin{pmatrix} 1 \\ 0 \\ 0 \end{pmatrix}$은 일차독립이다.

(2) $|A|=\begin{vmatrix} 4 & 2 & 2 \\ 2 & 3 & -5 \\ 3 & 1 & 3 \end{vmatrix}=\begin{vmatrix} 0 & 0 & 2 \\ 12 & 8 & -5 \\ -3 & -2 & 3 \end{vmatrix}=2(-1)^{1+3}\begin{vmatrix} 12 & 8 \\ -3 & -2 \end{vmatrix}=0$이므로

주어진 벡터 $\begin{pmatrix} 4 \\ 2 \\ 3 \end{pmatrix}, \begin{pmatrix} 2 \\ 3 \\ 1 \end{pmatrix}, \begin{pmatrix} 2 \\ -5 \\ 3 \end{pmatrix}$은 일차종속이다.

벡터공간 $C^{n-1}[a,b]$에서도 벡터들이 일차독립인가를 조사하는데 행렬식을 이용할 수 있다.

$f_1, f_2, \cdots, f_n$을 벡터공간 $C^{n-1}[a,b]$의 원소라고 하자. 이 벡터가 일차종속이면 동시에 0이 아닌 $c_1, c_2, \cdots, c_n$이 존재하여 모든 $x\in[a,b]$에 대하여

$$c_1f_1(x)+c_2f_2(x)+\cdots+c_nf_n(x)=0 \tag{1}$$

이 성립한다. (1)의 양변을 x에 관하여 미분하면

$$c_1 f_1'(x) + c_2 f_2'(x) + \cdots + c_n f_n'(x) = 0$$

을 얻고 계속하여 $(n-1)$회 미분하여 다음 연립방정식을 얻는다.

$$\begin{cases} c_1 f_1(x) + c_2 f_2(x) + \cdots + c_n f_n(x) = 0 \\ c_1 f_1'(x) + c_2 f_2'(x) + \cdots + c_n f_n'(x) = 0 \\ \qquad \vdots \\ c_1 f_1^{(n-1)}(x) + c_2 f_2^{(n-1)}(x) + \cdots + c_n f_n^{(n-1)}(x) = 0 \end{cases}$$

따라서 임의의 고정된 $x \in [a,b]$에 대하여 행렬방정식

$$\begin{pmatrix} f_1(x) & f_2(x) & \cdots & f_n(x) \\ f_1'(x) & f_2'(x) & \cdots & f_n'(x) \\ \vdots & \vdots & \vdots & \vdots \\ f_1^{(n-1)}(x) & f_2^{(n-1)}(x) & \cdots & f_n^{(n-1)}(x) \end{pmatrix} \begin{pmatrix} c_1 \\ c_2 \\ \vdots \\ c_n \end{pmatrix} = \begin{pmatrix} 0 \\ 0 \\ \vdots \\ 0 \end{pmatrix} \tag{2}$$

은 자명하지 않는 해 $\begin{pmatrix} c_1 \\ c_2 \\ \vdots \\ c_n \end{pmatrix}$을 갖는다.

따라서 $f_1, f_2, \cdots, f_n$이 $C^{n-1}[a,b]$에서 일차종속이면 임의의 고정된 $x \in [a,b]$에 대하여 연립방정식 (2)의 계수행렬은 정칙행렬이 아니고 따라서 그 행렬의 행렬식의 값은 0이다.

정의 3.7 론스키안(Wronskian)

$f_1, f_2, \cdots, f_n$이 벡터공간 $C^{n-1}[a,b]$의 원소일 때 $[a,b]$ 위에서의 함수

$$W[f_1, f_2, \cdots, f_n](x) = W[f_1(x), f_2(x), \cdots, f_n(x)]$$

를

$$W[f_1, f_2, \cdots, f_n](x) = \begin{vmatrix} f_1(x) & f_2(x) & \cdots & f_n(x) \\ f_1'(x) & f_2'(x) & \cdots & f_n'(x) \\ & & & \\ f_1^{(n-1)}(x) & f_2^{(n-1)}(x) & \cdots & f_n^{(n-1)}(x) \end{vmatrix}$$

로 정의하고 이 함수를 $f_1, f_2, \cdots, f_n$의 론스키안(Wronskian)이라고 부른다.

정리 3.8

$f_1, f_2, \cdots, f_n$가 벡터공간 $C^{n-1}[a,b]$의 원소일 때 $W[f_1, f_2, \cdots, f_n](x_0) \neq 0$이 성립하는 점 $x_0 \in [a,b]$가 존재하면 $f_1, f_2, \cdots, f_n$은 일차독립이다.

증명 $f_1, f_2, \cdots, f_n$이 일차종속이면 (2)의 계수행렬은 모든 $x \in [a,b]$에 대하여 정칙행렬이 아니다. 따라서 $W[f_1, f_2, \cdots, f_n](x)$는 $[a,b]$에서 항등적으로 0이다.

$f_1, f_2, \cdots, f_n$이 $C^{n-1}[a,b]$에서 일차독립이면 그들은 또한 $C[a,b]$에서 일차독립이다.

예제 3.10

다음 벡터들이 일차독립임을 보여라.

(1) $e^x,\ e^{-x}$ (2) $x,\ x^2,\ x^3,\ x^4$

풀이 (1) $W[e^x, e^{-x}] = \begin{vmatrix} e^x & e^{-x} \\ e^x & -e^{-x} \end{vmatrix} = -2$이다. 따라서 $e^x,\ e^{-x}$은 일차독립이다.

(2) $$W[x, x^2, x^3, x^4] = \begin{vmatrix} x & x^2 & x^3 & x^4 \\ 1 & 2x & 3x^2 & 4x^3 \\ 0 & 2 & 6x & 12x^2 \\ 0 & 0 & 6 & 24x \end{vmatrix} = x\begin{vmatrix} x & 2x^2 & 3x^3 \\ 2 & 6x & 12x^2 \\ 0 & 6 & 24x \end{vmatrix} = x^2\begin{vmatrix} 2x & 6x^2 \\ 6 & 24x \end{vmatrix} = 12x^4$$

에서 $x \neq 0$이면 $W[x, x^2, x^3, x^4](x) \neq 0$이므로 x, x^2, x^3, x^4은 $x \neq 0$에서 일차독립이다.

예제 3.11

다음 벡터들이 일차종속임을 보여라.

(1) $e^x,\ 2e^x$ (2) $1,\ x,\ 1+x$

풀이 (1) $W[e^x, 2e^x] = \begin{vmatrix} e^x & 2e^x \\ e^x & 2e^x \end{vmatrix} = 0$이므로 $e^x,\ 2e^x$은 일차종속이다.

(2) $W[1,\ x,\ 1+x] = \begin{vmatrix} 1 & x & 1+x \\ 0 & 1 & 1 \\ 0 & 0 & 0 \end{vmatrix} = 0$이므로 $1,\ x,\ 1+x$은 일차종속이다.

연습문제 3절

1. $\{(1,2)^t, (2,4)^t, (4,5)^t\}$가 $\mathbb{R}^2 = \{(x,y)^t \mid x, y \in \mathbb{R}^2\}$의 생성집합임을 보여라.

2. $\{x,\ 2x+1,\ x+x^2\}$은 벡터공간 P_2의 생성집합임을 보여라.

3. $\{x^2,\ x+1,\ x^2+1,\ x^2+2x+3\}$은 벡터공간 P_2의 생성집합인지 아닌지를 설명하여라.

4. $\left\{\begin{pmatrix}1 & 1\\0 & 1\end{pmatrix}, \begin{pmatrix}1 & 0\\1 & 1\end{pmatrix}, \begin{pmatrix}0 & 1\\1 & 1\end{pmatrix}\right\}$은 벡터공간 $M_{2\times 2}$의 생성집합인지 아닌지를 설명하여라.

5. $C[0\ ,\ 1]$에 있는 벡터 $1,\ e^x + e^{-x},\ e^x - e^{-x}$이 일차독립인가? 그 이유를 설명하여라.

6. 아래 집합의 일차독립성을 판정하고 그 이유를 설명하여라.

(1) $C[-\pi, \pi]$에서 $\left\{\cos x,\ 1,\ \sin^2(\frac{x}{2})\right\}$

(2) $\mathbb{R}^2$에서 $\{(1,1)^t, (1,-1)^t, (1,2)^t\}$

7. $C(-\infty, \infty)$에서 다음 함수들이 일차독립인지 일차종속인지 설명하여라.

(1) $\cos 2x,\ \sin^2 x, \cos^2 x$

(2) $(3-x)^2, x^2-2x,\ 5$

(3) $1, \sin x, \sin 2x$

(4) $6,\ 3\sin^2 x, 2\cos^2 x$

(5) $\sin x, \cos x, \sin 2x$

8. 다음 주어진 벡터들이 벡터공간 P_2에서 일차독립인지 일차종속인지를 설명하여라.

(1) $B_1 = \{1+2x+3x^2,\ x+x^2,\ 2+x^2\}$

(2) $B_2 = \{x^2,\ -1-x+x^2,\ 1+x\}$

9. $S=\{x,\ 2x+1,\ x+x^2\}$에 대하여 다음 물음에 답하여라.

(1) S는 P_2의 생성집합임을 보여라.

(2) S의 원소들은 일차독립임을 보여라.

10. 다음 벡터가 $\mathbb{R}^4$에서 일차독립인지 일차종속인지를 설명하여라.

(1) $\begin{pmatrix} 2 \\ 1 \\ -2 \\ 1 \end{pmatrix}, \begin{pmatrix} 3 \\ 2 \\ 2 \\ 3 \end{pmatrix}, \begin{pmatrix} 2 \\ 2 \\ 0 \\ 0 \end{pmatrix}, \begin{pmatrix} 0 \\ 2 \\ 1 \\ 0 \end{pmatrix}$ (2) $\begin{pmatrix} 1 \\ 2 \\ 0 \\ 0 \end{pmatrix}, \begin{pmatrix} 1 \\ -1 \\ 1 \\ 0 \end{pmatrix}, \begin{pmatrix} 1 \\ 3 \\ 2 \\ 7 \end{pmatrix}, \begin{pmatrix} 1 \\ 2 \\ 1 \\ 3 \end{pmatrix}$

(3) $\begin{pmatrix} 0 \\ 1 \\ -2 \\ 1 \end{pmatrix}, \begin{pmatrix} 1 \\ 1 \\ -2 \\ 2 \end{pmatrix}, \begin{pmatrix} 2 \\ 1 \\ 3 \\ -2 \end{pmatrix}, \begin{pmatrix} 3 \\ 1 \\ 3 \\ -3 \end{pmatrix}$

11. 벡터공간 V의 임의의 세 벡터 $\boldsymbol{u},\ \boldsymbol{v},\ \boldsymbol{w}$에 의해 생성되는 집합과 $\boldsymbol{u},\ \boldsymbol{u}+\boldsymbol{v},\ \boldsymbol{u}+\boldsymbol{v}+\boldsymbol{w}$에 의해 생성되는 집합은 서로 같음을 보여라.

제4절 기저와 차원

앞 절에서 벡터공간의 생성집합은 그 원소가 일차독립이면 그 생성집합이 최소생성집합임을 알았다. 최소생성집합의 원소는 모든 벡터공간의 근본적인 기초를 이루고 있고 결국 그것은 벡터공간의 기저를 형성하고 있음을 알 수 있다.

정의 4.1 (기저)

벡터공간 V의 원소 $\boldsymbol{v}_1, \boldsymbol{v}_2, \cdots, \boldsymbol{v}_n$이 다음의 두 조건을 만족할 때 $\{\boldsymbol{v}_1, \boldsymbol{v}_2, \cdots, \boldsymbol{v}_n\}$을 벡터공간 V의 기저(base 혹은 basis)라고 부른다.

(a) $\boldsymbol{v}_1, \boldsymbol{v}_2, \cdots, \boldsymbol{v}_n$은 V를 생성한다.

(b) $\boldsymbol{v}_1, \boldsymbol{v}_2, \cdots, \boldsymbol{v}_n$은 일차독립이다.

예제 4.1

집합 $\left\{\begin{pmatrix}1\\0\\-1\end{pmatrix}, \begin{pmatrix}2\\1\\0\end{pmatrix}, \begin{pmatrix}0\\0\\1\end{pmatrix}\right\}$은 벡터공간 $\mathbb{R}^3$의 기저임을 보여라.

풀이 벡터공간 $\mathbb{R}^3$의 임의의 벡터 $\begin{pmatrix}a\\b\\c\end{pmatrix}$에 대하여

$$\begin{pmatrix}a\\b\\c\end{pmatrix} = \alpha_1\begin{pmatrix}1\\0\\-1\end{pmatrix} + \alpha_2\begin{pmatrix}2\\1\\0\end{pmatrix} + \alpha_3\begin{pmatrix}0\\0\\1\end{pmatrix} = \begin{pmatrix}\alpha_1+2\alpha_2\\ \alpha_2\\ -\alpha_1+\alpha_3\end{pmatrix}$$

을 만족하는 스칼라 $\alpha_1, \alpha_2, \alpha_3$을 정할 수 있으면 $\begin{pmatrix}1\\0\\-1\end{pmatrix}, \begin{pmatrix}2\\1\\0\end{pmatrix}, \begin{pmatrix}0\\0\\1\end{pmatrix}$는 벡터공간 $\mathbb{R}^3$을 생성한다.

연립방정식 $\begin{cases}\alpha_1+2\alpha_2 = a\\ \alpha_2 \qquad\quad = b\\ \alpha_3-\alpha_1 \ \ = c\end{cases}$을 풀면

$$\alpha_1 = a-2b,\ \alpha_2 = b,\ \alpha_3 = a-2b+c$$

로 유일하게 존재한다. 따라서 $\left\{\begin{pmatrix}1\\0\\-1\end{pmatrix}, \begin{pmatrix}2\\1\\0\end{pmatrix}, \begin{pmatrix}0\\0\\1\end{pmatrix}\right\}$는 벡터공간 $\mathbb{R}^3$을 생성한다.

$\alpha_1\begin{pmatrix}1\\0\\-1\end{pmatrix} + \alpha_2\begin{pmatrix}2\\1\\0\end{pmatrix} + \alpha_3\begin{pmatrix}0\\0\\1\end{pmatrix} = \begin{pmatrix}\alpha_1+2\alpha_2\\ \alpha_2\\ -\alpha_1+\alpha_3\end{pmatrix} = \begin{pmatrix}0\\0\\0\end{pmatrix}$에서 연립방정식 $\begin{cases}\alpha_1+2\alpha_2 = 0\\ \alpha_2 \qquad\quad = 0\\ \alpha_3-\alpha_1 \ \ = 0\end{cases}$을 풀면

$$\alpha_1 = \alpha_2 = \alpha_3 = 0$$

이므로 $\left\{\begin{pmatrix}1\\0\\-1\end{pmatrix}, \begin{pmatrix}2\\1\\0\end{pmatrix}, \begin{pmatrix}0\\0\\1\end{pmatrix}\right\}$는 일차독립이다. 따라서 집합 $\left\{\begin{pmatrix}1\\0\\-1\end{pmatrix}, \begin{pmatrix}2\\1\\0\end{pmatrix}, \begin{pmatrix}0\\0\\1\end{pmatrix}\right\}$은 벡터공간 $\mathbb{R}^3$의 기저이다. ■

2.3절 예제 3.3과 예제 4.1에서

$$\mathrm{Span}\left\{\begin{pmatrix}1\\1\\1\end{pmatrix}, \begin{pmatrix}1\\1\\0\end{pmatrix}, \begin{pmatrix}1\\0\\0\end{pmatrix}\right\} = \mathrm{Span}\left\{\begin{pmatrix}1\\0\\-1\end{pmatrix}, \begin{pmatrix}2\\1\\0\end{pmatrix}, \begin{pmatrix}0\\0\\1\end{pmatrix}\right\} = \mathbb{R}^3$$

임을 알 수 있고 또한

$$\text{Span}\left\{\begin{pmatrix}1\\0\\0\end{pmatrix}, \begin{pmatrix}0\\1\\0\end{pmatrix}, \begin{pmatrix}0\\0\\1\end{pmatrix}\right\} = \mathbb{R}^3$$

이다.

따라서 $\left\{\begin{pmatrix}1\\0\\0\end{pmatrix}, \begin{pmatrix}0\\1\\0\end{pmatrix}, \begin{pmatrix}0\\0\\1\end{pmatrix}\right\}$, $\left\{\begin{pmatrix}1\\1\\1\end{pmatrix}, \begin{pmatrix}1\\1\\0\end{pmatrix}, \begin{pmatrix}1\\0\\0\end{pmatrix}\right\}$와 $\left\{\begin{pmatrix}1\\0\\-1\end{pmatrix}, \begin{pmatrix}2\\1\\0\end{pmatrix}, \begin{pmatrix}0\\0\\1\end{pmatrix}\right\}$은 벡터공간 $\mathbb{R}^3$의 기저들 (bases)이 된다.

특히 $\left\{\begin{pmatrix}1\\0\\0\end{pmatrix}, \begin{pmatrix}0\\1\\0\end{pmatrix}, \begin{pmatrix}0\\0\\1\end{pmatrix}\right\}$을 벡터공간 $\mathbb{R}^3$의 표준기저(standard basis)라 한다.

예제 4.2

집합 $\left\{\begin{pmatrix}1&0\\0&0\end{pmatrix}, \begin{pmatrix}0&1\\0&0\end{pmatrix}, \begin{pmatrix}0&0\\1&0\end{pmatrix}, \begin{pmatrix}0&0\\0&1\end{pmatrix}\right\}$가 벡터공간 $M_{2\times 2}$의 기저임을 보여라.

풀이 벡터공간 $M_{2\times 2}$의 임의의 벡터 $\begin{pmatrix}a&b\\c&d\end{pmatrix}$에 대하여

$$\begin{pmatrix}a&b\\c&d\end{pmatrix} = a\begin{pmatrix}1&0\\0&0\end{pmatrix} + b\begin{pmatrix}0&1\\0&0\end{pmatrix} + c\begin{pmatrix}0&0\\1&0\end{pmatrix} + d\begin{pmatrix}0&0\\0&1\end{pmatrix}$$

을 만족하는 유일한 해 a, b, c, d을 가짐으로 주어진 집합은 $M_{2\times 2}$의 생성집합이 된다. 또한 $a\begin{pmatrix}1&0\\0&0\end{pmatrix} + b\begin{pmatrix}0&1\\0&0\end{pmatrix} + c\begin{pmatrix}0&0\\1&0\end{pmatrix} + d\begin{pmatrix}0&0\\0&1\end{pmatrix} = \begin{pmatrix}0&0\\0&0\end{pmatrix}$에서

$$a = b = c = d = 0$$

이므로 주어진 벡터들은 일차독립이다. 따라서 벡터공간 $M_{2\times 2}$의 기저이다.

정의 4.2 (차원)

벡터공간 V가 n개의 벡터로 구성되는 기저를 가지면, n을 V의 차원(dimension)이라 한다. V를 생성하는 유한집합이 존재하지 않을 때 V를 무한차원 벡터공간이라 한다. 또 V의 차원을

$$\dim V$$

로 나타내기도 한다.

예제 4.3

다음 벡터공간의 차원을 구하여라.

(1) $\mathbb{R}^n$ (2) $M_{m\times n}$ (3) P_n

풀이 (1) $\mathbb{R}^n$은 n개의 일차독립인 벡터로 된 기저를 가지므로 $\dim \mathbb{R}^n = n$이다.

(2) $M_{m\times n}$은 $m\times n$개의 일차독립인 벡터로 된 기저를 가지므로 $\dim M_{m\times n} = \mathrm{m}\times\mathrm{n}$이다.

(3) P_n은 $n+1$개의 일차독립인 벡터로 된 기저를 가지므로 $\dim P_n = n+1$이다.

예제 4.4

P을 다항식 전체로 이루어진 벡터공간이라 할 때, P는 무한차원임을 설명하여라.

풀이 P는 유한차원 즉 n차원이라고 가정하자. 그러면 $n+1$개의 벡터는 일차종속이다. 그러나 $1, x, x^2, \cdots, x^n$은 일차독립이다. 왜냐하면, $W[1,x,x^2,\cdots,x^n] \neq 0$이기 때문이다. 그러므로 P는 n차원이 될 수 없다. 따라서 P는 무한차원이다.

[주] 사실 모든 벡터공간은 기저를 가진다. 일반적으로 한 벡터공간은 수 많은 기저를 가진다.

정리 4.2

벡터공간 V의 차원이 n이라고 하자.

(1) $m > n$일때 m개의 벡터는 일차종속이고

(2) $\{\boldsymbol{w}_1, \boldsymbol{w}_2, \cdots, \boldsymbol{w}_k\}$가 일차독립이면 $k \le n$이다.

증명 (1) $\{\boldsymbol{v}_1, \boldsymbol{v}_2, \cdots, \boldsymbol{v}_n\}$을 벡터공간 V의 기저라 하고 $\boldsymbol{u}_1, \boldsymbol{u}_2, \cdots, \boldsymbol{u}_m$을 V의 m개의 벡터라고 하자.

$$c_1\boldsymbol{u}_1 + c_2\boldsymbol{u}_2 + \cdots + c_m\boldsymbol{u}_m = 0$$

일 때 $c_1, c_2, \cdots, c_m$ 가운데 0이 아닌 수가 있음을 보이자.

벡터 $\boldsymbol{v}_1, \boldsymbol{v}_2, \cdots, \boldsymbol{v}_n$이 V를 생성하므로 $i = 1, 2, \cdots, m$에 대하여

$$\boldsymbol{u}_i = \alpha_{i1}\boldsymbol{v}_1 + \alpha_{i2}\boldsymbol{v}_2 + \cdots + \alpha_{in}\boldsymbol{v}_n$$

로 나타난다. $\boldsymbol{u}_1, \boldsymbol{u}_2, \cdots, \boldsymbol{u}_m$의 1차 결합은

$$\begin{aligned} c_1\boldsymbol{u}_1 + c_2\boldsymbol{u}_2 + \cdots + c_m\boldsymbol{u}_m &= c_1 \sum_{j=1}^{n} a_{1j}\boldsymbol{v}_j + c_2 \sum_{j=1}^{n} a_{2j}\boldsymbol{v}_j + \cdots + c_m \sum_{j=1}^{n} a_{nj}\boldsymbol{v}_j \\ &= \sum_{i=1}^{m}\left(c_i \sum_{j=1}^{n} a_{ij}\boldsymbol{v}_j\right) \\ &= \sum_{j=1}^{n}\left(\sum_{i=1}^{m} a_{ij}\ c_i\right)\boldsymbol{v}_j \end{aligned}$$

로 나타난다.

$$c_1\boldsymbol{u}_1 + c_2\boldsymbol{u}_2 + \cdots + c_m\boldsymbol{u}_m = \boldsymbol{0} = \sum_{j=1}^{n}\left(\sum_{i=1}^{m} a_{ij}\ c_i\right)\boldsymbol{v}_j$$

이므로 $\sum_{i=1}^{m} a_{ij}\ c_i = 0$이다. 연립방정식 $\sum_{i=1}^{m} a_{ij}\ c_i = 0$은 방정식의 개수 n $(j = 1, 2, \cdots, n)$보다 더 많은 m개의 미지수를 포함하는 $c_i\ (i = 1, 2, \cdots, m)$에 관한 제차연립1차방정식이므로 자명하지 않은 해 $\hat{c_1}, \hat{c_2}, \cdots, \hat{c_m}$를 갖는다. 따라서 $\boldsymbol{u}_1, \boldsymbol{u}_2, \cdots, \boldsymbol{u}_m$은 일차종속이다.

(2) $k > n$이라 가정하면 (1)에 의하여 $\{\boldsymbol{w}_1, \boldsymbol{w}_2, \cdots, \boldsymbol{w}_k\}$은 일차종속이다. 일차독립이라는 가정에 모순되므로 $k \leq n$이다.

정리 4.3

V가 $n(n > 0)$차원 벡터공간일 때,

(1) n개의 일차독립인 벡터는 V를 생성한다.

(2) V를 생성하는 임의의 n개의 벡터는 일차독립이다.

증명 (1) 벡터공간 V의 n개의 일차독립인 벡터를 $\boldsymbol{v}_1, \boldsymbol{v}_2, \cdots, \boldsymbol{v}_n$이라 하자. 이들과 다른 임의의 $\boldsymbol{v} \in V$에 대하여 정리 4.2로부터 $\boldsymbol{v}_1, \boldsymbol{v}_2, \cdots, \boldsymbol{v}_n, \boldsymbol{v}$는 일차종속임을 알 수 있다. 따라서 적어도 한 개는 0이 아닌 스칼라 $c_1, c_2, \cdots, c_n, c_{n+1}$에 대하여

$$c_1\mathbf{v}_1 + c_2\mathbf{v}_2 + \cdots + c_n\mathbf{v}_n + c_{n+1}\mathbf{v} = \mathbf{0}$$

이 성립한다.

만약 $c_{n+1} = 0$이면 $c_1\mathbf{v}_1 + c_2\mathbf{v}_2 + \cdots + c_n\mathbf{v}_n = \mathbf{0}$과 $\mathbf{v}_1, \mathbf{v}_2, \cdots, \mathbf{v}_n$의 일차독립성에 의하여

$$c_i = 0\,(i = 1, 2, \cdots, n)$$

이므로 $\mathbf{v}_1, \mathbf{v}_2, \cdots, \mathbf{v}_n, \mathbf{v}$이 일차종속이라는 가정에 모순이다. 따라서

$$c_{n+1} \neq 0$$

이고

$$\mathbf{v} = \alpha_1\mathbf{v}_1 + \alpha_2\mathbf{v}_2 + \cdots + \alpha_n\mathbf{v}_n\ ,\ \alpha_i = \frac{-c_i}{c_{n+1}},\ (i = 1, 2, \cdots, n)$$

이다. $\mathbf{v}$는 V의 임의의 벡터이므로 $\mathbf{v}_1, \mathbf{v}_2, \cdots, \mathbf{v}_n$은 V를 생성한다.

(2) V를 생성하는 n개의 벡터 $\mathbf{v}_1, \mathbf{v}_2, \cdots, \mathbf{v}_n$이 일차종속이라 하자. 그러면 이 중에 한 개의 벡터는 나머지 벡터들의 1차결합으로 나타낼 수 있다. 예를 들어 $\mathbf{v}_n$이 $\mathbf{v}_1, \mathbf{v}_2, \cdots, \mathbf{v}_{n-1}$의 1차결합으로 나타난다고 하면 $\mathbf{v}_1, \mathbf{v}_2, \cdots, \mathbf{v}_{n-1}$은 V를 생성한다. $\mathbf{v}_1, \mathbf{v}_2, \cdots, \mathbf{v}_{n-1}$이 일차독립이면 $\mathbf{v}_1, \mathbf{v}_2, \cdots, \mathbf{v}_{n-1}$은 V의 기저가 되므로 $\dim V = n$에 모순이다. 만약 $\mathbf{v}_1, \mathbf{v}_2, \cdots, \mathbf{v}_{n-1}$이 일차종속이면 같은 방법으로 하여 $n-1$개 보다 적은 원소로 이루어진 일차독립인 생성집합을 구할 수 있다. 그러나 이것은 $\dim V = n$에 모순이다. 그러므로 $\mathbf{v}_1, \mathbf{v}_2, \cdots, \mathbf{v}_n$은 일차독립이다.

예제 4.5

집합 $\left\{\begin{pmatrix}1\\2\\3\end{pmatrix}, \begin{pmatrix}-2\\1\\0\end{pmatrix}, \begin{pmatrix}1\\0\\1\end{pmatrix}\right\}$은 벡터공간 $\mathbb{R}^3$의 기저임을 보여라.

풀이 $\dim \mathbb{R}^3 = 3$이므로 정리 4.3에 의하여 세 개의 벡터가 일차독립임을 보이면 충분하다.

$$\begin{vmatrix}1 & -2 & 1\\2 & 1 & 0\\3 & 0 & 1\end{vmatrix} = 2$$

이므로 세 개의 벡터는 일차독립이다. 따라서 $\left\{\begin{pmatrix}1\\2\\3\end{pmatrix}, \begin{pmatrix}-2\\1\\0\end{pmatrix}, \begin{pmatrix}1\\0\\1\end{pmatrix}\right\}$은 벡터공간 $\mathbb{R}^3$의 기저이다.

영벡터공간 $\{\mathbf{0}\}$의 기저는 $\varnothing$ 이고 차원은 0이다.

정리 4.4

V가 n차원 벡터공간일 때

(1) n보다 적은 갯수의 벡터는 V를 생성하지 못한다.

(2) n보다 적은 갯수의 일차독립인 벡터로 이루어진 부분집합은 V의 기저가 되도록 확장할 수 있다.

증명 (1) 정리 4.3의 (2)와 같은 방법으로 증명할 수 있다.

(2) $v_1, v_2, \cdots, v_k$가 일차독립이고 $k < n$라 가정하자. (1)의 결과에 의하여 $\text{Span}\{v_1, v_2, \cdots, v_k\}$는 V의 진부분공간이므로

$$v_{k+1} \in V - \text{Span}\{v_1, v_2, \cdots, v_k\}$$

가 존재한다. 이때 $v_1, v_2, \cdots, v_k, v_{k+1}$은 일차독립이다.

만약 $k+1 < n$이면, 같은 방법으로 계속하여 일차독립인 n개의 벡터

$$\{v_1, v_2, \cdots, v_k, v_{k+1}, \cdots, v_n\}$$

을 얻는다. 정리 4.2에 의하여 $\{v_1, v_2, \cdots, v_k, v_{k+1}, \cdots, v_n\}$은 V의 기저가 된다.

정리 4.4은 다음과 같은 의미도 가지고 있다.

벡터공간 V의 생성집합을 $S = \{v_1, v_2, \cdots, v_n\}$라 하자.

V의 부분집합 $L = \{u_1, u_2, \cdots, u_m\}$ 이 일차독립이면

(1) $m \leq n$이고

(2) 생성집합 S와 일차독립인 부분집합 L의 원소를 적당히 재구성하여 만든 집합 S'도 V의 생성집합이다.

즉 생성집합은 일차독립인 집합으로 대체할 수 있다는 의미이다.

(1) $m > n$이면 $L = \{\boldsymbol{u}_1, \boldsymbol{u}_2, \cdots, \boldsymbol{u}_m\}$ 의 일차독립성에 모순이 된다.

(2) S가 생성집합이므로 $S_1 = \{\boldsymbol{u}_m, \boldsymbol{v}_1, \boldsymbol{v}_2, \cdots, \boldsymbol{v}_n\}$은 일차종속이며 V의 생성집합이다. $\boldsymbol{v}_1$이 S_1의 나머지 벡터들의 일차결합이라고 가정해 보자.

$$S_2 = \{\boldsymbol{u}_m, \boldsymbol{v}_2, \cdots, \boldsymbol{v}_n\}$$

은 여전히 V의 생성집합이다. 이제 S_2에 $\boldsymbol{u}_{m-1}$을 추가하여 만든

$$S_3 = \{\boldsymbol{u}_{m-1}, \boldsymbol{u}_m, \boldsymbol{v}_2, \cdots, \boldsymbol{v}_n\}$$

에 대하여 위의 과정을 유한번 반복하면

$$S' = \{\boldsymbol{u}_1, \boldsymbol{u}_2, \cdots, \boldsymbol{u}_m, \boldsymbol{v}_{m+1}, \cdots, \boldsymbol{v}_n\}$$

이 V의 생성집합이 됨을 알 수 있다.

따름정리 4.5

벡터공간 V에 대하여 $\{\boldsymbol{v}_1, \boldsymbol{v}_2, \cdots, \boldsymbol{v}_n\}$와 $\{\boldsymbol{u}_1, \boldsymbol{u}_2, \cdots, \boldsymbol{u}_m\}$이 V의 기저이면 $m = n$이다.

예제 4.6

다음을 설명하여라.

(1) $\begin{pmatrix}1\\0\end{pmatrix}$는 벡터공간 $\mathbb{R}^2$을 생성하지 못한다.

(2) 벡터공간 $\mathbb{R}^2$의 부분집합 $\left\{\begin{pmatrix}1\\0\end{pmatrix}\right\}$은 $\mathbb{R}^2$의 기저가 되도록 확장할 수 있다.

풀이 (1) 벡터공간 $\mathbb{R}^2$의 임의의 벡터 $\begin{pmatrix}a\\b\end{pmatrix}$는

$$\begin{pmatrix}a\\b\end{pmatrix} = a\begin{pmatrix}1\\0\end{pmatrix} + b\begin{pmatrix}0\\1\end{pmatrix}$$

이므로 $b \neq 0$일 때는 $\begin{pmatrix}a\\b\end{pmatrix} \notin \mathrm{Span}\left\{\begin{pmatrix}1\\0\end{pmatrix}\right\}$이다.

따라서 $\begin{pmatrix}1\\0\end{pmatrix}$는 벡터공간 $\mathbb{R}^2$을 생성하지 못한다.

(2) $\mathbb{R}^2 = \left\{\begin{pmatrix}a\\b\end{pmatrix} = a\begin{pmatrix}1\\0\end{pmatrix} + b\begin{pmatrix}0\\1\end{pmatrix} \;\middle|\; a, b \in \mathbb{R}\right\} = \mathrm{Span}\left\{\begin{pmatrix}1\\0\end{pmatrix}, \begin{pmatrix}0\\1\end{pmatrix}\right\}$이므로 $\left\{\begin{pmatrix}1\\0\end{pmatrix}\right\}$에 $\mathbb{R}^2$의 벡터 $\begin{pmatrix}0\\1\end{pmatrix}$

을 추가하여 $\left\{\begin{pmatrix}1\\0\end{pmatrix},\begin{pmatrix}0\\1\end{pmatrix}\right\}$이 $\mathbb{R}^2$의 기저가 되도록 확장할 수 있다. 또는

$$\mathbb{R}^2=\left\{\begin{pmatrix}a\\b\end{pmatrix}=(a-b)\begin{pmatrix}1\\0\end{pmatrix}+b\begin{pmatrix}1\\1\end{pmatrix}\ \middle|\ a,b\in\mathbb{R}\right\}=\text{Span}\left\{\begin{pmatrix}1\\0\end{pmatrix},\begin{pmatrix}1\\1\end{pmatrix}\right\}$$

이므로 $\left\{\begin{pmatrix}1\\0\end{pmatrix}\right\}$에 $\mathbb{R}^2$의 벡터 $\begin{pmatrix}1\\1\end{pmatrix}$을 추가하여 $\left\{\begin{pmatrix}1\\0\end{pmatrix},\begin{pmatrix}1\\1\end{pmatrix}\right\}$이 $\mathbb{R}^2$의 기저가 되도록 확장할 수 있다.

연습문제 4절

1. 다음 주어진 집합이 벡터공간 $\mathbb{R}^2$의 기저인지 아닌지를 설명하여라.

(1) $B_1=\left\{\begin{pmatrix}1\\1\end{pmatrix}\right\}$ (2) $B_2=\left\{\begin{pmatrix}1\\1\end{pmatrix},\begin{pmatrix}1\\-1\end{pmatrix}\right\}$ (3) $B_3=\left\{\begin{pmatrix}1\\1\end{pmatrix},\begin{pmatrix}1\\-1\end{pmatrix},\begin{pmatrix}1\\2\end{pmatrix}\right\}$

2. 다음 집합이 벡터공간 P_2의 기저인지 아닌지를 설명하여라.

(1) $B_1=\{1+2x+3x^2,\ x+x^2,\ 2+x^2\}$

(2) $B_2=\{x^2,\ -1-x+x^2,\ 1+x\}$

3. 다음 동차연립방정식의 해공간(해집합이 이루는 벡터공간)의 기저와 차원을 기약행사다리꼴을 이용하여 구하여라.

$$\begin{cases}x_1+x_2+x_4+x_5=0\\2x_2+4x_4=0\end{cases}$$

4. 집합 $\{(2,1,0),\ (-3,0,1)\}$이 평면 $\pi=\{(x,y,z)\,|\,x-2y+3z=0\}$의 기저임을 보여라.

5. 벡터공간 $\mathbb{R}^4$의 두 부분공간 $V=\{(x,y,z,w)^t\in\mathbb{R}^4|\ x+y+z=0\}$와 $W=\{(x,y,z,w)^t\in\mathbb{R}^4|\ x=2y,\ z+w=0\}$에 대하여 다음 물음에 답하여라.

(1) V와 W의 기저를 구하여라. (2) $V\cap W$의 기저를 구하여라.

6. $U = \{(a,b,c,d)^t \mid b+c+d=0\}$와 $W = \{(a,b,c,d)^t \mid a+b=0,\ c=2d\}$는 $\mathbb{R}^4$의 부분공간이다. 다음 부분공간의 기저와 차원을 각각 구하여라. $(a,\ b,\ c,\ d \in \mathbb{R})$

(1) U　　(2) W　　(3) $U \cap W$

7. 벡터공간 $\mathbb{R}^4$의 부분공간

$$S_1 = \left\{ \begin{pmatrix} x_1 \\ x_2 \\ 0 \\ 0 \end{pmatrix} \;\middle|\; x_1,\ x_2 \in \mathbb{R} \right\} \text{와 } S_2 = \left\{ \begin{pmatrix} 0 \\ x_2 \\ x_3 \\ 0 \end{pmatrix} \;\middle|\; x_2,\ x_3 \in \mathbb{R} \right\}$$

에 대하여 S_1와 S_2와 $S_1 \cap S_2$와 $S_1 + S_2$의 차원을 각각 구하여라.

8. 벡터 $v_1 = (1,-1,3)^t$, $v_2 = (3,-1,5)^t$, $v_3 = (0,3,-6)^t$, $v_4 = (-2,2,6)^t$로 생성되는 $\mathbb{R}^3$의 부분공간의 기저와 차원을 구하여라.

9. 다음 집합이 벡터공간 $M_{2\times 2}$의 기저인지 아닌지를 설명하여라.

(1) $\left\{ \begin{pmatrix} 1 & 1 \\ 0 & 1 \end{pmatrix}, \begin{pmatrix} 1 & 0 \\ 1 & 1 \end{pmatrix}, \begin{pmatrix} 0 & 1 \\ 1 & 1 \end{pmatrix} \right\}$　　(2) $\left\{ \begin{pmatrix} 1 & 1 \\ 0 & 1 \end{pmatrix}, \begin{pmatrix} 1 & 0 \\ 1 & 1 \end{pmatrix}, \begin{pmatrix} 0 & 1 \\ 1 & 1 \end{pmatrix}, \begin{pmatrix} 1 & 1 \\ 1 & 0 \end{pmatrix} \right\}$

(3) $\left\{ \begin{pmatrix} 1 & 1 \\ 0 & 1 \end{pmatrix}, \begin{pmatrix} 1 & 0 \\ 1 & 1 \end{pmatrix}, \begin{pmatrix} 0 & 1 \\ 1 & 1 \end{pmatrix}, \begin{pmatrix} 1 & 1 \\ 1 & 0 \end{pmatrix}, \begin{pmatrix} 1 & 2 \\ 3 & 4 \end{pmatrix} \right\}$

10. 벡터공간 $M_{3\times 3}$의 부분집합 S가 3×3 반대칭행렬들의 집합일 때

(1) S가 부분공간임을 보여라.　　(2) S의 표준기저와 차원을 구하여라.

제5절 행공간과 열공간

$m\times n$행렬의 행벡터에 의하여 행공간을 만들고 열벡터에 의하여 열공간을 만들어 본다. 이는 연립일차방정식이 해를 가질 필요충분조건을 제시한다.

A가 $m\times n$행렬일 때 즉,

$$A=\begin{pmatrix} a_{11} & a_{12} & \cdots & a_{1n} \\ a_{21} & a_{22} & \cdots & a_{2n} \\ \vdots & \vdots & & \vdots \\ a_{m1} & a_{m2} & \cdots & a_{mn} \end{pmatrix}=\begin{pmatrix} A_1 \\ A_2 \\ \vdots \\ A_m \end{pmatrix}=(B_1\ B_2\cdots\ B_n)$$

일 때 A의 각 행은 n개의 실수로 구성되어 있으므로 $M_{1\times n}$의 벡터로 생각할 수 있다. A의 행에 대응하는 m개의 벡터

$$A_i=(a_{i1},a_{i2},\cdots,a_{in})\ (i=1,2,\cdots,m)$$

를 A의 행벡터라고 부른다. 마찬가지로 A의 각 열은 $\mathbb{R}^m$의 벡터로 생각할 수 있으므로 행렬 A에 n개의 열벡터

$$B_j=\begin{pmatrix} b_{ij} \\ b_{2j} \\ \vdots \\ b_{mj} \end{pmatrix}(j=1,2,\cdots,n)$$

를 대응시킬 수 있다.

정의 5.1 (행공간, 열공간, 영공간)

A가 $m\times n$ 행렬일 때

(1) A의 행벡터 A_i $(i=1,2,\cdots,m)$에 의하여 생성되는 부분공간

$$\text{Span}\{A_1,A_2,\cdots,A_m\}$$

을 A의 행공간(row space)라고 한다.

(2) A의 열벡터 B_j $(j=1,2,\cdots,n)$에 의하여 생성되는 부분공간

$$\text{Span}\{B_1,B_2,\cdots,B_n\}$$

을 A의 열공간(column space)라고 한다.

(3) $A\mathbf{x}=\mathbf{0}$의 모든 해집합

$$N(A)=\{\mathbf{x}\in\mathbb{R}^n \mid A\mathbf{x}=\mathbf{0}\}$$

을 A의 영공간(null space)라고 한다.

$\mathbf{x}, \mathbf{y}\in N(A)$ 이면

$$A(\mathbf{x}+\mathbf{y})=A\mathbf{x}+A\mathbf{y}=\mathbf{0}+\mathbf{0}=\mathbf{0}$$

이므로 $\mathbf{x}+\mathbf{y}\in N(A)$ 이다.

또한 $\mathbf{x}\in N(A)$ 이고 k가 스칼라이면

$$A(k\mathbf{x})=k\,A\mathbf{x}=k\mathbf{0}=\mathbf{0}$$

이므로 $k\mathbf{x}\in N(A)$ 이다. 따라서 $N(A)$는 $\mathbb{R}^n$의 부분공간이다.

예제 5.1

2×3행렬 $A=\begin{pmatrix}1 & 0 & 0\\ 0 & 1 & 0\end{pmatrix}$에 대하여

(1) A의 행공간을 구하여라. (2) A의 열공간을 구하여라.

(3) A의 영공간을 구하여라.

풀이 (1) A의 행공간은

$$\text{Span}\{(1,0,0),(0,1,0)\}=\{(\alpha,\beta,0)\mid \alpha,\beta\in\mathbb{R}\}$$

이고 벡터공간 $\mathbb{R}^3$의 2차원 부분공간이다.

(2) A의 열공간은

$$\text{Span}\left\{\begin{pmatrix}1\\0\end{pmatrix},\begin{pmatrix}0\\1\end{pmatrix},\begin{pmatrix}0\\0\end{pmatrix}\right\}=\text{Span}\left\{\begin{pmatrix}1\\0\end{pmatrix},\begin{pmatrix}0\\1\end{pmatrix}\right\}=\left\{\begin{pmatrix}\alpha\\\beta\end{pmatrix}\,\middle|\,\alpha,\beta\in\mathbb{R}\right\}$$

이고 벡터공간 $\mathbb{R}^2$이다.

(3) A의 영공간은 $A\mathbf{x}=\mathbf{0}$을 만족하는 해집합이므로 $\left(\begin{array}{ccc|c}1 & 0 & 0 & 0\\ 0 & 1 & 0 & 0\end{array}\right)$으로부터 해는

$$\boldsymbol{x} = \begin{pmatrix} x_1 \\ x_2 \\ x_3 \end{pmatrix} = \begin{pmatrix} 0 \\ 0 \\ \gamma \end{pmatrix}$$

이다. 따라서 A의 영공간은

$$\left\{ \begin{pmatrix} 0 \\ 0 \\ \gamma \end{pmatrix} \middle| \ \gamma \in \mathbb{R} \right\}$$

이고 벡터공간 $\mathbb{R}^3$의 1차원 부분공간이다.

정리 5.2

행에 관한 동치인 두 행렬은 동일한 행공간을 갖는다.

증명 행렬 B가 행렬A와 행에 관한 동치이면, A에서 유한횟수의 행 조작을 시행하여 B를 만들 수 있다. 즉 B의 행벡터는 A의 행벡터의 1차결합으로 표시되므로 B의 행공간은 A의 행공간의 부분공간이다. 또한 A도 B와 행에 관하여 동치이므로 같은 방법으로 하면 A의 행공간은 B의 행공간의 부분공간이다. 따라서 동일한 행공간을 갖는다.

예제 5.2

$A = \begin{pmatrix} 1 & -2 & 3 \\ 2 & -5 & 1 \\ 1 & -4 & -7 \end{pmatrix}$와 $B = \begin{pmatrix} 1 & -2 & 3 \\ 0 & -1 & -5 \\ 0 & -2 & -10 \end{pmatrix}$가 동일한 행공간을 가짐을 보여라.

풀이 행렬 $A = \begin{pmatrix} 1 & -2 & 3 \\ 2 & -5 & 1 \\ 1 & -4 & -7 \end{pmatrix}$에 대하여 $R_i\ (i = 1,2,3)$을 A의 i번째 행이라 하자.

A에 행연산 $-2 \times R_1 + R_2 \rightarrow R_2,\ -1 \times R_1 + R_3 \rightarrow R_3$을 하면

$$A = \begin{pmatrix} 1 & -2 & 3 \\ 2 & -5 & 1 \\ 1 & -4 & -7 \end{pmatrix} \sim \begin{pmatrix} 1 & -2 & 3 \\ 0 & -1 & -5 \\ 0 & -2 & -10 \end{pmatrix} = B$$

이다. 여기서 $R_i'\ (i = 1,2,3)$을 B의 i번째 행이라 하자.

$$R_1' = R_1,\ R_2' = -2\times R_1 + R_2\ ,\ R_3' = -1\times R_1 + R_3$$

이므로 B의 행벡터는 A의 행벡터의 1차결합으로 표시된다. 즉 A와 B는 행에 관하여 동치이므로 정리 5.2에 의하여 A와 B는 동일한 행공간을 갖는다.

정의 5.3 (행렬의 rank와 nullity)

행렬 A의 행공간의 차원을 행렬 A의 계수라 하고,

$$\mathrm{rank}(A)$$

로 표기한다. 행렬 A의 영공간의 차원을 행렬 A의 퇴화차수라 하고,

$$\mathrm{nullity}(A)$$

로 표기한다.

행렬 A의 행공간을 구하려면, A를 행에 관한 사다리꼴로 변형시켜야 한다. 행렬의 계수는 행공간의 차원이므로 기본행연산을 통하여 변형된 기약 행사다리꼴 행렬의 일차독립인 행벡터의 수를 살펴보면 된다.

행렬 A의 열공간의 차원은 A^t의 행공간의 차원과 같다. 따라서 행렬 A의 열공간을 구하려면 A^t을 행에 관한 사다리꼴로 변형시켜 A^t의 행공간을 구하거나 A에 열연산을 시행하여 A를 열에 관한 사다리꼴로 변형시키면 된다.

행렬 A의 퇴화차수는 영공간의 차원이므로 $A\boldsymbol{x} = \mathbf{0}$을 만족하는 해집합의 원소를 살펴보면 된다.

예제 5.3

3×4행렬 $A = \begin{pmatrix} -3 & 1 & 3 & 4 \\ 1 & 2 & -1 & -2 \\ -3 & 8 & 4 & 2 \end{pmatrix}$에 대하여

(1) A의 행공간, 열공간과 영공간을 구하여라.

(2) A의 계수와 퇴화차수를 구하여라.

풀이 (1) A에 행연산을 하면

$$\begin{pmatrix} -3 & 1 & 3 & 4 \\ 1 & 2 & -1 & -2 \\ -3 & 8 & 4 & 2 \end{pmatrix} \sim \begin{pmatrix} 1 & 2 & -1 & -2 \\ -3 & 1 & 3 & 4 \\ -3 & 8 & 4 & 2 \end{pmatrix} \sim \begin{pmatrix} 1 & 2 & -1 & -2 \\ 0 & 7 & 0 & -2 \\ 0 & 14 & 1 & -4 \end{pmatrix} \sim \begin{pmatrix} 1 & 2 & -1 & -2 \\ 0 & 1 & 0 & -\frac{2}{7} \\ 0 & 0 & 1 & 0 \end{pmatrix}$$

$$\sim \begin{pmatrix} 1 & 2 & 0 & -2 \\ 0 & 1 & 0 & -\frac{2}{7} \\ 0 & 0 & 1 & 0 \end{pmatrix} \sim \begin{pmatrix} 1 & 0 & 0 & -\frac{10}{7} \\ 0 & 1 & 0 & -\frac{2}{7} \\ 0 & 0 & 1 & 0 \end{pmatrix}$$

이므로 A의 행공간은

$$\mathrm{Span}\left\{\left(1,0,0,-\frac{10}{7}\right), \left(0,1,0,-\frac{2}{7}\right), (0,0,1,0)\right\}$$

이다.

A에 열연산을 행하여 열공간을 구해보자.

$$\begin{pmatrix} -3 & 1 & 3 & 4 \\ 1 & 2 & -1 & -2 \\ -3 & 8 & 4 & 2 \end{pmatrix} \sim \begin{pmatrix} 1 & -3 & 3 & 4 \\ 2 & 1 & -1 & -2 \\ 8 & -3 & 4 & 2 \end{pmatrix} \sim \begin{pmatrix} 1 & 0 & 0 & 0 \\ 2 & 7 & -7 & -10 \\ 8 & 21 & -20 & -30 \end{pmatrix} \sim \begin{pmatrix} 1 & 0 & 0 & 0 \\ 2 & 1 & 0 & 0 \\ 8 & 3 & 1 & 0 \end{pmatrix}$$

$$\sim \begin{pmatrix} 1 & 0 & 0 & 0 \\ 2 & 1 & 0 & 0 \\ 0 & 0 & 1 & 0 \end{pmatrix} \sim \begin{pmatrix} 1 & 0 & 0 & 0 \\ 0 & 1 & 0 & 0 \\ 0 & 0 & 1 & 0 \end{pmatrix}$$

이므로 A의 열공간은

$$\mathrm{Span}\left\{\begin{pmatrix} 1 \\ 0 \\ 0 \end{pmatrix}, \begin{pmatrix} 0 \\ 1 \\ 0 \end{pmatrix}, \begin{pmatrix} 0 \\ 0 \\ 1 \end{pmatrix}\right\}$$

이다.

$A\boldsymbol{x} = \mathbf{0}$을 만족하는 해 $\boldsymbol{x} = \begin{pmatrix} x_1 \\ x_2 \\ x_3 \\ x_4 \end{pmatrix}$를 구하면

$$\left(\begin{array}{cccc|c} -3 & 1 & 3 & 4 & 0 \\ 1 & 2 & -1 & -2 & 0 \\ -3 & 8 & 4 & 2 & 0 \end{array}\right) \sim \left(\begin{array}{cccc|c} 1 & 2 & -1 & -2 & 0 \\ -3 & 1 & 3 & 4 & 0 \\ -3 & 8 & 4 & 2 & 0 \end{array}\right) \sim \left(\begin{array}{cccc|c} 1 & 2 & -1 & -2 & 0 \\ 0 & 7 & 0 & -2 & 0 \\ 0 & 14 & 1 & -4 & 0 \end{array}\right)$$

$$\sim \left(\begin{array}{cccc|c} 1 & 2 & -1 & -2 & 0 \\ 0 & 1 & 0 & -\frac{2}{7} & 0 \\ 0 & 0 & 1 & 0 & 0 \end{array}\right) \sim \left(\begin{array}{cccc|c} 1 & 2 & 0 & -2 & 0 \\ 0 & 1 & 0 & -\frac{2}{7} & 0 \\ 0 & 0 & 1 & 0 & 0 \end{array}\right) \sim \left(\begin{array}{cccc|c} 1 & 0 & 0 & -\frac{10}{7} & 0 \\ 0 & 1 & 0 & -\frac{2}{7} & 0 \\ 0 & 0 & 1 & 0 & 0 \end{array}\right)$$

이므로

$$x_1 = \frac{10}{7}t,\ x_2 = \frac{2}{7}t,\ x_3 = 0,\ x_4 = t$$

이다. 따라서 A의 영공간

$$\mathrm{N}(A) = \left\{ \begin{pmatrix} \frac{10}{7}t \\ \frac{2}{7}t \\ 0 \\ t \end{pmatrix} \middle|\ t \in \mathbb{R} \right\} = \mathrm{Span}\left\{ \begin{pmatrix} 10 \\ 2 \\ 0 \\ 7 \end{pmatrix} \right\}$$

이다.

(2) (1)에 의해 $\mathrm{rank}(A) = 3$이고 $\mathrm{nullity}(A) = 1$이다.

정리 5.4

$m \times n$행렬 A의 행공간의 차원과 열공간의 차원은 같다.

증명 A를 계수가 r인 $m \times n$행렬이라 하고

$$\boldsymbol{b}_1, \boldsymbol{b}_2, \cdots, \boldsymbol{b}_r$$

을 A의 행공간의 기저라고 하자. 모든 $\boldsymbol{b}_i$ $(i = 1, 2, \cdots, r)$는 $(b_{i1}, b_{i2}, \cdots, b_{in})$과 같은 꼴이다. A의 모든 행벡터는 $\boldsymbol{b}_i$ $(i = 1, 2, \cdots, r)$의 1차결합으로 표시할 수 있다.

$$(a_{11}, a_{12}, \cdots, a_{1n}) = c_{11}\boldsymbol{b}_1 + c_{12}\boldsymbol{b}_2 + \cdots + c_{1r}\boldsymbol{b}_r$$

$$(a_{21}, a_{22}, \cdots, a_{2n}) = c_{21}\boldsymbol{b}_1 + c_{22}\boldsymbol{b}_2 + \cdots + c_{2r}\boldsymbol{b}_r$$

$$\vdots$$

$$(a_{m1}, a_{m2}, \cdots, a_{mn}) = c_{m1}\boldsymbol{b}_1 + c_{m2}\boldsymbol{b}_2 + \cdots + c_{mr}\boldsymbol{b}_r$$

로 나타난다. 고정된 $j\,(1 \le j \le n)$에 대하여 이 식의 각각 j번째 성분을 생각하면

$$\begin{aligned} a_{1j} &= c_{11}b_{1j} + c_{12}b_{2j} + \cdots + c_{1r}b_{rj} \\ a_{2j} &= c_{21}b_{1j} + c_{22}b_{2j} + \cdots + c_{2r}b_{rj} \\ &\vdots \\ a_{mj} &= c_{m1}b_{1j} + c_{m2}b_{2j} + \cdots + c_{mr}b_{rj} \end{aligned} \qquad (1)$$

이다. 여기에서

$$\boldsymbol{a}_j = \begin{pmatrix} a_{1j} \\ a_{2j} \\ \vdots \\ a_{mj} \end{pmatrix} \text{와 } \boldsymbol{c}_i = \begin{pmatrix} c_{1i} \\ c_{2i} \\ \vdots \\ c_{mi} \end{pmatrix} \quad (i = 1, 2, \cdots, r)$$

라 두면, 연립방정식 (1)은 다음과 같은 꼴로 쓸 수 있다.

$$\boldsymbol{a}_j = b_{1j}\boldsymbol{c}_1 + b_{2j}\boldsymbol{c}_2 + \cdots + b_{rj}\boldsymbol{c}_r \quad (1 \le j \le n)$$

따라서 A의 모든 열벡터는 벡터 $\boldsymbol{c}_1, \boldsymbol{c}_2, \cdots, \boldsymbol{c}_r$의 1차결합으로 표시될 수 있다. A의 열공간은 $\boldsymbol{c}_1, \boldsymbol{c}_2, \cdots, \boldsymbol{c}_r$로 생성된 벡터공간의 부분공간이므로 열공간의 차원은 r보다 크지 않다. 임의의 행렬에 대하여 열공간의 차원은 행공간의 차원보다 크지 않음을 보였다. 즉

$$\dim(A\text{의 열공간}) \le \dim(A\text{의 행공간})$$

이다. 한편 이 결과를 행렬 A^t에 적용하면

$$\begin{aligned} \dim(A\text{의 행공간}) &= \dim(A^t\text{의 열공간}) \\ &\le \dim(A^t\text{의 행공간}) = \dim(A\text{의 열공간}) \end{aligned}$$

이다. 따라서 임의의 행렬 A에 대하여 행공간의 차원은 열공간의 차원과 같다.

예제 5.4

행렬 $A = \begin{pmatrix} 1 & -2 & 3 \\ 2 & -5 & 1 \\ 1 & -4 & -7 \end{pmatrix}$에 대하여 행공간과 열공간의 차원이 같음을 보여라.

풀이 A의 행공간은

$$\text{Span}\{(1, 0, 13), (0, 1, 5)\}$$

이고 A의 열공간은

$$\text{Span}\left\{\begin{pmatrix} 1 \\ 0 \\ -3 \end{pmatrix}, \begin{pmatrix} 0 \\ 1 \\ 2 \end{pmatrix}\right\}$$

이다. 따라서 $\dim(A\text{의 행공간}) = \dim(A\text{의 열공간}) = 2$이다.

$$A^t\text{의 행공간} = \text{Span}\{(1, 0, -3), (0, 1, 2)\}$$

이고

$$A^t\text{의 열공간} = \text{Span}\left\{\begin{pmatrix}1\\0\\13\end{pmatrix}, \begin{pmatrix}0\\1\\5\end{pmatrix}\right\}$$

이므로

$$\begin{aligned}\dim(A\text{의 행공간}) &= \dim(A\text{의 열공간})\\ &= \dim(A^t\text{의 행공간}) = \dim(A^t\text{의 열공간}) = 2\end{aligned}$$

이다.

정리 5.5 (차원정리)

A가 $m \times n$행렬일 때,

$$\text{rank}(A) + \text{nulliry}(A) = n$$

이 성립한다.

증명 자세한 증명은 3장 선형변환에서 다룬다.

U를 A의 변형된 행에 관한 사다리꼴이라고 하면 연립방정식

$$A\boldsymbol{x} = \mathbf{0}$$

은 연립방정식

$$U\boldsymbol{x} = \mathbf{0}$$

과 동치이다. A의 계수(rank)가 r이면, U는 r개의 0이 아닌 행을 갖고 결국 연립방정식 $U\boldsymbol{x} = \mathbf{0}$은 r개의 선도변수와 $(n-r)$개의 자유변수를 포함하게 된다.

$N(A)$의 차원은 자유변수의 개수 $(n-r)$이므로

$$\text{rank}(A) + \text{nulliry}(A) = n$$

이다.

예제 5.5

예제 5.3에서 정리 5.5의 차원정리가 성립함을 보여라.

풀이 $\text{rank}(A)+\text{nullity}(A)=3+1=4$은 3×4행렬 $A=\begin{pmatrix}-3 & 1 & 3 & 4\\ 1 & 2 & -1 & -2\\ -3 & 8 & 4 & 2\end{pmatrix}$의 열의 개수와 일치함을 알 수 있다.

정리 5.6

연립일차방정식 $A\boldsymbol{x}=\boldsymbol{b}$가 해를 가질 필요충분조건은 $\boldsymbol{b}$가 A의 열공간에 속하는 것이다.

증명 연립방정식 $\begin{pmatrix}a_{11} & a_{12} & \cdots & a_{1n}\\ a_{21} & a_{22} & \cdots & a_{2n}\\ \vdots & \vdots & & \vdots\\ a_{m1} & a_{m2} & \cdots & a_{mn}\end{pmatrix}\begin{pmatrix}x_1\\ x_2\\ \vdots\\ x_n\end{pmatrix}=\begin{pmatrix}b_1\\ b_2\\ \vdots\\ b_m\end{pmatrix}$는 다음의 형태로 쓸 수 있다.

$$x_1\begin{pmatrix}a_{11}\\ a_{21}\\ \vdots\\ a_{m1}\end{pmatrix}+x_2\begin{pmatrix}a_{12}\\ a_{22}\\ \vdots\\ a_{m2}\end{pmatrix}+\cdots+x_n\begin{pmatrix}a_{1n}\\ a_{2n}\\ \vdots\\ a_{mn}\end{pmatrix}=\begin{pmatrix}b_1\\ b_2\\ \vdots\\ b_m\end{pmatrix}$$

따라서 연립방정식$A\boldsymbol{x}=\boldsymbol{b}$가 해를 갖기 위한 필요충분조건은 $\boldsymbol{b}$를 A의 열벡터의 1차결합으로 표시할 수 있는 것이다. 그러므로 연립방정식 $A\boldsymbol{x}=\boldsymbol{b}$가 해를 갖기 위한 필요충분조건은 $\boldsymbol{b}$가 A의 열공간의 원소인 것이다.

정리 5.7

A를 $m\times n$행렬이라 하자. $\boldsymbol{b}\in\mathbb{R}^m$에 대하여 다음이 성립한다.

(1) 연립1차방정식 $A\boldsymbol{x}=\boldsymbol{b}$가 해를 갖기 위한 필요충분조건은 A의 열벡터가 $\boldsymbol{b}$을 생성한다.

(2) 연립1차방정식 $A\boldsymbol{x}=\boldsymbol{b}$가 많아야 하나의 해를 갖기 위한 필요충분조건은 A의 열벡터가 일차독립이다.

증명 (1) A의 열벡터가 $\mathbb{R}^m$을 생성하면 $\mathbb{R}^m$의 원소 $\boldsymbol{b}$는 A의 열벡터의 1차결합으로 표현된다. 즉

$$\begin{pmatrix}b_1\\ b_2\\ \vdots\\ b_m\end{pmatrix}=\alpha_1\begin{pmatrix}a_{11}\\ a_{21}\\ \vdots\\ a_{m1}\end{pmatrix}+\alpha_2\begin{pmatrix}a_{12}\\ a_{22}\\ \vdots\\ a_{m2}\end{pmatrix}+\cdots+\alpha_n\begin{pmatrix}a_{1n}\\ a_{2n}\\ \vdots\\ a_{mn}\end{pmatrix},\ \alpha_i\in\mathbb{R}$$

이다. 따라서 $A\boldsymbol{x}=\boldsymbol{b}$은 해 $x=(a_1, a_2, \cdots, a_n)^t$를 가진다. 역으로, $A\boldsymbol{x}=\boldsymbol{b}$가 해를 가지면 정리 5.6에 의해 $\boldsymbol{b}$는 A의 열공간의 원소이다. 따라서 $\boldsymbol{b}\in\mathbb{R}^m$은 A의 열벡터의 1차결합으로 표현된다.

(2) $A\boldsymbol{x}=\boldsymbol{b}$가 많아야 하나의 해를 가지면 특히 $A\boldsymbol{x}=\boldsymbol{0}$는 자명한 해만을 갖는다. 즉 A의 열벡터는 일차독립이다. 역으로, A의 열벡터가 일차독립이면 행렬식 $|A|\neq 0$이므로 $A\boldsymbol{x}=\boldsymbol{b}$는 오직 하나의 해를 가진다는 사실은 분명하다. 만약 $\boldsymbol{x}_1$과 $\boldsymbol{x}_2$가 $A\boldsymbol{x}=\boldsymbol{b}$의 해이면

$$A(\boldsymbol{x}_1-\boldsymbol{x}_2)=A\boldsymbol{x}_1-A\boldsymbol{x}_2=\boldsymbol{b}-\boldsymbol{b}=\boldsymbol{0}$$

이므로 $\boldsymbol{x}_1-\boldsymbol{x}_2$는 $A\boldsymbol{x}=\boldsymbol{0}$의 해이다. 그러므로 $\boldsymbol{x}_1-\boldsymbol{x}_2=\boldsymbol{0}$ 즉 $\boldsymbol{x}_1=\boldsymbol{x}_2$이다.

따름정리 5.8

$n\times n$행렬 A가 정칙행렬이기 위한 필요충분조건은 A의 열벡터가 $\mathbb{R}^n$의 기저이다.

증명 A의 열벡터가 $\mathbb{R}^m$을 생성하면 $n\geq m$이어야 한다. 2.4절의 정리 4.3에 의해 m개 보다 적은 개수의 어떤 집합도 $\mathbb{R}^m$을 생성할 수 없기 때문이다.
만약 A의 열벡터가 일차독립이면 $\mathbb{R}^m$의 m보다 큰 개수의 벡터는 일차종속이므로 $n\leq m$이어야 한다. 따라서 A의 열벡터가 $\mathbb{R}^m$의 기저이면 $m=n$이다.

정리 5.9

다음 명제들은 서로 동치관계이다.

(1) $n\times n$행렬 A가 정칙행렬이다.

(2) 임의의 $\boldsymbol{b}\in\mathbb{R}^n$에 대하여 $A\boldsymbol{x}=\boldsymbol{b}$는 오직 하나의 해 $\boldsymbol{x}=\boldsymbol{A}^{-1}\boldsymbol{b}$를 가진다.

(3) $A\boldsymbol{x}=\boldsymbol{0}$은 자명해만을 가진다.

(4) $\text{rank}(A)=n$

(5) 행렬식 $|A|\neq 0$

예제 5.6

(1) $A=\begin{pmatrix}1 & -1 & 4\\ 2 & 0 & 9\\ 3 & 1 & 7\end{pmatrix}$에 대하여 연립방정식 $A\boldsymbol{x}=\boldsymbol{b}$가 하나의 해를 가짐을 보여라.

(2) A의 열벡터 $\begin{pmatrix}1\\2\\3\end{pmatrix}, \begin{pmatrix}-1\\0\\1\end{pmatrix}, \begin{pmatrix}4\\9\\7\end{pmatrix}$이 벡터공간 $\mathbb{R}^3$의 기저임을 설명하여라.

풀이 (1) 정리 5.7 (2)에 의해 A의 열벡터 $\begin{pmatrix}1\\2\\3\end{pmatrix}, \begin{pmatrix}-1\\0\\1\end{pmatrix}, \begin{pmatrix}4\\9\\7\end{pmatrix}$이 일차독립임을 보이면 된다.

$$|A|=\begin{vmatrix}1 & -1 & 4\\ 2 & 0 & 9\\ 3 & 1 & 7\end{vmatrix}=-14(\neq 0)$$

이므로 일차독립이다. 따라서 연립방정식 $A\boldsymbol{x}=\boldsymbol{b}$은 하나의 해를 가진다.

(2) (1)의 결과와 2.3절의 정리 3.6에 의해 A는 정칙행렬이다. 그러므로 따름정리 5.8에 의해 A의 열벡터 $\begin{pmatrix}1\\2\\3\end{pmatrix}, \begin{pmatrix}-1\\0\\1\end{pmatrix}, \begin{pmatrix}4\\9\\7\end{pmatrix}$은 벡터공간 $\mathbb{R}^3$의 기저이다.

연습문제 5절

1. 행렬 $\begin{pmatrix}1 & -2 & 1\\ 2 & -3 & 1\\ 1 & 1 & -2\end{pmatrix}$의 계수와 행공간의 기저를 구하여라.

2. 행렬 $\begin{pmatrix}2 & 0 & -1\\ 4 & 0 & -2\\ 0 & 0 & 0\end{pmatrix}$의 행공간과 열공간과 영공간을 구하고 각 공간들의 기저를 구하여라.

3. $A=\begin{pmatrix}1 & 4 & 5 & 6\\ 3 & -2 & 1 & 4\\ -1 & 0 & -1 & -2\\ 2 & 3 & 5 & 7\end{pmatrix}$의 계수를 구하여라.

4. $A=\begin{pmatrix} 1 & 4 & 5 & 6 \\ 3 & -2 & 1 & 4 \\ -1 & 0 & -1 & -2 \\ 2 & 3 & 5 & 7 \end{pmatrix}$의 영공간 $N(A)$을 Gauss-Jordan 소거법을 이용하여 구하여라.

5. $A=\begin{pmatrix} 1 & -3 & 2 & 2 & 1 \\ 0 & 3 & 6 & 0 & -2 \\ 2 & -3 & -2 & 4 & 4 \\ 3 & -3 & 6 & 6 & 3 \\ 5 & -3 & 10 & 10 & 5 \end{pmatrix}$에 대하여 차원정리가 성립함을 보이고 A의 열공간을 구하여라.

6. $A=\begin{pmatrix} 1 & 1 & 1 \\ 2 & 0 & 1 \\ 3 & 1 & 0 \\ 6 & 0 & 1 \end{pmatrix}$일 때 다음을 구하여라.

(1) $N(A)$와 $R(A^t)$

2) $N(A^t)$와 $R(A)$

7. $A=\begin{pmatrix} 1 & 2 & 3 & 6 \\ 1 & 0 & 1 & 0 \\ 1 & 1 & 0 & 1 \end{pmatrix}$일 때 $N(A)$, $R(A^t)$, $N(A^t)$, $R(A)$의 기저를 각각 구하여라.

8. 행렬 $A=\begin{pmatrix} 1 & 2 & 0 & 1 & -1 \\ 2 & 1 & 3 & 1 & 0 \\ -1 & 0 & -2 & 0 & 1 \\ 0 & 0 & 0 & 2 & 8 \end{pmatrix}$을 기본행연산을 이용하여 변형된 사다리꼴행렬로 변형하면 행렬 $B=\begin{pmatrix} 1 & 0 & 2 & 0 & -1 \\ 0 & 1 & -1 & 0 & 2 \\ 0 & 0 & 0 & 1 & 4 \\ 0 & 0 & 0 & 0 & 0 \end{pmatrix}$가 된다. 다음 중 옳지 않은 것을 모두 고르고, 그 문항이 성립하지 않음을 설명하여라.

(c_i는 A 의 i번째 열, w_i는 B 의 i번째 열이며 $i=1,\cdots,5$이다.)

(1) 행렬 A의 행공간과 행렬 B의 행공간은 같다.

(2) 행렬 A의 열공간과 행렬 B 의 열공간은 같다.

(3) 집합 $\{c_2, c_3, c_4\}$는 행렬 A의 열공간의 기저이다.

(4) 집합 $\{c_1, c_2, c_3\}$는 행렬 A의 열공간의 기저이다.

(5) $w_5 = -w_1 + 2w_2 + 4w_4$ 이므로 집합 $\{c_5, c_1, c_2, c_4\}$ 은 일차종속이다.

9. A을 $m \times n$ 행렬이라고 하자(단 $m \neq n$). 행렬 A의 계수가 n일 때 서로 동치인 문항을 선택하여라.

(1) A의 열벡터들은 일차 독립이다.

(2) A의 행벡터들은 일차독립이다.

(3) A의 열벡터는 $\mathbb{R}^n$을 생성한다.

(4) A의 행벡터는 $\mathbb{R}^m$을 생성한다.

(5) A의 열공간의 차원은 n이다.

(6) A의 행공간의 차원은 n이다.

(7) A^t의 계수는 m이다.

(8) 제차연립 1차방정식 $A\boldsymbol{x} = \boldsymbol{0}$의 해는 자명한 해뿐이다.

(9) 영공간의 차원은 $m - n$이다.

(10) 임의의 벡터 $\boldsymbol{b} \in \mathbb{R}^m$에 대해서 연립 1차방정식 $A\boldsymbol{x} = \boldsymbol{b}$의 해는 유일하게 존재한다.

제3장

선형변환

▶▷ 한 벡터공간에서 다른 벡터공간으로의 선형사상은 수학에서 중요한 역할을 한다. 이 장에서는 이러한 선형사상의 이론을 소개한다.

제1절 선형변환

이 절에서는 선형변환을 정의하고 예를 제시한다. 또한 선형변환의 성질을 조사한다.

정의 1.1 (선형변환)

벡터공간 V에서 벡터공간 W로의 함수 $T: V \to W$가 조건 (a), (b)를 만족하면 T를 선형변환(linear transformation)이라고 한다. 임의의 $\boldsymbol{u}, \boldsymbol{v} \in V$와 스칼라 k에 대하여

(a) $T(\boldsymbol{u}+\boldsymbol{v}) = T(\boldsymbol{u}) + T(\boldsymbol{v})$ (b) $T(k\boldsymbol{u}) = kT(\boldsymbol{u})$

가 성립한다.

예제 1.1

A을 $m \times n$행렬이라 하자. $T: \mathbb{R}^n \to \mathbb{R}^m$, $T(\boldsymbol{x}) = A\boldsymbol{x}$에 대하여 T가 선형변환임을 설명하여라.

풀이 $\mathbb{R}^n$의 임의의 두 벡터 $\boldsymbol{u}, \boldsymbol{v}$와 스칼라 k에 대하여

(a) $T(\boldsymbol{u}+\boldsymbol{v}) = A(\boldsymbol{u}+\boldsymbol{v}) = A\boldsymbol{u}+A\boldsymbol{v} = T(\boldsymbol{u})+T(\boldsymbol{v})$

(b) $T(k\boldsymbol{u}) = A(k\boldsymbol{u}) = kA\boldsymbol{u} = kT(\boldsymbol{u})$

이므로 T은 선형변환이다.

위 예제의 선형변환을 A에 의한 곱(multiplication by A)이라 부르며 이러한 종류의 선형변환을 행렬변환(matrix transformation)이라 한다.

예제 1.2

$T: M_{m\times n} \to M_{n\times m}$, $T(A) = A^t$에 대하여 T가 선형변환임을 설명하여라.

풀이 $M_{m\times n}$의 임의의 두 벡터 A, B와 스칼라 k에 대하여

(a) $T(A+B) = (A+B)^t = A^t + B^t = T(A)+T(B)$

(b) $T(kA) = (kA)^t = kA^t = kT(A)$

이므로 T은 선형변환이다.

예제 1.3

다음 변환들은 선형변환임을 설명하여라. $C[a,b]$는 구간 $a \le x \le b$에서 연속인 함수들의 벡터공간이고, $C^{(1)}[a,b]$는 구간 $a \le x \le b$에서 연속인 1차 도함수를 갖는 함수로 구성된 $C[a,b]$의 부분공간이라 하자.

(1) $D: C^{(1)}[a,b] \to C[a,b]$, $D(f) = f'$로의 미분연산자(differential operator) D

(2) $J: C[a,b] \to \mathbb{R}$, $J(f) = \int_a^b f(x)\,dx$로의 정적분연산자(definite integral operator) J

풀이 (1) 벡터공간 $C^{(1)}[a,b]$의 임의의 벡터 f, g와 스칼라 k에 대하여

(a) $D(f+g) = (f+g)' = f'+g' = D(f)+D(g)$

(b) $D(kf) = (kf)' = kf' = kD(f)$

이므로 D은 선형변환이다.

(2) 벡터공간 $C[a,b]$의 임의의 벡터 f, g와 스칼라 k에 대하여

(a) $$J(f+g)=\int_a^b (f+g)(x)\,dx=\int_a^b (f(x)+g(x))\,dx$$
$$=\int_a^b f(x)\,dx+\int_a^b g(x)\,dx=J(f)+J(g)$$

(b) $$J(kf)=\int_a^b (kf)(x)\,dx=\int_a^b kf(x)\,dx=k\int_a^b f(x)\,dx=kJ(f)$$

이므로 J은 선형변환이다.

예제 1.4

다음 변환들은 선형변환이 아님을 설명하여라.

(1) $T:\ \mathbb{R}^2\to\mathbb{R},\ T\begin{pmatrix}x_1\\x_2\end{pmatrix}=\sqrt{x_1^2+x_2^2}$ (2) $T:\ M_{2\times 2}\to\mathbb{R},\ T(A)=|A|$

풀이 (1) 벡터공간 $\mathbb{R}^2$의 임의의 벡터 $\boldsymbol{x}=\begin{pmatrix}x_1\\x_2\end{pmatrix}$와 스칼라 k에 대하여

$$T(k\boldsymbol{x})=T\begin{pmatrix}kx_1\\kx_2\end{pmatrix}=\sqrt{(kx_1)^2+(kx_2)^2}=|k|\sqrt{x_1^2+x_2^2}=|k|\,T(\boldsymbol{x})$$

이다. 만약 $\boldsymbol{x}\neq\begin{pmatrix}0\\0\end{pmatrix}$이고 $k<0$이면

$$T(k\boldsymbol{x})\neq k\,T(\boldsymbol{x})$$

이므로 T는 선형변환이 아니다.

예를 들어 설명하면, 벡터공간 $\mathbb{R}^2$의 두 벡터 $\boldsymbol{u}=\begin{pmatrix}1\\0\end{pmatrix}$와 $\boldsymbol{v}=\begin{pmatrix}0\\1\end{pmatrix}$에 대하여

(a) $T(\boldsymbol{u}+\boldsymbol{v})=T\begin{pmatrix}1\\1\end{pmatrix}=\sqrt{2}$ 이고 $T(\boldsymbol{u})+T(\boldsymbol{v})=T\begin{pmatrix}1\\0\end{pmatrix}+T\begin{pmatrix}0\\1\end{pmatrix}=2$

이므로

$$T(\boldsymbol{u}+\boldsymbol{v})\neq T(\boldsymbol{u})+T(\boldsymbol{v})$$

이다. 따라서 T는 선형변환이 아니다.

(b) $T(-2\boldsymbol{u})=T\begin{pmatrix}-2\\0\end{pmatrix}=2$ 이고 $-2\,T(\boldsymbol{u})=-2$이므로

$$T(-2\boldsymbol{u})\neq -2\,T(\boldsymbol{u})$$

이다. 따라서 T는 선형변환이 아니다.

(2) 벡터공간 $M_{2\times 2}$의 행렬 $A=\begin{pmatrix}1 & 0\\0 & 0\end{pmatrix}$와 $B=\begin{pmatrix}0 & 0\\0 & 1\end{pmatrix}$에 대하여

$$A+B=\begin{pmatrix}1 & 0\\0 & 1\end{pmatrix},\ T(A+B)=|A+B|=1$$

이다. 그러나

$$T(A)+T(B)=|A|+|B|=0+0=0$$

에서

$$T(A+B)\neq T(A)+T(B)$$

이므로 선형변환이 아니다.

V와 W를 벡터공간이라 하자. 사상 $T_0: V\rightarrow W$는 V내의 모든 벡터 $\boldsymbol{v}$에 대해서

$$T_0(\boldsymbol{v})=\boldsymbol{0}_{\boldsymbol{W}}$$

을 만족시킬 때 T_0를 영변환(zero transformation)이라 부른다. 여기서 O_w는 벡터공간 W의 영벡터를 의미한다.

예제 1.5

$T: \mathbb{R}^2\rightarrow\mathbb{R}^3,\ T\begin{pmatrix}x_1\\x_2\end{pmatrix}=\begin{pmatrix}0\\0\\0\end{pmatrix}=\mathbf{0}$가 선형변환임을 보여라.

풀이 벡터공간 $\mathbb{R}^2$의 임의의 벡터 $\boldsymbol{x}=\begin{pmatrix}x_1\\x_2\end{pmatrix}$, $\boldsymbol{y}=\begin{pmatrix}y_1\\y_2\end{pmatrix}$와 스칼라 k에 대하여

(a) $T(\boldsymbol{x}+\boldsymbol{y})=\mathbf{0}=\mathbf{0}+\mathbf{0}=T(\boldsymbol{x})+T(\boldsymbol{y})$

(b) $T(k\boldsymbol{x})=\mathbf{0}=k\mathbf{0}=kT(\boldsymbol{x})$

이므로 T은 선형변환이다.

정의 1.2 (선형연산자)

$T: V\rightarrow V$가 한 벡터공간 V에서 자신으로의 선형변환이면 T를 V위에서의 선형연산자(linear operator)라 한다.

예제 1.6

벡터공간 V와 스칼라 α에 대하여 $T: V \to V,\ T(v) = \alpha v$가 선형연산자임을 설명하여라.

풀이 벡터공간 V의 임의의 벡터 $\boldsymbol{x}, \boldsymbol{y}$와 스칼라 k에 대하여

(a) $T(\boldsymbol{x}+\boldsymbol{y}) = \alpha(\boldsymbol{x}+\boldsymbol{y}) = \alpha\boldsymbol{x}+\alpha\boldsymbol{y} = T(\boldsymbol{x}) + T(\boldsymbol{y})$

(b) $T(k\boldsymbol{x}) = \alpha(k\boldsymbol{x}) = k(\alpha\boldsymbol{x}) = kT(\boldsymbol{x})$

이므로 T은 선형연산자이다.

예제 1.6에서 $\alpha > 1$이면 T을 벡터공간 V의 확대(dilation)라 하고 $0 < \alpha < 1$이면 T을 V의 축소(contraction)라 한다. 기하학적인 의미는 아래와 같다.

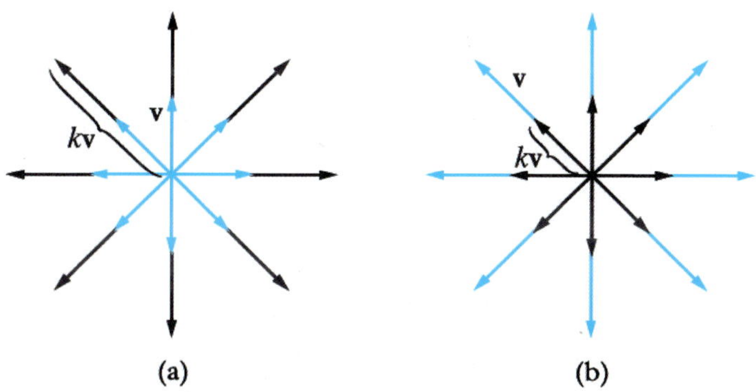

[그림 3-1]

벡터공간 V에 대하여

$$I_v : V \to V,\ I_v(v) = v$$

로 정의된 함수를 V위에서의 항등변환(identity transformation)이라 한다.

예제 1.7

항등변환 $T: \mathbb{R}^2 \to \mathbb{R}^2,\ T\begin{pmatrix} x_1 \\ x_2 \end{pmatrix} = \begin{pmatrix} x_1 \\ x_2 \end{pmatrix}$가 선형임을 설명하여라.

풀이 벡터공간 $\mathbb{R}^2$의 임의의 벡터 $\boldsymbol{x}=\begin{pmatrix}x_1\\x_2\end{pmatrix}$, $\boldsymbol{y}=\begin{pmatrix}y_1\\y_2\end{pmatrix}$와 스칼라 k에 대하여

(a) $T(\boldsymbol{x}+\boldsymbol{y})=\boldsymbol{x}+\boldsymbol{y}=T(\boldsymbol{x})+T(\boldsymbol{y})$

(b) $T(k\boldsymbol{x})=k\boldsymbol{x}=kT(\boldsymbol{x})$

이므로 T은 선형변환이다.

정리 1.3

벡터공간 V, W에 대하여 $T: V\to W$가 선형변환이면 다음이 성립한다.

(a) $T(\mathbf{0}_V)=\mathbf{0}_W$

(b) 모든 $\boldsymbol{v}\in V$에 대하여 $T(-\boldsymbol{v})=-T(\boldsymbol{v})$

(c) 모든 $\boldsymbol{v},\boldsymbol{w}\in V$에 대하여 $T(\boldsymbol{v}-\boldsymbol{w})=T(\boldsymbol{v})-T(\boldsymbol{w})$

(d) $\boldsymbol{v}_1,\boldsymbol{v}_2,\cdots,\boldsymbol{v}_n$가 V의 원소일 때, 임의의 스칼라 $\alpha_1,\alpha_2,\cdots,\alpha_n$ 에 대하여

$$T(\alpha_1\boldsymbol{v}_1+\alpha_2\boldsymbol{v}_2+\cdots+\alpha_n\boldsymbol{v}_n)=\alpha_1T(\boldsymbol{v}_1)+\alpha_2T(\boldsymbol{v}_2)+\cdots+\alpha_nT(\boldsymbol{v}_n)$$

이다.

증명 V의 임의의 벡터 $\boldsymbol{v},\boldsymbol{w}$에 대하여,

(a) $0\boldsymbol{v}=\mathbf{0}_V$이므로

$$T(\mathbf{0}_V)=T(0\boldsymbol{v})=0\,T(\boldsymbol{v})=\mathbf{0}_W$$

이다. 이때 $\mathbf{0}_V,\mathbf{0}_W$는 각각 벡터공간 V와 W의 영벡터를 의미한다.

(b) $T(-\boldsymbol{v})=T((-1)\boldsymbol{v})=(-1)T(\boldsymbol{v})=-T(\boldsymbol{v})$

이다.

(c) $\boldsymbol{v}-\boldsymbol{w}=\boldsymbol{v}+(-1)\boldsymbol{w}$이므로

$$T(\boldsymbol{v}-\boldsymbol{w})=T(\boldsymbol{v}+(-1)\boldsymbol{w})=T(\boldsymbol{v})+(-1)T(\boldsymbol{w})=T(\boldsymbol{v})-T(\boldsymbol{w})$$

이다.

(d) 수학적 귀납법으로 증명 가능하다.

예제 1.8

벡터공간 $\mathbb{R}^3$의 기저 $\left\{v_1=\begin{pmatrix}1\\1\\1\end{pmatrix}, v_2=\begin{pmatrix}1\\1\\0\end{pmatrix}, v_3=\begin{pmatrix}1\\0\\0\end{pmatrix}\right\}$에 대하여 선형변환

$$T:\ \mathbb{R}^3\to\mathbb{R}^2,\ T(v_1)=\begin{pmatrix}1\\0\end{pmatrix},\ T(v_2)=\begin{pmatrix}2\\-1\end{pmatrix},\ T(v_3)=\begin{pmatrix}4\\3\end{pmatrix}$$

일 때 $T\begin{pmatrix}2\\-3\\5\end{pmatrix}$을 구하여라.

풀이 $\begin{pmatrix}2\\-3\\5\end{pmatrix}=k_1\begin{pmatrix}1\\1\\1\end{pmatrix}+k_2\begin{pmatrix}1\\1\\0\end{pmatrix}+k_3\begin{pmatrix}1\\0\\0\end{pmatrix}$라고 하면

$$k_1+k_2+k_3=2,\ k_1+k_2=-3,\ k_1=5$$

에서 $k_1=5,\ k_2=-8,\ k_3=5$이다.

따라서 $\begin{pmatrix}2\\-3\\5\end{pmatrix}=5v_1-8v_2+5v_3$이므로 선형변환의 성질에 의해

$$T\begin{pmatrix}2\\-3\\5\end{pmatrix}=5\,T(v_1)-8\,T(v_2)+5\,T(v_3)=5\begin{pmatrix}1\\0\end{pmatrix}-8\begin{pmatrix}2\\-1\end{pmatrix}+5\begin{pmatrix}4\\3\end{pmatrix}=\begin{pmatrix}9\\23\end{pmatrix}$$

이다.

$\{v_1, v_2, \cdots, v_n\}$가 벡터공간 V의 기저라 하고 $T:\ V\to W$는 선형변환이라고 하자. 만약 기저벡터들의 상 (image)

$$T(v_1), T(v_2), \cdots, T(v_n)$$

을 안다면 V내의 임의의 벡터 v의 상을 알 수 있다. v를 기저벡터의 1차결합

$$v=\alpha_1 v_1+\alpha_2 v_2+\cdots+\alpha_n v_n$$

로 나타내면

$$T(v)=T(\alpha_1 v_1+\alpha_2 v_2+\cdots+\alpha_n v_n)=\alpha_1 T(v_1)+\alpha_2 T(v_2)+\cdots+\alpha_n T(v_n)$$

가 성립한다. 따라서 하나의 선형변환은 한 기저의 원소들의 상에 의해서 완전히 결정된다.

정의 1.4 (선형변환의 핵과 치역)

$T: V \rightarrow W$가 선형변환일 때 T에 의해 $\mathbf{0}_W$으로 보내지는 V의 모든 벡터들의 집합을 T의 핵(kernel)이라 하고

$$\ker(T)$$

으로 표시한다. T에 의하여 V의 벡터의 상의 집합을 T의 치역(range)이라 하고

$$R(T)$$

로 표시한다.

$$\ker(T) = \{\mathbf{v} \in V \mid T(\mathbf{v}) = \mathbf{0}_W\} \subseteq V,$$
$$R(T) = \{T(\mathbf{v}) \mid \mathbf{v} \in V\} \subseteq W$$

이다.

예제 1.9

(1) 선형변환 $T: V \rightarrow W$가 영변환일 때 T의 핵 $\ker(T)$과 치역 $R(T)$을 구하여라.

(2) 선형변환 $S: P_1 \rightarrow \mathbb{R}$을 $S(p(x)) = \int_0^1 p(x)\,dx$로 정의할 때 S의 핵 $\ker(S)$과 치역 $R(S)$을 구하여라.

풀이 (1) 벡터공간 V의 모든 벡터 $\mathbf{v}$에 대하여 $T(\mathbf{v}) = \mathbf{0}_W$이므로

$$\ker(T) = V$$

이다. 선형변환 T에 의한 V의 상은 $\mathbf{0}_W$뿐이므로

$$R(T) = \{\mathbf{0}_W\}$$

이다.

(2) P_1의 벡터 $p(x) = a + bx \ (a, b \in \mathbb{R})$에 대하여

$$S(a+bx) = \int_0^1 (a+bx)\,dx = a + \frac{b}{2}$$

이므로 $\ker(\mathrm{S})$의 원소는 $S(p(x)) = a + \frac{b}{2} = 0$을 만족하는 $p(x)$이다. 따라서

$$\ker(S) = \{\, p(x) = a + bx \in P_1 \mid b = -2a \,\}$$

이다. P_1의 벡터 $p(x) = a + bx \ (a, b \in \mathbb{R})$에 대하여

$$S(a + bx) = a + \frac{b}{2} \in \mathbb{R}$$

이므로

$$R(S) = \mathbb{R}$$

이다.

정리 1.5

$T: V \to W$가 선형변환이면

(a) T의 핵 $\ker(T)$은 V의 부분공간이다.

(b) T의 치역 $R(T)$은 W의 부분공간이다.

증명 (a) $\ker(T)$의 임의의 벡터 v_1, v_2과 스칼라 k에 대하여

$$T(v_1 + v_2) = T(v_1) + T(v_2) = 0_W + 0_W = 0_W$$

이므로 $v_1 + v_2$는 $\ker(T)$에 속한다. 또한

$$T(kv_1) = kT(v_1) = k0_W = 0_W$$

이므로 kv_1도 $\ker(T)$에 속한다. 따라서 T의 핵은 V의 부분공간이다.

(b) $R(T)$의 임의의 벡터 w_1, w_2과 스칼라 k에 대하여 $T(v_1) = w_1$과 $T(v_2) = w_2$가 성립하는 V의 원소 v_1과 v_2가 존재한다. 여기서

$$v = v_1 + v_2, \ u = kv_1$$

이라 하면

$$T(v) = T(v_1 + v_2) = T(v_1) + T(v_2) = w_1 + w_2$$

이고

$$T(u) = T(kv_1) = kT(v_1) = kw_1$$

이므로 $w_1 + w_2$과 kw_1은 모두 치역 $R(T)$의 원소이다. 따라서 T의 치역은 W의 부분공간이다

예제 1.10

$m \times n$행렬 A에 대하여 선형변환 $T: \mathbb{R}^n \to \mathbb{R}^m$, $T(\boldsymbol{x}) = A\boldsymbol{x}$라 두자.

$\ker(T)$은 $\mathbb{R}^n$의 부분공간이고 $R(T)$은 벡터공간 $\mathbb{R}^m$의 부분공간임을 보여라.

풀이 T의 핵 $\ker(T)$은 제차연립방정식 $A\boldsymbol{x} = \mathbf{0}$의 모든 해들로 구성된다. 그러므로

$$\ker(T) = N(A)$$

이다. 따라서 T의 핵

$$\ker(T) = \{\boldsymbol{x} \in \mathbb{R}^n \mid A\boldsymbol{x} = \mathbf{0}\}$$

은 벡터공간 $\mathbb{R}^n$의 부분공간이다. 또한 T의 치역 $R(T)$은 비제차연립방정식 $A\boldsymbol{x} = \boldsymbol{b}$을 만족하는 모든 벡터 $\boldsymbol{b}$들의 집합이므로 행렬 A의 열공간이다. 따라서 T의 치역 $R(T)$은 벡터공간 $\mathbb{R}^m$의 부분공간이다. ■

정의 1.6 (선형변환의 rank와 nullity)

$T: V \to W$가 선형변환일 때

(a) T의 핵의 차원을 T의 퇴화차수라 하고, $\text{nullity}(T)$로 표기한다.

(b) T의 치역의 차원을 T의 계수라 하고, $\text{rank}(T)$로 표기한다. ■

예제 1.11

선형변환 T의 계수와 퇴화차수를 구하여라.

(1) $T: \mathbb{R}^2 \to \mathbb{R}^2$는 반시계방향으로 $\frac{\pi}{4}$만큼의 회전변환이다.

(2) $T: \mathbb{R}^n \to \mathbb{R}^m$는 $m \times n$행렬 A에 의한 곱이다.

풀이 (1) $\boldsymbol{v} \in \mathbb{R}^2$에 대하여

$$T(\boldsymbol{v}) = \begin{pmatrix} \cos\frac{\pi}{4} & -\sin\frac{\pi}{4} \\ \sin\frac{\pi}{4} & \cos\frac{\pi}{4} \end{pmatrix} \boldsymbol{v}$$

이므로 T의 치역은 $\mathbb{R}^2$이고 T의 핵은 $\{\mathbf{0}\}$이다. 따라서 T의 계수 $\text{rank}(T)=2$이고 T의 퇴화차수 $\text{nullity}(T)=0$이다.

(2) $T(\boldsymbol{x})=A\boldsymbol{x}$이므로 T의 치역 $R(T)$은 A의 열공간이다. 따라서 T의 계수 $\text{rank}(T)=\text{rank}(A)$이고 T의 핵 $\ker(T)$은 $N(A)$이므로 T의 퇴화차수 $\text{nullity}(T)=\text{nullity}(A)$이다.

다음 정리는 유한차원 벡터공간에서 정의된 선형변환의 계수와 퇴화차수 사이의 관계를 말해준다.

정리 1.7 (차원정리)

$T: V\to W$가 n차원 벡터공간 V에서 벡터공간 W로의 선형변환이라고 하면

$$(T\text{의 계수})+(T\text{의 퇴화차수})=n$$

이다.

증명 V의 차원을 n이라 하고 W의 부분공간 $R(T)$의 기저를 $\{\boldsymbol{w}_1,\boldsymbol{w}_2,\cdots,\boldsymbol{w}_r\}$이라고 하면 $\text{rank}(T)=r$이고 적당한 원소 $\boldsymbol{v}_1,\boldsymbol{v}_2,\cdots,\boldsymbol{v}_r\in V$에 대하여

$$\boldsymbol{w}_1=T(\boldsymbol{v}_1),\ \boldsymbol{w}_2=T(\boldsymbol{v}_2),\ \cdots\ ,\ \boldsymbol{w}_r=T(\boldsymbol{v}_r)$$

이다. 이때 $\{\boldsymbol{v}_1,\boldsymbol{v}_2,\cdots,\boldsymbol{v}_r\}$은 일차독립임을 쉽게 보일 수 있다. 이제 $\{\boldsymbol{u}_1,\boldsymbol{u}_2,\cdots,\boldsymbol{u}_k\}$을 $\ker(T)$의 기저라 하고 $\beta=\{\boldsymbol{v}_1,\cdots,\boldsymbol{v}_r,\boldsymbol{u}_1,\cdots,\boldsymbol{u}_k\}$가 V의 기저임을 보이자.

$$a_1\boldsymbol{v}_1+\cdots+a_r\boldsymbol{v}_r+b_1\boldsymbol{u}_1+\cdots+b_k\boldsymbol{u}_k=\mathbf{0}\ (a_i,b_j\in\mathbb{R}) \qquad (*)$$

이면

$$\begin{aligned}\mathbf{0}&=T(\mathbf{0})\\&=T(a_1\boldsymbol{v}_1+\cdots+a_r\boldsymbol{v}_r+b_1\boldsymbol{u}_1+\cdots+b_k\boldsymbol{u}_k)\\&=a_1T(\boldsymbol{v}_1)+\cdots+a_rT(\boldsymbol{v}_r)+b_1T(\boldsymbol{u}_1)+\cdots+b_kT(\boldsymbol{u}_k)\\&=a_1\boldsymbol{w}_1+\cdots+a_r\boldsymbol{w}_r\end{aligned}$$

이고 따라서 $a_1=a_2=\cdots=a_r=0$이다.

그러므로 $(*)$는 $b_1\boldsymbol{u}_1+\cdots+b_k\boldsymbol{u}_k=\mathbf{0}$이고 $b_1=b_2=\cdots=b_k=0$이다.

따라서 $\beta=\{\boldsymbol{v}_1,\cdots,\boldsymbol{v}_r,\boldsymbol{u}_1,\cdots,\boldsymbol{u}_k\}$는 일차독립이다. 이제 β가 V의 생성집합

임을 보이자.

임의의 $v \in V$에 대하여 $T(v) = c_1 \boldsymbol{w}_1 + \cdots + c_r \boldsymbol{w}_r$ $(c_i \in \mathbb{R})$이다. 따라서

$$\boldsymbol{v} - (c_1 \boldsymbol{v}_1 + \cdots + c_r \boldsymbol{v}_r) \in \ker(T)$$

이고 $\{\boldsymbol{u}_1, \cdots, \boldsymbol{u}_k\}$가 $\ker(T)$의 기저이므로

$$\boldsymbol{v} - (c_1 \boldsymbol{v}_1 + \cdots + c_r \boldsymbol{v}_r) = \alpha_1 \boldsymbol{u}_1 + \cdots + \alpha_k \boldsymbol{u}_k \ (\alpha_j \in \mathbb{R})$$

이다. 그러므로 $\boldsymbol{v} = c_1 \boldsymbol{v}_1 + \cdots + c_r \boldsymbol{v}_r + \alpha_1 \boldsymbol{u}_1 + \cdots + \alpha_k \boldsymbol{u}_k \in \mathrm{Span}(\beta)$이다.

즉 $\beta = \{\boldsymbol{v}_1, \cdots, \boldsymbol{v}_r, \boldsymbol{u}_1, \cdots, \boldsymbol{u}_k\}$는 V의 모든 원소를 생성하는 집합이다.

예제 1.10의 경우 $V = \mathbb{R}^n$, $W = \mathbb{R}^m$ 이므로

$$(T\text{의 계수}) + (T\text{의 퇴화차수}) = \mathrm{rank}(A) + \mathrm{nullity}(A) = n$$

이다.

예제 1.11(2)에서 T의 퇴화차수는 영공간 $N(A)$의 차원이고 T의 계수는 행렬 A의 계수임을 알 수 있다. 그러므로 다음 정리를 얻는다.

따름정리 1.8

A가 $m \times n$ 행렬이면 $A\boldsymbol{x} = \boldsymbol{0}$의 영공간의 차원은

$$n - (A\text{의 계수})$$

이다.

예제 1.12

제차연립방정식 $\begin{cases} 2x_1 + 2x_2 - x_3 + x_5 = 0 \\ -x_1 - x_2 + 2x_3 - 3x_4 + x_5 = 0 \\ x_1 + x_2 - 2x_3 - x_5 = 0 \\ x_3 + x_4 + x_5 = 0 \end{cases}$에 대하여 따름정리 1.8이 성립함을 보여라.

풀이 연립방정식의 계수행렬 $A = \begin{pmatrix} 2 & 2 & -1 & 0 & 1 \\ -1 & -1 & 2 & -3 & 1 \\ 1 & 1 & -2 & 0 & -1 \\ 0 & 0 & 1 & 1 & 1 \end{pmatrix}$를 기약행사다리꼴로 변형하면

$U = \begin{pmatrix} 1 & 1 & 0 & 0 & 1 \\ 0 & 0 & 1 & 0 & 1 \\ 0 & 0 & 0 & 1 & 0 \\ 0 & 0 & 0 & 0 & 0 \end{pmatrix}$이므로 영공간의 차원은 2이고 계수는 3임을 알 수 있다. 또한 A가 4×5 행렬이므로 $n = 5$이다. 그러므로 따름정리 1.8의 결과

$$2 = 5 - (A\text{의 계수})$$

가 성립한다.

정리 1.9

벡터공간 V, W에 대하여 $\{v_1, v_2, \cdots, v_n\}$가 벡터공간 V의 기저이면 임의의 $w_1, w_2, \cdots, w_n \in W$에 대하여

$$T(v_i) = w_i, \ (i = 1, 2, \cdots, n)$$

인 선형변환 $T: V \to W$가 유일하게 존재한다.

따름정리 1.10

T_1, T_2가 벡터공간 V에서 W로의 선형변환이고 $\{v_1, v_2, \cdots, v_n\}$가 벡터공간 V의 기저일 때,

$$T_1 = T_2 \Leftrightarrow T_1(v_i) = T_2(v_i) \ (i = 1, \cdots, n)$$

이다.

연습문제 1절

1. 다음 사상이 선형변환인지 아닌지를 설명하여라.

(1) $T_1 : \mathbb{R}^2 \to \mathbb{R}$; $T_1(x,y) = xy$

(2) $T_2 : M_{2\times 2} \to P_1$; $T_2\begin{pmatrix} a & b \\ c & d \end{pmatrix} = (a+d)x + (ad-bc)$

(3) $T_3 : C[0,1] \to C[0,1]$; $T_3(f(x)) = f(x+1)$

(4) $T_4 : \mathbb{R} \to \mathbb{R}$; $T_4(x) = 2^x$

2. 벡터공간 $V = C[a,b]$인 사상 $T: V \to V$가 $T(f) = 5f(x) + 3\int_a^x f(x)\,dx$라 할 때 T는 선형변환인지 아닌지를 설명하여라.

3. 사상 T가 선형변환인지 아닌지 결정하고 그 이유를 설명하여라. 단, $M_{m\times n}$은 $m\times n$ 실수 행렬들의 모임이고, P_n은 n차 이하의 다항식들의 모임이다.

(1) $T_1 : P_2 \to P_2$; $T_1(f) = \dfrac{1}{x}\displaystyle\int_0^x f(t)\,dt$

(2) $T_2 : M_{3\times 1} \to M_{3\times 1}$; $T_2(\boldsymbol{v}) = \boldsymbol{x}_0 \times \boldsymbol{v}$, $\boldsymbol{x}_0 = \begin{pmatrix} 1 \\ 1 \\ 1 \end{pmatrix}$

(3) $T_3 : P_3 \to M_{2\times 2}$; $T_3(f(x)) = \begin{pmatrix} f(0) & f(1)-1 \\ f(-1)+1 & f(0) \end{pmatrix}$

4. 선형변환 $T: P_2 \to P_2$에 대하여

$$T(2) = 1 - x,\ T(1+x) = x + x^2,\ T(1+x^2) = 1 + x^2$$

이 성립할 때 $T(3 + 3x + 2x^2)$을 구하여라.

5. 평면 $W = \{(x,y,z) \mid 2x - y + z = 0\}$에 대하여 $\mathbb{R}^2$의 표준기저를 사용하여 선형변환 $T: \mathbb{R}^2 \to W$를 하나 정하고 이를 이용하여 $T((3,-2))$를 구하여라.

6. 선형변환 $T: P_2 \to P_3$, $T(p(x)) = x^2 p'(x)$의 핵과 치역을 구하여라.

7. $T(p(x)) = xp(x)$인 선형변환 $T: P_2 \to P_3$의 핵, 치역, 퇴화차수, 계수를 각각 구하여라.

8. $M_{2\times 2} \to P_2$인 선형변환 $T\begin{pmatrix} a & b \\ c & d \end{pmatrix} = (a-b)x^2 + (b-c)x + (c-a)$에 대하여 차원정리가 성립함을 보여라.

9. $M_{2\times 2} \to M_{2\times 2}$인 사상 $T(A) = A^t$가 선형변환임을 보이고 차원정리가 성립함을 보여라.

제2절 선형변환의 행렬표현

이 절에서는 벡터공간의 차원이 각각 n, m인 유한차원 벡터공간 V와 W에 대한 선형변환 $T: V \to W$에 대하여 $T(\boldsymbol{x}) = A\boldsymbol{x}$가 성립하는 $m \times n$행렬 A가 어떻게 표현될 수 있는지 알아본다.

기저 $\{\boldsymbol{v}_1, \boldsymbol{v}_2, \cdots, \boldsymbol{v}_n\}$에서 원소의 순서를 차례대로 $\boldsymbol{v}_1, \boldsymbol{v}_2, \cdots, \boldsymbol{v}_n$으로 정해 놓은 것을 순서기저(ordered basis)라고 한다.

정의 2.1 (좌표벡터)

$\alpha = \{\boldsymbol{v}_1, \boldsymbol{v}_2, \cdots, \boldsymbol{v}_n\}$을 벡터공간 V의 순서기저라 하자. V의 임의의 원소 $\boldsymbol{v}$는 스칼라 $x_1, x_2, \cdots, x_n$에 대하여

$$\boldsymbol{v} = x_1\boldsymbol{v}_1 + x_2\boldsymbol{v}_2 + \cdots + x_n\boldsymbol{v}_n$$

와 같이 나타낼 수 있다. 따라서 $\boldsymbol{v}$에 대하여 $\mathbb{R}^n$의 유일한 벡터

$$\boldsymbol{x} = \begin{pmatrix} x_1 \\ x_2 \\ \vdots \\ x_n \end{pmatrix}$$

을 대응시킬 수 있다. 이 벡터 $\boldsymbol{x}$를 순서기저 α에 관한 $\boldsymbol{v}$의 좌표벡터(coordinate vector)라고 부르고

$$[v]_\alpha$$

로 나타낸다.

예제 2.1

$\mathbb{R}^2$의 표준기저(standard basis) $\alpha = \left\{ \begin{pmatrix} 1 \\ 0 \end{pmatrix}, \begin{pmatrix} 0 \\ 1 \end{pmatrix} \right\}$와 기저 $\beta = \left\{ \begin{pmatrix} 1 \\ -1 \end{pmatrix}, \begin{pmatrix} 1 \\ 2 \end{pmatrix} \right\}$에 대하여 벡터 $\begin{pmatrix} a \\ b \end{pmatrix}$의 좌표벡터를 구하여라.

풀이 (i) $\begin{pmatrix} a \\ b \end{pmatrix} = x_1 \begin{pmatrix} 1 \\ 0 \end{pmatrix} + x_2 \begin{pmatrix} 0 \\ 1 \end{pmatrix} = \begin{pmatrix} x_1 \\ x_2 \end{pmatrix}$이므로 α에 대한 $\begin{pmatrix} a \\ b \end{pmatrix}$의 좌표벡터는

$$\left[\begin{pmatrix} a \\ b \end{pmatrix} \right]_\alpha = \begin{pmatrix} a \\ b \end{pmatrix}$$

이다.

(ii) $\begin{pmatrix} a \\ b \end{pmatrix} = x_1 \begin{pmatrix} 1 \\ -1 \end{pmatrix} + x_2 \begin{pmatrix} 1 \\ 2 \end{pmatrix}$이므로 $x_1 = \dfrac{2a-b}{3}$, $x_2 = \dfrac{a+b}{3}$이다. β에 대한 $\begin{pmatrix} a \\ b \end{pmatrix}$의 좌표벡터는

$$\left[\begin{pmatrix} a \\ b \end{pmatrix} \right]_\beta = \begin{pmatrix} \dfrac{2a-b}{3} \\ \dfrac{a+b}{3} \end{pmatrix}$$

이다.

예제 2.2

벡터공간 P_1의 기저 $\alpha = \{1-2x, 1+x\}$에 대하여 좌표벡터 $[2+3x]_\alpha$을 구하여라.

풀이 $2+3x = x_1(1-2x) + x_2(1+x) = (x_1+x_2) + (-2x_1+x_2)x$이므로

$$x_1 = -\frac{1}{3}, \; x_2 = \frac{7}{3}$$

이다. 따라서

$$[2+3x]_\alpha = \begin{pmatrix} -\frac{1}{3} \\ \frac{7}{3} \end{pmatrix}$$

이다.

정의 2.2

$T: V \to W$가 n차원 벡터공간 V에서 m차원 벡터공간 W로의 선형변환이라고 하자. $\beta = \{\boldsymbol{x}_1, \boldsymbol{x}_2, \cdots, \boldsymbol{x}_n\}$이 V의 기저이고 $\gamma = \{\boldsymbol{y}_1, \boldsymbol{y}_2, \cdots, \boldsymbol{y}_m\}$이 W의 기저일 때 T의 기저 β, γ에 대한 행렬표현(matrix representation of T)는

$$[T]_\beta^\gamma = ([T(\boldsymbol{x}_1)]_\gamma \ [T(\boldsymbol{x}_2)]_\gamma \cdots \ [T(\boldsymbol{x}_n)]_\gamma)_{m\times n}$$

로 정의된 행렬이다.

정리 2.3

$T: V \to W$가 n차원 벡터공간 V에서 m차원 벡터공간 W로의 선형변환이라고 하자. $\beta = \{\boldsymbol{x}_1, \boldsymbol{x}_2, \cdots, \boldsymbol{x}_n\}$이 V의 기저이고 $\gamma = \{\boldsymbol{y}_1, \boldsymbol{y}_2, \cdots, \boldsymbol{y}_m\}$이 W의 기저일 때 행렬 $[T]_\beta^\gamma$는

$$[T(\boldsymbol{x})]_\gamma = [T]_\beta^\gamma [\boldsymbol{x}]_\beta$$

를 만족하는 유일한 행렬이다.

증명 $T(\boldsymbol{x}_1) = \boldsymbol{w}_1$, $T(\boldsymbol{x}_2) = \boldsymbol{w}_2, \cdots, T(\boldsymbol{x}_n) = \boldsymbol{w}_n$ 라 하면 $\boldsymbol{w}_i \in W$ 이므로 $i = 1, 2, \cdots, n$ 에 대하여 $\boldsymbol{w}_i = a_{1i}\boldsymbol{y}_1 + a_{2i}\boldsymbol{y}_2 + \cdots + a_{mi}\boldsymbol{y}_m$ 을 만족하는 스칼라 $a_{1i}, a_{2i}, \cdots, a_{mi}$ 가 존재한다.

$$[\boldsymbol{w}_i]_\gamma = \begin{pmatrix} a_{1i} \\ a_{2i} \\ \vdots \\ a_{mi} \end{pmatrix} \text{ 즉 } [\boldsymbol{w}_1]_\gamma = \begin{pmatrix} a_{11} \\ a_{21} \\ \vdots \\ a_{m1} \end{pmatrix}, [\boldsymbol{w}_2]_\gamma = \begin{pmatrix} a_{12} \\ a_{22} \\ \vdots \\ a_{m2} \end{pmatrix}, \cdots, [\boldsymbol{w}_n]_\gamma = \begin{pmatrix} a_{1n} \\ a_{2n} \\ \vdots \\ a_{mn} \end{pmatrix}$$

이다. $[\boldsymbol{w}_1]_\gamma, [\boldsymbol{w}_2]_\gamma, \cdots, [\boldsymbol{w}_n]_\gamma$을 차례로 1열, 2열, $\cdots$, n열로 갖는 행렬을 A라

고 하면

$$A = \begin{pmatrix} a_{11} & a_{12} & \cdots & a_{1n} \\ a_{21} & a_{22} & \cdots & a_{2n} \\ \vdots & \vdots & & \vdots \\ a_{m1} & a_{m2} & \cdots & a_{mn} \end{pmatrix}$$

이다. $[\boldsymbol{x}_1]_\beta = \begin{pmatrix} 1 \\ 0 \\ 0 \\ \vdots \\ 0 \\ 0 \end{pmatrix}$, $[\boldsymbol{x}_2]_\beta = \begin{pmatrix} 0 \\ 1 \\ 0 \\ \vdots \\ 0 \\ 0 \end{pmatrix}$, $\cdots$, $[\boldsymbol{x}_n]_\beta = \begin{pmatrix} 0 \\ 0 \\ 0 \\ \vdots \\ 0 \\ 1 \end{pmatrix}$이므로 $i = 1, 2, \cdots, n$에 대하여

$$A[\boldsymbol{x}_i]_\beta = \begin{pmatrix} a_{11} & a_{12} & \cdots & a_{1i} & \cdots & a_{1n} \\ a_{21} & a_{22} & \cdots & a_{2i} & \cdots & a_{2n} \\ \vdots & \vdots & & \vdots & & \vdots \\ a_{m1} & a_{m2} & \cdots & a_{mi} & \cdots & a_{mn} \end{pmatrix} \begin{pmatrix} 0 \\ 0 \\ \vdots \\ 1 \\ 0 \\ \vdots \\ 0 \end{pmatrix} = \begin{pmatrix} a_{1i} \\ a_{2i} \\ \vdots \\ a_{mi} \end{pmatrix} = [\boldsymbol{w}_i]_\gamma = [\,T(\boldsymbol{x}_i)\,]_\gamma$$

(i번째 성분만 1)

이다. 그러므로 주어진 T의 행렬표현 A는

$$A = \begin{pmatrix} a_{11} & a_{12} & \cdots & a_{1n} \\ a_{21} & a_{22} & \cdots & a_{2n} \\ \vdots & \vdots & & \vdots \\ a_{m1} & a_{m2} & \cdots & a_{mn} \end{pmatrix} = \left([\boldsymbol{w}_1]_\gamma \, [\boldsymbol{w}_2]_\gamma \cdots \, [\boldsymbol{w}_n]_\gamma \right)$$

임을 알 수 있다. 그리고 $\boldsymbol{v} \in V$라 하면

$$\boldsymbol{v} = k_1 \boldsymbol{x}_1 + k_2 \boldsymbol{x}_2 + \cdots + k_n \boldsymbol{x}_n$$

을 만족하는 스칼라 $k_1, k_2, \cdots, k_n$가 존재한다. 이 때

$$A[\boldsymbol{v}]_\beta = \begin{pmatrix} a_{11} & a_{12} & \cdots & a_{1n} \\ a_{21} & a_{22} & \cdots & a_{2n} \\ \vdots & \vdots & & \vdots \\ a_{m1} & a_{m2} & \cdots & a_{mn} \end{pmatrix} \begin{pmatrix} k_1 \\ k_2 \\ \vdots \\ k_n \end{pmatrix}$$

$$= \begin{pmatrix} a_{11}k_1 + a_{12}k_2 + \cdots + a_{1n}k_n \\ a_{21}k_1 + a_{22}k_2 + \cdots + a_{2n}k_n \\ \vdots \\ a_{m1}k_1 + a_{m2}k_2 + \cdots + a_{mn}k_n \end{pmatrix}$$

$$= k_1\begin{pmatrix} a_{11} \\ a_{21} \\ \vdots \\ a_{m1} \end{pmatrix} + k_2\begin{pmatrix} a_{12} \\ a_{22} \\ \vdots \\ a_{m2} \end{pmatrix} + \cdots + k_n\begin{pmatrix} a_{1n} \\ a_{2n} \\ \vdots \\ a_{mn} \end{pmatrix}$$

$$= k_1[\boldsymbol{w_1}]_\gamma + k_2[\boldsymbol{w_2}]_\gamma + \cdots + k_n[\boldsymbol{w_n}]_\gamma$$

이다. 그리고

$$\begin{aligned} T(\boldsymbol{v}) &= T(k_1\boldsymbol{x_1} + k_2\boldsymbol{x_2} + \cdots + k_n\boldsymbol{x_n}) \\ &= k_1 T(\boldsymbol{x_1}) + k_2 T(\boldsymbol{x_2}) + \cdots + k_n T(\boldsymbol{x_n}) \\ &= k_1\boldsymbol{w_1} + k_2\boldsymbol{w_2} + \cdots + k_n\boldsymbol{w_n} \end{aligned}$$

이다. 이므로

$$[T(\boldsymbol{v})]_\gamma = A\,[\boldsymbol{v}]_\beta$$

이 성립한다. 여기서 행렬표현 A는 유일하게 존재함을 보이자. 모든 $\boldsymbol{x} \in \mathbb{R}^n$에 대하여

$$T(\boldsymbol{x}) = A\boldsymbol{x},\ T(\boldsymbol{x}) = B\boldsymbol{x}$$

인 $m \times n$ 행렬 A, B가 존재한다고 가정하자. 즉

$$A\boldsymbol{x} - B\boldsymbol{x} = T(\boldsymbol{x}) - T(\boldsymbol{x}) = \boldsymbol{0},\ (A - B)\boldsymbol{x} = \boldsymbol{0}$$

이다. 이것은 모든 $\boldsymbol{x}$에 대하여 성립한다. 특히

$$(A - B)\boldsymbol{e_i} = \boldsymbol{0}\ (i = 1, 2, \cdots, n)$$

이다. $(A - B)\boldsymbol{e_i}$는 $(A - B)$의 i번째 열을 의미하므로 행렬 $(A - B)$는 영행렬이다. 그러므로

$$A = B$$

이다.

예제 2.3

벡터공간 $\mathbb{R}^2$에서 $\mathbb{R}^3$로의 선형변환 $T\begin{pmatrix} a \\ b \end{pmatrix} = \begin{pmatrix} a+b \\ a-b \\ b \end{pmatrix}$에 대하여 다음 물음에 답하여라.

(1) $\mathbb{R}^2$의 표준기저 $\beta=\left\{\begin{pmatrix}1\\0\end{pmatrix},\begin{pmatrix}0\\1\end{pmatrix}\right\}$, $\mathbb{R}^3$의 표준기저 $\gamma=\left\{\begin{pmatrix}1\\0\\0\end{pmatrix},\begin{pmatrix}0\\1\\0\end{pmatrix},\begin{pmatrix}0\\0\\1\end{pmatrix}\right\}$에 대하여 T의 행렬표현 $[T]_\beta^\gamma$을 구하여라.

(2) $\mathbb{R}^2$의 기저 $\beta=\left\{\begin{pmatrix}1\\-1\end{pmatrix},\begin{pmatrix}1\\2\end{pmatrix}\right\}$, $\mathbb{R}^3$의 표준기저 $\gamma=\left\{\begin{pmatrix}1\\0\\0\end{pmatrix},\begin{pmatrix}0\\1\\0\end{pmatrix},\begin{pmatrix}0\\0\\1\end{pmatrix}\right\}$에 대하여 T의 행렬표현 $[T]_\beta^\gamma$을 구하여라.

(3) $\mathbb{R}^2$의 표준기저 $\beta=\left\{\begin{pmatrix}1\\0\end{pmatrix},\begin{pmatrix}0\\1\end{pmatrix}\right\}$, $\mathbb{R}^3$의 기저 $\gamma=\left\{\begin{pmatrix}1\\1\\0\end{pmatrix},\begin{pmatrix}1\\0\\1\end{pmatrix},\begin{pmatrix}0\\1\\1\end{pmatrix}\right\}$에 대하여 T의 행렬표현 $[T]_\beta^\gamma$을 구하여라.

풀이 (1) $T\begin{pmatrix}1\\0\end{pmatrix}=\begin{pmatrix}1\\1\\0\end{pmatrix}=1\begin{pmatrix}1\\0\\0\end{pmatrix}+1\begin{pmatrix}0\\1\\0\end{pmatrix}+0\begin{pmatrix}0\\0\\1\end{pmatrix}$이므로 $\left[T\begin{pmatrix}1\\0\end{pmatrix}\right]_\gamma=\begin{pmatrix}1\\1\\0\end{pmatrix}$이다.

$T\begin{pmatrix}0\\1\end{pmatrix}=\begin{pmatrix}1\\-1\\1\end{pmatrix}=1\begin{pmatrix}1\\0\\0\end{pmatrix}-1\begin{pmatrix}0\\1\\0\end{pmatrix}+1\begin{pmatrix}0\\0\\1\end{pmatrix}$이므로 $\left[T\begin{pmatrix}0\\1\end{pmatrix}\right]_\gamma=\begin{pmatrix}1\\-1\\1\end{pmatrix}$이다.

따라서 행렬표현 $[T]_\beta^\gamma=\begin{pmatrix}1&1\\1&-1\\0&1\end{pmatrix}$이다.

(2) $T\begin{pmatrix}1\\-1\end{pmatrix}=\begin{pmatrix}0\\2\\-1\end{pmatrix}=0\begin{pmatrix}1\\0\\0\end{pmatrix}+2\begin{pmatrix}0\\1\\0\end{pmatrix}-1\begin{pmatrix}0\\0\\1\end{pmatrix}$이므로 $\left[T\begin{pmatrix}1\\-1\end{pmatrix}\right]_\gamma=\begin{pmatrix}0\\2\\-1\end{pmatrix}$이다.

$T\begin{pmatrix}1\\2\end{pmatrix}=\begin{pmatrix}3\\-1\\2\end{pmatrix}=3\begin{pmatrix}1\\0\\0\end{pmatrix}-1\begin{pmatrix}0\\1\\0\end{pmatrix}+2\begin{pmatrix}0\\0\\1\end{pmatrix}$이므로 $\left[T\begin{pmatrix}1\\2\end{pmatrix}\right]_\gamma=\begin{pmatrix}3\\-1\\2\end{pmatrix}$이다.

따라서 행렬표현 $[T]_\beta^\gamma=\begin{pmatrix}0&3\\2&-1\\-1&2\end{pmatrix}$이다.

(3) $T\begin{pmatrix}1\\0\end{pmatrix}=\begin{pmatrix}1\\1\\0\end{pmatrix}=1\begin{pmatrix}1\\1\\0\end{pmatrix}+0\begin{pmatrix}1\\0\\1\end{pmatrix}+0\begin{pmatrix}0\\1\\1\end{pmatrix}$이므로 $\left[T\begin{pmatrix}1\\0\end{pmatrix}\right]_\gamma=\begin{pmatrix}1\\0\\0\end{pmatrix}$이다.

$T\begin{pmatrix}0\\1\end{pmatrix}=\begin{pmatrix}1\\-1\\1\end{pmatrix}=-\frac{1}{2}\begin{pmatrix}1\\1\\0\end{pmatrix}+\frac{3}{2}\begin{pmatrix}1\\0\\1\end{pmatrix}-\frac{1}{2}\begin{pmatrix}0\\1\\1\end{pmatrix}$이므로 $\left[T\begin{pmatrix}0\\1\end{pmatrix}\right]_\gamma=\begin{pmatrix}-\frac{1}{2}\\\frac{3}{2}\\-\frac{1}{2}\end{pmatrix}$이다.

따라서 행렬표현 $[T]_\beta^\gamma = \begin{pmatrix} 1 & -\frac{1}{2} \\ 0 & \frac{3}{2} \\ 0 & -\frac{1}{2} \end{pmatrix}$ 이다.

예제 2.4

벡터공간 P_1에서 P_2로의 선형변환 $T(p(x)) = xp(x)$에 대하여 P_1의 표준기저 $\beta = \{1, x\}$, P_2의 표준기저 $\gamma = \{1, x, x^2\}$일 때 T의 행렬표현 $[T]_\beta^\gamma$을 구하여라.

풀이 $T(1) = x = 0 \cdot 1 + 1 \cdot x + 0 \cdot x^2$이므로 $[T(1)]_\gamma = \begin{pmatrix} 0 \\ 1 \\ 0 \end{pmatrix}$이다.

$T(x) = x^2 = 0 \cdot 1 + 0 \cdot x + 1 \cdot x^2$이므로 $[T(x)]_\gamma = \begin{pmatrix} 0 \\ 0 \\ 1 \end{pmatrix}$이다.

따라서 행렬표현 $[T]_\beta^\gamma = \begin{pmatrix} 0 & 0 \\ 1 & 0 \\ 0 & 1 \end{pmatrix}$이다.

정의 2.4 (선형변환의 합성)

V_1, V_2, V_3가 유한차원 벡터공간이고 $T_1 : V_1 \to V_2$, $T_2 : V_2 \to V_3$인 선형변환일 때 $T_2 \circ T_1 : V_1 \to V_3$은 V_1의 모든 원소 $\boldsymbol{x}$에 대하여

$$(T_2 \circ T_1)(\boldsymbol{x}) = T_2(T_1(\boldsymbol{x}))$$

로 정의한다.

정리 2.5

V_1, V_2, V_3가 유한차원 벡터공간이고 $T_1 : V_1 \to V_2$, $T_2 : V_2 \to V_3$인 선형변환일 때 $T_2 \circ T_1 : V_1 \to V_3$은 선형변환이다.

증명 $x, y \in V_1$과 스칼라 k에 대하여

$$\begin{aligned}(T_2 \circ T_1)(kx+y) &= T_2(T_1(kx+y)) \\ &= T_2(T_1(kx)+T_1(y)) \\ &= kT_2(T_1(x))+T_2(T_1(y)) \\ &= k(T_2 \circ T_1)(x)+(T_2 \circ T_1)(y)\end{aligned}$$

이다.

정리 2.6

유한차원 벡터공간 V_1, V_2, V_3의 순서기저를 각각 α, β, γ라 하자.

$T_1 : V_1 \to V_2$, $T_2 : V_2 \to V_3$인 선형변환일 때

$$[T_2 \circ T_1]_\alpha^\gamma = [T_2]_\beta^\gamma [T_1]_\alpha^\beta$$

이다.

벡터공간 V_1, V_2, V_3의 순서기저를 각각

$$\alpha = \{u_1, u_2, \cdots, u_n\},\ \beta = \{v_1, v_2, \cdots, v_m\},\ \gamma = \{w_1, w_2, \cdots, w_p\}$$

라 두자. 정의 2.2에 의하여 선형변환 T_1과 T_2의 행렬표현을 각각

$$B = [T_1]_\alpha^\beta,\ A = [T_2]_\beta^\gamma$$

라 할 때 선형변환 $T_2 \circ T_1$의 기저 α, γ에 대한 행렬표현은

$$C = [T_2 \circ T_1]_\alpha^\gamma$$

이다. 이제

$$C = [T_2 \circ T_1]_\alpha^\gamma = [T_2]_\beta^\gamma [T_1]_\alpha^\beta = AB$$

임을 보이자. $1 \le j \le n$에 대하여,

$$\begin{aligned}(T_2 \circ T_1)(\boldsymbol{u_j}) &= T_2(T_1(\boldsymbol{u_j}))\\ &= T_2\left(\sum_{k=1}^{m} B_{kj}\boldsymbol{v_k}\right)\\ &= \sum_{k=1}^{m} B_{kj}\,T_2(\boldsymbol{v_k})\\ &= \sum_{k=1}^{m} B_{kj}\left(\sum_{i=1}^{p} A_{ik}\boldsymbol{w_i}\right)\\ &= \sum_{i=1}^{p}\left(\sum_{k=1}^{m} A_{ik}B_{kj}\right)\boldsymbol{w_i}\\ &= \sum_{i=1}^{p} C_{ij}\boldsymbol{w_i}\end{aligned}$$

이다. 여기서 $C_{ij} = \sum_{k=1}^{m} A_{ik}B_{kj}$이다.

[주] 이 성질로부터 행렬의 곱셈이 유래하였다.

두 행렬 $A = (a_{ij})_{m \times n}$, $B = (b_{jk})_{n \times p}$ 의 곱 AB는

$$AB = (c_{ik})_{m \times p}, \quad c_{ik} = \sum_{j=1}^{n} a_{ij}b_{jk} \ \ (1 \le i \le m,\ 1 \le j \le n,\ 1 \le k \le p)$$

임을 상기하자.

정의 2.7 (선형변환의 역변환)

유한차원 벡터공간 V, W 에 대하여 $T: V \to W$이 선형변환이라 하자.

$$U \circ T = I_V, \quad T \circ U = I_W$$

를 만족하는 $U: W \to V$가 존재할 때 T를 가역적 변환(invertible transformation) 혹은 동형사상(isomorphism)이라 하며 U를 T의 역변환이라 하고,

$$U = T^{-1}$$

라 표기한다.

정리 2.8

유한차원 벡터공간 V, W에 대하여 순서기저를 각각 β, γ라 하자. $T: V \to W$ 인 선형변환일 때,

(1) T가 역함수를 가지면 $T^{-1}: W \to V$도 선형변환이다.

(2) 행렬 $[T]_\beta^\gamma$가 정칙행렬이면 T가 역함수를 가지며 역도 성립한다.

이 때 $[T^{-1}]_\gamma^\beta = \left([T]_\beta^\gamma\right)^{-1}$이다.

증명 (1) T가 역함수를 가지므로 $v_1, v_2 \in V$과 스칼라 k에 대하여

$T(v_1) = w_1,\ T(v_2) = w_2$ 인 벡터 $w_1, w_2 \in W$가 유일하게 존재한다. 즉

$$T^{-1}(w_1) = v_1,\ T^{-1}(w_2) = v_2$$

이다.

$$\begin{aligned} T^{-1}(kw_1 + w_2) &= T^{-1}(T(kv_1 + v_2)) \\ &= (T^{-1} \circ T)(kv_1 + v_2) \\ &= I_V(kv_1 + v_2) \\ &= kv_1 + v_2 \\ &= kT^{-1}(w_1) + T^{-1}(w_2) \end{aligned}$$

(2) ($\Leftarrow$) T가 가역이므로 벡터공간 V, W의 차원은 같다.

$$\dim(V) = \dim(W) = n$$

이라 하자. 정리 2.6에 의해

$$I_n = [I_V]_\beta = \left[T^{-1} \circ T\right]_\beta = [T^{-1}]_\gamma^\beta [T]_\beta^\gamma$$

이므로

$$[T^{-1}]_\gamma^\beta = \left([T]_\beta^\gamma\right)^{-1}$$

이다.

($\Rightarrow$) 따라서 행렬 $A = [T]_\beta^\gamma$가 정칙행렬이면 $AB = BA = I_n$인 행렬 B가 존재한다.

벡터공간 V, W에 대하여 각각의 순서기저를 $\beta = \{x_1, x_2, \cdots, x_n\}$,

$\gamma = \{\boldsymbol{y_1}, \boldsymbol{y_2}, \cdots, \boldsymbol{y_n}\}$ 라 할 때,

$$U: W \to V\ ,\ U(\boldsymbol{y_j}) = \sum_{i=1}^{n} b_{ij}\boldsymbol{x_i},\ B = (b_{ij}),\ (i, j = 1, 2, \cdots, n)$$

이다. 그러므로

$$[U]_\gamma^\beta = B$$

이다. 또한

$$[U \circ T]_\beta = [U]_\gamma^\beta [T]_\beta^\gamma = BA = I_n = [I_V]_\beta$$

이므로

$$U \circ T = I_V$$

이다. 비슷한 방법으로 $T \circ U = I_W$임을 알 수 있다. 따라서 T는 역함수 U를 갖는다.

연습문제 2절

1. 벡터공간 R^3의 두 기저 $\beta_1 = \left\{\begin{pmatrix}1\\0\\0\end{pmatrix}, \begin{pmatrix}0\\1\\0\end{pmatrix}, \begin{pmatrix}0\\0\\1\end{pmatrix}\right\}$과 $\beta_2 = \left\{\begin{pmatrix}1\\-1\\2\end{pmatrix}, \begin{pmatrix}1\\2\\3\end{pmatrix}, \begin{pmatrix}-1\\2\\-1\end{pmatrix}\right\}$에 대하여 좌표벡터 $\left[\begin{pmatrix}a\\b\\c\end{pmatrix}\right]_{\beta_1}$ 와 $\left[\begin{pmatrix}a\\b\\c\end{pmatrix}\right]_{\beta_2}$ 을 구하여라.

2. 선형변환 $T: P_3 \to P_4$가

$$T(a_0 + a_1x + a_2x^2 + a_3x^3)$$
$$= (a_0 - a_1) + (a_0 - a_2)x + (-a_0 + a_3)x^2 + (a_2 + a_3)x^3 + (a_0 + a_1 + a_3)x^4$$

으로 정의 되어 있다. 정의역과 공역 모두 표준기저로 할 때, 선형변환 T에 대한 행렬표현 A을 구하여라.

3. 벡터공간 R^3의 두 기저를 $B_1 = B_2 = \left\{\begin{pmatrix}1\\0\\0\end{pmatrix}, \begin{pmatrix}0\\1\\0\end{pmatrix}, \begin{pmatrix}0\\0\\1\end{pmatrix}\right\}$이라 할 때, $(R^3, B_1) \to (R^3, B_2)$인

선형변환 $T\begin{pmatrix}x\\y\\z\end{pmatrix} = \begin{pmatrix}x+y+z\\x+2y+3z\\2x-y-3z\end{pmatrix}$의 역변환 $T^{-1}\begin{pmatrix}x\\y\\z\end{pmatrix}$을 구하여라.

4. L: $P_2 \to P_1$는 $L(a+bx+cx^2) = b+2cx$로 정의되는 선형변환이다.

(1) P_2와 P_1의 기저를 각각 $\{1, x, x^2\}$와 $\{1, x\}$으로 했을 때, L의 행렬표현 A를 구하여라.

(2) P_2와 P_1의 기저를 각각 $\{x^2, x, 1\}$와 $\{1, x\}$으로 했을 때, L의 행렬표현 B를 구하여라.

(3) $L(3x-4x^2)$을 구하여라.

5. 다음 선형변환의 행렬표현을 구하여라.

(1) $T: P_2 \to M_{2\times 2}$, $T(f(x)) = \begin{pmatrix}f'(0) & 2f(1)\\ 0 & f''(3)\end{pmatrix}$

(2) $T: P_2 \to \mathbb{R}$, $T(f(x)) = f(2)$

6. 선형변환 $T: P_2 \to P_4$을 $T(p(x)) = x^2p(x)$으로 정의하자.

(1) P_2, P_4의 기저를 각각 $\{1, x, x^2\}$와 $\{1, x, x^2, x^3, x^4\}$으로 했을 때, 선형변환 T의 행렬표현을 구하여라.

(2) P_2, P_4의 기저를 각각 $\{1+x, 2-x+3x^2, 2x-3x^2\}$와 $\{1, x, x^2, x^3, x^4\}$으로 했을 때, 선형변환 T의 행렬표현을 구하여라.

7. 선형변환 $T: \mathbb{R}^2 \to \mathbb{R}^2$가 $T\begin{pmatrix}x_1\\x_2\end{pmatrix} = \begin{pmatrix}-2x_1+x_2\\x_1-x_2\end{pmatrix}$라 하자.

$B_1 = B_2 = \left\{\begin{pmatrix}2\\-2\end{pmatrix}, \begin{pmatrix}2\\4\end{pmatrix}\right\}$에 관한 T의 행렬표현 A를 구하여라.

8. 선형변환 $T(x, y) = (2x-y, -8x-y, x+y)$에 대하여 $\mathbb{R}^2$의 기저를 $\{(1,2)^t, (2,1)^t\}$라 하고 $\mathbb{R}^3$의 기저를 $\{(1,1,0)^t, (0,1,1)^t, (1,0,1)^t\}$라 할 때, T의 행렬표현을 구하여라.

9. 다음 선형변환을 주어진 기저들로 표현되는 행렬로 표현하여라.

(1) $T(x,y,z)=(x+3y,\ 2y+z,\ x+y+2z)$이고 $\mathbb{R}^3$의 기저는 $\{(1,2,1)^t, (0,1,1)^t, (1,0,1)^t\}$이다.

(2) $T(x,y,z)=(x+3y, 4y+2z)$이고 $\mathbb{R}^3$의 기저는 $\{(1,2,1)^t, (0,1,1)^t, (1,0,1)^t\}$이고 $\mathbb{R}^2$의 기저는 $\{(1,2)^t, (3,1)^t\}$이다.

10. $A=\begin{pmatrix} 3 & -2 & 1 & 2 \\ 1 & 6 & 2 & 1 \\ -3 & 0 & 7 & 1 \end{pmatrix}$은 기저 $\beta=\{\boldsymbol{v}_1, \boldsymbol{v}_2, \boldsymbol{v}_3, \boldsymbol{v}_4\}$와 $\gamma=\{\boldsymbol{w}_1, \boldsymbol{w}_2, \boldsymbol{w}_3\}$에 관한 선형변환 $T:\mathbb{R}^4\to\mathbb{R}^3$의 행렬표현이다. $\boldsymbol{v}_1=\begin{pmatrix}0\\1\\1\\1\end{pmatrix}$, $\boldsymbol{v}_2=\begin{pmatrix}1\\0\\1\\1\end{pmatrix}$, $\boldsymbol{v}_3=\begin{pmatrix}1\\1\\0\\1\end{pmatrix}$, $\boldsymbol{v}_4=\begin{pmatrix}1\\1\\1\\0\end{pmatrix}$이고 $\boldsymbol{w}_1=\begin{pmatrix}0\\1\\1\end{pmatrix}$, $\boldsymbol{w}_2=\begin{pmatrix}1\\0\\1\end{pmatrix}$, $\boldsymbol{w}_3=\begin{pmatrix}1\\1\\0\end{pmatrix}$일 때 다음물음에 답하여라.

(1) $T(\boldsymbol{v}_1)$, $T(\boldsymbol{v}_2)$, $T(\boldsymbol{v}_3)$, $T(\boldsymbol{v}_4)$을 구하여라.

(2) $[T(\boldsymbol{v}_1)]_\gamma$, $[T(\boldsymbol{v}_2)]_\gamma$, $[T(\boldsymbol{v}_3)]_\gamma$, $[T(\boldsymbol{v}_4)]_\gamma$을 구하여라.

(3) $T\begin{pmatrix}2\\2\\0\\0\end{pmatrix}$을 구하여라.

제3절 기저의 변환

이 절에서는 n차원 벡터공간에서 자신으로의 변환을 생각한다. 이러한 변환의 행렬표현은 V의 기저의 선택에 의하여 결정된다.

$\beta=\{\boldsymbol{v}_1,\boldsymbol{v}_2,\cdots,\boldsymbol{v}_n\}$과 $\gamma=\{\boldsymbol{w}_1,\boldsymbol{w}_2,\cdots,\boldsymbol{w}_n\}$를 벡터공간 V의 두 순서기저라고 하자.

$1\le j\le n$에 대하여 $\boldsymbol{w}_j\in V$이므로 각 벡터 $\boldsymbol{w}_j$는 $\boldsymbol{v}_i$ $(i=1,2,\cdots,n)$의 1차결합으로 표현할 수 있다.

$$\begin{aligned} \boldsymbol{w_1} &= a_{11}\boldsymbol{v_1} + a_{21}\boldsymbol{v_2} + \cdots + a_{n1}\boldsymbol{v_n} \\ \boldsymbol{w_2} &= a_{12}\boldsymbol{v_1} + a_{22}\boldsymbol{v_2} + \cdots + a_{n2}\boldsymbol{v_n} \\ &\vdots \\ \boldsymbol{w_n} &= a_{1n}\boldsymbol{v_1} + a_{2n}\boldsymbol{v_2} + \cdots + a_{nn}\boldsymbol{v_n} \end{aligned} \tag{1}$$

벡터 $\boldsymbol{v}$에 대하여 $\boldsymbol{x} = (x_1, x_2, \cdots, x_n)^t$가 $\{\boldsymbol{w_1}, \boldsymbol{w_2}, \cdots, \boldsymbol{w_n}\}$에 관한 $\boldsymbol{v}$의 좌표벡터라고 하면 (1)에서

$$\begin{aligned} \boldsymbol{v} &= x_1\boldsymbol{w_1} + x_2\boldsymbol{w_2} + \cdots + x_n\boldsymbol{w_n} \\ &= (a_{11}\boldsymbol{v_1} + a_{21}\boldsymbol{v_2} + \cdots + a_{n1}\boldsymbol{v_n})x_1 + (a_{12}\boldsymbol{v_1} + a_{22}\boldsymbol{v_2} + \cdots + a_{n2}\boldsymbol{v_n})x_2 \\ &\quad + \cdots + (a_{1n}\boldsymbol{v_1} + a_{2n}\boldsymbol{v_2} + \cdots + a_{nn}\boldsymbol{v_n})x_n \\ &= (a_{11}\boldsymbol{x_1} + a_{12}\boldsymbol{x_2} + \cdots + a_{1n}\boldsymbol{x_n})v_1 + (a_{21}\boldsymbol{x_1} + a_{22}\boldsymbol{x_2} + \cdots + a_{2n}\boldsymbol{x_n})v_2 \\ &\quad + \cdots + (a_{1n}\boldsymbol{x_1} + a_{n2}\boldsymbol{x_2} + \cdots + a_{nn}\boldsymbol{x_n})v_n \\ &= \left(\sum_{j=1}^{n} a_{1j}x_j\right)\boldsymbol{v_1} + \left(\sum_{j=1}^{n} a_{2j}x_j\right)\boldsymbol{v_2} + \cdots + \left(\sum_{j=1}^{n} a_{nj}x_j\right)\boldsymbol{v_n} \end{aligned}$$

가 성립한다. 따라서 $\boldsymbol{y} = (y_1, y_2, \cdots, y_n)^t$가 기저 $\{\boldsymbol{v_1}, \boldsymbol{v_2}, \cdots, \boldsymbol{v_n}\}$에 관한 $\boldsymbol{v}$의 좌표벡터이면

$$\boldsymbol{v} = y_1\boldsymbol{v_1} + y_2\boldsymbol{v_2} + \cdots + y_n\boldsymbol{v_n}$$

이므로

$$y_i = \sum_{j=1}^{n} a_{ij}x_j \ (i = 1, 2, \cdots, n)$$

이다. $S = (a_{ij})$로 두면,

$$\begin{aligned} y_1 &= a_{11}\boldsymbol{x_1} + a_{12}\boldsymbol{x_2} + \cdots + a_{1n}\boldsymbol{x_n} \\ y_2 &= a_{21}\boldsymbol{x_1} + a_{22}\boldsymbol{x_2} + \cdots + a_{2n}\boldsymbol{x_n} \\ &\vdots \\ y_n &= a_{n1}\boldsymbol{x_1} + a_{n2}\boldsymbol{x_2} + \cdots + a_{nn}\boldsymbol{x_n} \end{aligned}$$

이므로

$$\begin{pmatrix} y_1 \\ y_2 \\ \vdots \\ y_n \end{pmatrix} = \begin{pmatrix} a_{11} & a_{12} & \cdots & a_{1n} \\ a_{21} & a_{22} & \cdots & a_{2n} \\ \vdots & \vdots & & \vdots \\ a_{n1} & a_{n2} & \cdots & a_{nn} \end{pmatrix} \begin{pmatrix} x_1 \\ x_2 \\ \vdots \\ x_n \end{pmatrix}$$

즉

$$y = Sx$$

가 성립한다.

행렬 $S=[I_v]_\gamma^\beta$를 V의 순서기저 $\{w_1, w_2, \cdots, w_n\}$에서 $\{v_1, v_2, \cdots, v_n\}$으로의 전이행렬(transition matrix)이라 한다.

[주] 벡터공간 V의 두 순서기저 $\beta=\{v_1, v_2, \cdots, v_n\}$, $\gamma=\{w_1, w_2, \cdots, w_n\}$에 대하여 기저 β에 대한 V의 원소 v의 좌표벡터를 $[v]_\beta$, 기저 γ에 대한 V의 원소 v의 좌표벡터를 $[v]_\gamma$으로 표현한다.

기저 β에서 γ으로의 전이행렬을 S'라 할 때,

$$[v]_\gamma = S'[v]_\beta$$

이다. 이때

$$S = ([w_1]_\beta \ [w_2]_\beta \cdots \ [w_n]_\beta) \text{ 라 두면}$$

$S=[v]_\beta^\gamma$이고 정의 2.8에 의해서 $S'=S^{-1}$이다.

예제 3.1

벡터공간 P_2에서 순서기저를 $\gamma=\{1, 2x, 4x^2-2\}$에서 $\beta=\{1, x, x^2\}$으로 변환할 때 전이행렬 $S_1=[I_{P_2}]_\gamma^\beta$을 구하여라.

풀이 $1 = 1\cdot 1 + 0\cdot x + 0\cdot x^2$에서 $[1]_\beta = \begin{pmatrix}1\\0\\0\end{pmatrix}$이고

$2x = 0\cdot 1 + 2\cdot x + 0\cdot x^2$에서 $[2x]_\beta = \begin{pmatrix}0\\2\\0\end{pmatrix}$이고

$4x^2-2 = -2\cdot 1 + 0\cdot x + 4\cdot x^2$에서 $[4x^2-2]_\beta = \begin{pmatrix}-2\\0\\4\end{pmatrix}$이다.

따라서 전이행렬

$$S_1 = \left([1]_\beta \; [2x]_\beta \; [4x^2-2]_\beta\right) = \begin{pmatrix} 1 & 0 & -2 \\ 0 & 2 & 0 \\ 0 & 0 & 4 \end{pmatrix}$$

이다.

예제 3.2

벡터공간 P_2에서 순서기저를 $\beta = \{1, x, x^2\}$에서 $\gamma = \{1, 2x, 4x^2-2\}$으로 변환할 때 전이행렬 S_2을 구하여라.

풀이 $1 = 1 \cdot 1 + 0 \cdot 2x + 0 \cdot (4x^2 - 2)$에서 $[1]_\gamma = \begin{pmatrix} 1 \\ 0 \\ 0 \end{pmatrix}$이고

$x = 0 \cdot 1 + \frac{1}{2} \cdot 2x + 0 \cdot (4x^2 - 2)$에서 $[x]_\gamma = \begin{pmatrix} 0 \\ \frac{1}{2} \\ 0 \end{pmatrix}$이고

$x^2 = \frac{1}{2} \cdot 1 + 0 \cdot 2x + \frac{1}{4} \cdot (4x^2 - 2)$에서 $[x^2]_\gamma = \begin{pmatrix} \frac{1}{2} \\ 0 \\ \frac{1}{4} \end{pmatrix}$이다.

따라서 전이행렬

$$S_2 = \left([1]_\gamma \; [x]_\gamma \; [x^2]_\gamma\right) = \begin{pmatrix} 1 & 0 & \frac{1}{2} \\ 0 & \frac{1}{2} & 0 \\ 0 & 0 & \frac{1}{4} \end{pmatrix}$$

이다.

[주] 예제 3.1과 3.2에서 구한 S_1과 S_2는 역행렬 관계에 있다는 사실을 확인할 수 있다. 증명은 고급 선형대수학 교재를 참고하기 바란다.

정리 3.1

$\beta=\{v_1,v_2,\cdots,v_n\}$과 $\gamma=\{\boldsymbol{w}_1,\boldsymbol{w}_2,\cdots,\boldsymbol{w}_n\}$을 벡터공간 V의 두 순서기저라 하고 T을 V에서 자신으로의 선형변환이라 하자. 기저 γ에서 기저 β으로의 변환을 나타내는 전이행렬을 S라고 할 때 A는 기저 β에 관한 T의 행렬표현이고 B는 기저 γ에 관한 T의 행렬표현이라고 하면 $B=S^{-1}A\,S$이다.

증명 V의 임의의 벡터 $\boldsymbol{v}=x_1\boldsymbol{w}_1+x_2\boldsymbol{w}_2+\cdots+x_n\boldsymbol{w}_n$의 γ에 관한 좌표벡터를 $\boldsymbol{x}$라 두자. 즉

$$\boldsymbol{x}=[\boldsymbol{v}]_\gamma=\begin{pmatrix}x_1\\x_2\\\vdots\\x_n\end{pmatrix}$$

이다. 기저 γ에서 기저 β으로의 전이행렬이 S이므로 $S\boldsymbol{x}$는 β에 관한 $\boldsymbol{v}$의 좌표벡터이다. 즉

$$S\boldsymbol{x}=\boldsymbol{y}=[\boldsymbol{v}]_\beta=\begin{pmatrix}y_1\\y_2\\\vdots\\y_n\end{pmatrix}$$

이다. B는 $\gamma=\{\boldsymbol{w}_1,\boldsymbol{w}_2,\cdots,\boldsymbol{w}_n\}$에 관한 T의 행렬표현 $[T]_\gamma$이고

$$\boldsymbol{z}=B\boldsymbol{x}=\begin{pmatrix}z_1\\z_2\\\vdots\\z_n\end{pmatrix}$$

라 두고 A는 $\beta=\{v_1,v_2,\cdots,v_n\}$에 관한 T의 행렬표현 $[T]_\beta$이고

$$\boldsymbol{t}=A\boldsymbol{y}=\begin{pmatrix}t_1\\t_2\\\vdots\\t_n\end{pmatrix}$$

라 두자. 즉

$$\boldsymbol{y}=S\boldsymbol{x},\ \boldsymbol{z}=B\boldsymbol{x},\ \boldsymbol{t}=A\boldsymbol{y} \tag{2}$$

이다. 행렬 $S=[I_v]_\gamma^\beta=([\boldsymbol{w}_1]_\beta,[\boldsymbol{w}_2]_\beta,\cdots,[\boldsymbol{w}_n]_\beta)$의 정의로부터

$$\boldsymbol{y} = [\boldsymbol{v}]_\beta = \begin{pmatrix} y_1 \\ y_2 \\ \vdots \\ y_n \end{pmatrix}$$

는 $\{\boldsymbol{v}_1, \boldsymbol{v}_2, \cdots, \boldsymbol{v}_n\}$에 관한 $\boldsymbol{v}$의 좌표벡터임을 알 수 있다. 따라서

$$\boldsymbol{v} = y_1\boldsymbol{v}_1 + y_2\boldsymbol{v}_2 + \cdots + y_n\boldsymbol{v}_n$$

이다.

$A = ([T(\boldsymbol{v}_1)]_\beta [T(\boldsymbol{v}_2)]_\beta \cdots [T(\boldsymbol{v}_n)]_\beta)$, $B = ([T(\boldsymbol{w}_1)]_\gamma [T(\boldsymbol{w}_2)]_\gamma \cdots [T(\boldsymbol{w}_n)]_\gamma)$

는 모두 T의 행렬표현이므로

$$z_1\boldsymbol{w}_1 + z_2\boldsymbol{w}_2 + \cdots + z_n\boldsymbol{w}_n = T(\boldsymbol{v}) = t_1\boldsymbol{v}_1 + t_2\boldsymbol{v}_2 + \cdots + t_n\boldsymbol{v}_n$$

이다.

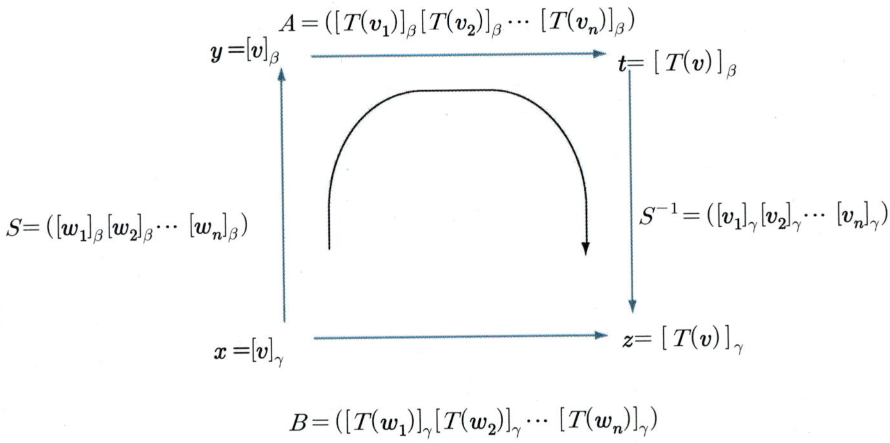

그러므로 위 관계도에 의해

$$S^{-1}\boldsymbol{t} = \boldsymbol{z} \tag{3}$$

이다. (2)과 (3)에서

$$S^{-1}AS\boldsymbol{x} = S^{-1}A\boldsymbol{y} = S^{-1}\boldsymbol{t} = \boldsymbol{z} = B\boldsymbol{x}$$

이다. 따라서 모든 $\boldsymbol{x} \in \mathbb{R}^n$에 대하여 $S^{-1}AS\boldsymbol{x} = B\boldsymbol{x}$이다. 따라서

$$S^{-1}AS = B$$

이다.

정의 3.2 (닮음)

A와 B를 $n\times n$행렬이라고 하자. $B=S^{-1}AS$를 만족하는 정칙행렬 S가 존재할 때 B는 A와 닮음(similar)이라고 한다.

예제 3.3

T을 $T(p(x))=xp'(x)+p''(x)$로 정의된 벡터공간 P_2상의 선형변환이라 하자.

(1) $\beta=\{1, x, x^2\}$에 관한 T의 행렬표현 A을 구하여라.

(2) $\gamma=\{1, x, x^2+1\}$에 관한 T의 행렬표현 B을 구하여라.

(3) B는 A와 닮음임을 보여라.

풀이 (1) $T(1)=0=0\cdot 1+0\cdot x+0\cdot x^2$

$T(x)=x=0\cdot 1+1\cdot x+0\cdot x^2$

$T(x^2)=2x^2+2=2\cdot 1+0\cdot x+2\cdot x^2$

이므로 $\beta=\{1, x, x^2\}$에 관한 T의 행렬표현은

$$A=\begin{pmatrix}0 & 0 & 2\\ 0 & 1 & 0\\ 0 & 0 & 2\end{pmatrix}$$

이다.

(2) $T(1)=0=0\cdot 1+0\cdot x+0\cdot (x^2+1)$

$T(x)=x=0\cdot 1+1\cdot x+0\cdot (x^2+1)$

$T(x^2+1)=2x^2+2=0\cdot 1+0\cdot x+2\cdot (x^2+1)$

이므로 $\gamma=\{1, x, x^2+1\}$에 관한 T의 행렬표현은

$$B=\begin{pmatrix}0 & 0 & 0\\ 0 & 1 & 0\\ 0 & 0 & 2\end{pmatrix}$$

이다.

(3) $B=S^{-1}AS$을 만족하는 정칙행렬 $S=\begin{pmatrix}1 & 0 & 1\\ 0 & 1 & 0\\ 0 & 0 & 1\end{pmatrix}$가 존재하므로 B는 A와 닮음이다.

예제 3.4

D을 P_2상의 미분변환이라 하자. 순서기저 $\beta=\{1, x, x^2\}$에 관한 행렬표현 A와 $\gamma=\{1, 2x, 4x^2-2\}$에 관한 행렬표현 B을 구하고 B는 A와 닮음임을 보여라.

풀이 $D(1)=0=0\cdot 1+0\cdot x+0\cdot x^2$

$D(x)=1=1\cdot 1+0\cdot x+0\cdot x^2$

$D(x^2)=2x=0\cdot 1+2\cdot x+0\cdot x^2$

이므로 기저 $\beta=\{1, x, x^2\}$에 관한 미분변환 D의 행렬표현은

$$A=\begin{pmatrix} 0 & 1 & 0 \\ 0 & 0 & 2 \\ 0 & 0 & 0 \end{pmatrix}$$

이다.

$D(1)=0=0\cdot 1+0\cdot 2x+0\cdot (4x^2-2)$

$D(2x)=2=2\cdot 1+0\cdot 2x+0\cdot (4x^2-2)$

$D(4x^2-2)=8x=0\cdot 1+4\cdot 2x+0\cdot (4x^2-2)$

이므로 기저 $\gamma=\{1, 2x, 4x^2-2\}$에 관한 미분변환 D의 행렬표현은

$$B=\begin{pmatrix} 0 & 2 & 0 \\ 0 & 0 & 4 \\ 0 & 0 & 0 \end{pmatrix}$$

이다. 예제 3.1로부터 기저 γ에서 기저 β로의 전이행렬이

$$S=\begin{pmatrix} 1 & 0 & -2 \\ 0 & 2 & 0 \\ 0 & 0 & 4 \end{pmatrix},\ S^{-1}=\begin{pmatrix} 1 & 0 & \frac{1}{2} \\ 0 & \frac{1}{2} & 0 \\ 0 & 0 & \frac{1}{4} \end{pmatrix}$$

이고 행렬계산에 의해

$$B=S^{-1}AS$$

이다. 따라서 $B=S^{-1}AS$을 만족하는 정칙행렬 S가 존재하므로 B는 A와 닮음이다.

예제 3.5

선형변환 $T: \mathbb{R}^3 \to \mathbb{R}^3$을 $T(\boldsymbol{x}) = A\boldsymbol{x}$로 정의한다. 행렬 $A = \begin{pmatrix} 2 & 2 & 0 \\ 1 & 1 & 2 \\ 1 & 1 & 2 \end{pmatrix}$는 $\mathbb{R}^3$의 표준 기저 $\beta = \{e_1, e_2, e_3\}$에 관한 T의 행렬표현이다.

기저 $\gamma = \left\{ w_1 = \begin{pmatrix} 1 \\ -1 \\ 0 \end{pmatrix},\ w_2 = \begin{pmatrix} -2 \\ 1 \\ 1 \end{pmatrix},\ w_3 = \begin{pmatrix} 1 \\ 1 \\ 1 \end{pmatrix} \right\}$에 관한 T의 행렬표현 B을 구하여라.

풀이

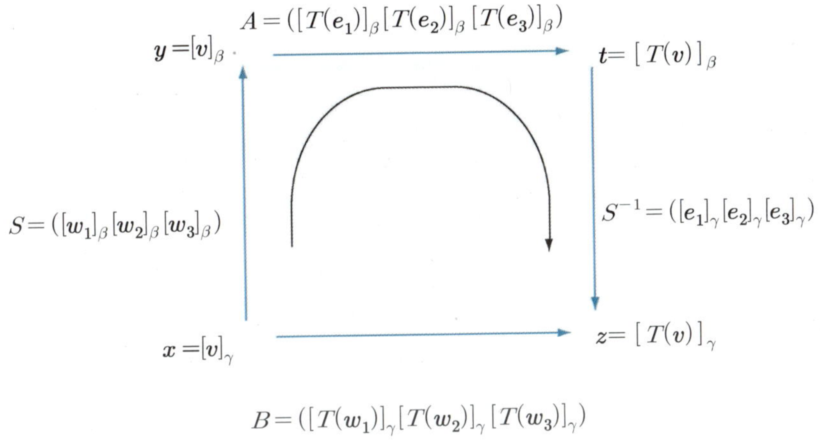

$$T(w_1) = Aw_1 = 0 = 0 \cdot w_1 + 0 \cdot w_2 + 0 \cdot w_3$$
$$T(w_2) = Aw_2 = w_2 = 0 \cdot w_1 + 1 \cdot w_2 + 0 \cdot w_3$$
$$T(w_3) = Aw_3 = 4w_3 = 0 \cdot w_1 + 0 \cdot w_2 + 4 \cdot w_3$$

이므로 기저 γ에 관한 T의 행렬표현 $B = \begin{pmatrix} 0 & 0 & 0 \\ 0 & 1 & 0 \\ 0 & 0 & 4 \end{pmatrix}$이다. 또한 전이행렬 $S = [I_{\mathbb{R}^3}]_\gamma^\beta$에 의해 행렬 B를 구할 수 있다. 즉,

$$S = \left([w_1]_\beta\ [w_2]_\beta\ [w_3]_\beta\right) = \begin{pmatrix} 1 & -2 & 1 \\ -1 & 1 & 1 \\ 0 & 1 & 1 \end{pmatrix},\ S^{-1} = \begin{pmatrix} 0 & -1 & 1 \\ -\frac{1}{3} & -\frac{1}{3} & \frac{2}{3} \\ \frac{1}{3} & \frac{1}{3} & \frac{1}{3} \end{pmatrix}$$

이므로 $S^{-1}AS = B$임을 알 수 있다.

예제 3.5에서 선형변환 T은 기저 γ에 관한 대각행렬 B로 표현될 수 있다. 행렬 B가 대각행렬이므로 A보다는 B를 다루는 것이 훨씬 간편하다. 예컨대, $A\boldsymbol{x}$와 $A^n\boldsymbol{x}$를 계산하는 것보다는 $B\boldsymbol{x}$와 $B^n\boldsymbol{x}$를 계산하는 편이 더 쉽다. 일반적으로 가능한 한 선형변환의 간단한 행렬표현을 구하는 것은 바람직한 일이다. 특히 변환을 대각행렬로 표현할 수 있다면 그것이 더 좋은 표현이다.

연습문제 3절

1. $\beta_1 = \left\{\begin{pmatrix}1 & 0\\0 & 0\end{pmatrix}, \begin{pmatrix}0 & 1\\0 & 0\end{pmatrix}, \begin{pmatrix}0 & 0\\1 & 0\end{pmatrix}, \begin{pmatrix}0 & 0\\0 & 1\end{pmatrix}\right\}$과 $\beta_2 = \left\{\begin{pmatrix}-1 & 0\\0 & 0\end{pmatrix}, \begin{pmatrix}1 & 1\\0 & 0\end{pmatrix}, \begin{pmatrix}2 & 0\\1 & 0\end{pmatrix}, \begin{pmatrix}1 & 1\\1 & 1\end{pmatrix}\right\}$을 벡터공간 $M_{2\times 2}$의 두 기저라고 하자. 이때 기저 β_2에서 기저 β_1으로의 전이행렬 S와 기저 β_1에서 기저 β_2으로의 전이행렬 P을 구하여라.

2. 벡터공간 P_3에서 기저 $\beta_1 = \{1, x, x^2, x^3\}$에서 기저 $\beta_2 = \{1, 1-x, (1-x)^2, (1-x)^3\}$으로의 전이행렬을 구하여라. 또한 이 전이행렬을 이용하여 $f(x) = (1+x)^3$을 기저 β_2의 일차결합으로 나타내어라.

3. $\mathbb{R}^2$에서 두 기저 $\beta_1 = \left\{\begin{pmatrix}1\\-1\end{pmatrix}, \begin{pmatrix}1\\2\end{pmatrix}\right\}$과 $\beta_2 = \left\{\begin{pmatrix}1\\1\end{pmatrix}, \begin{pmatrix}3\\-2\end{pmatrix}\right\}$가 있다. 이때 β_1에서 β_2으로의 전이행렬과 β_2에서 β_1으로의 전이행렬을 각각 구하여라.

4. 벡터공간 $\mathbb{R}^2$의 두 기저를 $\beta_1 = \left\{\begin{pmatrix}1\\0\end{pmatrix}, \begin{pmatrix}0\\1\end{pmatrix}\right\}$와 $\beta_2 = \left\{\begin{pmatrix}1\\1\end{pmatrix}, \begin{pmatrix}1\\-1\end{pmatrix}\right\}$이라 하자.

(1) $(\mathbb{R}^2, \beta_1) \to (\mathbb{R}^2, \beta_1)$인 선형변환 $T\begin{pmatrix}a\\b\end{pmatrix} = \begin{pmatrix}a-b\\a+b\end{pmatrix}$의 행렬표현 A을 구하여라.

(2) $(\mathbb{R}^2, \beta_2) \to (\mathbb{R}^2, \beta_2)$인 선형변환 $T\begin{pmatrix}a\\b\end{pmatrix} = \begin{pmatrix}a-b\\a+b\end{pmatrix}$의 행렬표현 B을 구하여라.

(3) 이때 A와 B는 닮음임을 설명하여라.

5. $T:\mathbb{R}^2 \to \mathbb{R}^2$는 $T\begin{pmatrix} x \\ y \end{pmatrix} = \begin{pmatrix} -5x+6y \\ -3x+4y \end{pmatrix}$로 주어지는 선형변환이다.

여기서 $\beta_1 = \{(1,0)^t, (0,1)^t\}$, $\beta_2 = \{(1,1)^t, (2,1)^t\}$일 때

(1) β_1에 관한 T의 행렬표현 A을 구하여라.

(2) β_2에서 β_1으로의 전이행렬 S을 구하여라.

(3) (1)과 (2)의 결과를 이용하여 β_2에 관한 T의 행렬표현 B을 구하여라.

6. 벡터공간 V을 $1, e^x, e^{-x}$로 생성되는 $C[a,b]$의 부분공간이라 하고 선형변환 D을 V상의 미분변환이라 할 때 다음 물음에 답하여라.

(1) $\{1, e^x, e^{-x}\}$에서 $\{1, \cosh x, \sinh x\}$으로의 좌표변환을 나타내는 전이행렬 S을 구하여라.

(2) $\{1, \cosh x, \sinh x\}$에 관한 D의 행렬표현 A을 구하여라.

(3) $\{1, e^x, e^{-x}\}$에 관한 D의 행렬표현 B을 구하여라.

(4) A와 B의 관계를 S을 이용하여 나타내어라.

제4장 대각화

▶▶ 이 장에서는 n차 유클리드 벡터공간인 $\mathbb{R}^n$에 대한 고유값, 고유벡터를 소개하고 그 기본 개념에 대하여 논의한다. 고유값과 고유벡터는 행렬의 특성을 나타내며 공학, 자연과학 그리고 사회과학 등 다양한 분야에서 사용되는 중요한 개념이다. 주어진 행렬의 고유값에 대응하는 고유벡터의 기하학적 성질을 살펴보고 고유값과 고유벡터를 계산하기 위한 행렬의 특성방정식을 소개한다.

벡터공간 V가 유한차원일 때 선형변환(linear transformation) $T: V \to V$에 대하여 $T(\boldsymbol{x}) = \lambda \boldsymbol{x}$를 만족하는 벡터 $\boldsymbol{x}$와 스칼라 λ를 구하는 것은 주어진 선형변환의 대각행렬표현과 관련이 있는 중요한 문제이다. V가 유한차원일 때 선형변환은 n차 행렬표현 A로 나타낼 수 있으므로 정사각행렬 $A = (a_{ij})_{n \times n}$와 $\mathbf{0}$ 아닌 벡터 $\boldsymbol{x} = (x_1\ x_2 \cdots\ x_n)^t \in \mathbb{R}^n$에 대하여 $A\boldsymbol{x}$가 $\boldsymbol{x}$의 적당한 스칼라배가 되는 $\boldsymbol{x}$를 구하는 즉 선형변환 T의 행렬표현인 A에 의해서도 벡터 $\boldsymbol{x}$의 고유한(eigen) 성질을 그대로 유지하는 벡터를 찾는 방법을 알아보자.

제1절 고유값과 고유벡터

이 절에서는 방정식 $A\boldsymbol{x} = \lambda \boldsymbol{x}$을 다룬다. 이 방정식은 선형대수의 응용에서 흔히 볼 수 있다. 이 방정식의 응용 중 하나는 연립일차미분방정식의 해를 구하는 문제이다.

정의 1.1 (고유값과 고유벡터)

A가 n차 정사각행렬이고 $\boldsymbol{x}$는 $\mathbb{R}^n$의 영벡터가 아닌 벡터이다. 스칼라 λ에 대하여

$$A\boldsymbol{x} = \lambda\boldsymbol{x}$$

일 때, λ를 A의 고유값(eigenvalue)이라 하고 $\boldsymbol{x}$를 λ에 대응하는 A의 고유벡터(eigenvector)라 한다.

$\boldsymbol{x} = \boldsymbol{0}$인 경우에도 위의 식을 만족하지만 이 때 모든 스칼라가 고유값이 되므로 의미가 없다. $\boldsymbol{x}$가 λ에 대응하는 A의 고유벡터일 때, λ의 부호에 따른 $A\boldsymbol{x}$는 다음과 같다.

(1) $\lambda \geq 1$

(2) $0 < \lambda < 1$

(3) $\lambda = 0$

(4) $\lambda < 0$

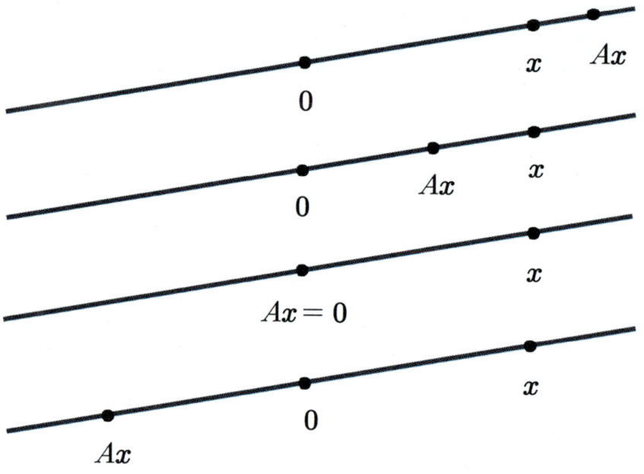

정리 1.2

n차 정사각행렬 A에 대하여 λ가 A의 고유값이기 위한 필요충분조건은

$$\det(A - \lambda I_n) = 0$$

이다.

증명 $\boldsymbol{x} = \begin{pmatrix} x_1 \\ x_2 \\ \vdots \\ x_n \end{pmatrix}$라 하자. $A\boldsymbol{x} = \lambda\boldsymbol{x}$ 즉

$$(A - \lambda I_n)\boldsymbol{x} = \boldsymbol{0}$$

는 미지수가 $x_1, x_2, \cdots, x_n$인 n개의 방정식으로 구성된 제차연립방정식이다. 이 연립방정식은 고유벡터 $\boldsymbol{x}$를 자명하지 않은 해로 가지므로

$$\det(A-\lambda I_n)=0$$

이다. 역으로 $\det(A-\lambda I_n)=0$이면 $A\boldsymbol{x}=\lambda\boldsymbol{x}$는 자명하지 않은 해를 가지고, 따라서 λ는 A의 고유값이 된다.

여기서 $\det(A-\lambda I_n)\neq 0$이면 λ는 A의 고유값이 아니고 $\boldsymbol{x}=\mathbf{0}$이다.

■ 특성방정식(characteristic equation)

정리 1.2의 방정식

$$\det(A-\lambda I_n)=0$$

을 A의 특성방정식이라 하고 λ에 대한 n차 다항식인

$$f(\lambda)=\det(A-\lambda I_n)$$

를 A의 특성다항식(characteristic polynomial)이라고 한다.

예제 1.1

다음 행렬의 고유값을 구하여라.

(1) $A=\begin{pmatrix}3 & 2\\ -1 & 0\end{pmatrix}$　　(2) $B=\begin{pmatrix}1 & 0\\ 0 & 1\end{pmatrix}$

풀이 (1) A의 특성방정식은

$$\det(A-\lambda I_2)=\det\begin{pmatrix}3-\lambda & 2\\ -1 & -\lambda\end{pmatrix}=\lambda^2-3\lambda+2=0$$

이므로 A의 고유값은 $\lambda_1=1, \lambda_2=2$이다.

(2) B의 특성방정식은

$$\det(B-\lambda I_2)=\det\begin{pmatrix}1-\lambda & 0\\ 0 & 1-\lambda\end{pmatrix}=(1-\lambda)^2=0$$

이므로 B의 고유값은 $\lambda = 1$이다.

위의 간단한 예제로부터 n차 삼각행렬의 고유값은 주대각성분임을 유추할 수 있으며 n차 정사각행렬의 고유값의 개수가 반드시 서로 다른 n개가 아님을 알 수 있다.

예제 1.2

다음 행렬의 고유값과 고유벡터를 구하여라.

(1) $A = \begin{pmatrix} 1 & -6 \\ -1 & 2 \end{pmatrix}$ (2) $B = \begin{pmatrix} 2 & -1 & 4 \\ 0 & 1 & 4 \\ -3 & 3 & -1 \end{pmatrix}$

풀이 (1) A의 특성방정식은

$$\det\begin{pmatrix} 1-\lambda & -6 \\ -1 & 2-\lambda \end{pmatrix} = (1-\lambda)(2-\lambda) - 6 = 0$$

이므로 $\lambda = -1,\ 4$이다. 따라서 A의 고유값은 $\lambda_1 = -1,\ \lambda_2 = 4$이다.

$\lambda_1 = -1$에 대응하는 고유벡터를 $\boldsymbol{x} = \begin{pmatrix} x_1 \\ x_2 \end{pmatrix}$라 하자. 즉

$$A\boldsymbol{x} = -\boldsymbol{x}$$

을 만족하는 x_1, x_2를 구하면

$$\begin{cases} 2x_1 - 6x_2 = 0 \\ -x_1 + 3x_2 = 0 \end{cases}$$

이므로 $x_1 = 3x_2$이다. 따라서 고유벡터는

$$\boldsymbol{x} = \begin{pmatrix} x_1 \\ x_2 \end{pmatrix} = \begin{pmatrix} 3s \\ s \end{pmatrix} = s\begin{pmatrix} 3 \\ 1 \end{pmatrix},\ 0 \neq s \in \mathbb{R}$$

이다. $\lambda_2 = 4$에 대응하는 고유벡터를 $\boldsymbol{x} = \begin{pmatrix} x_1 \\ x_2 \end{pmatrix}$라 하자.

$$A\boldsymbol{x} = 4\boldsymbol{x}$$

을 만족하는 x_1, x_2를 구하면

$$\begin{cases} -3x_1 - 6x_2 = 0 \\ -x_1 - 2x_2 = 0 \end{cases}$$

이므로 $x_1 = -2x_2$이다. 따라서 고유벡터는

$$\boldsymbol{x} = \begin{pmatrix} x_1 \\ x_2 \end{pmatrix} = \begin{pmatrix} -2t \\ t \end{pmatrix} = t\begin{pmatrix} -2 \\ 1 \end{pmatrix},\ 0 \neq t \in \mathbb{R}$$

이다. 따라서 A의 고유값 $\lambda_1 = -1$에 대응하는 고유벡터는

$$\boldsymbol{x} = s\begin{pmatrix} 3 \\ 1 \end{pmatrix},\ 0 \neq s \in \mathbb{R}$$

이고 고유값 $\lambda_2 = 4$에 대응하는 고유벡터는

$$\boldsymbol{x} = t\begin{pmatrix} -2 \\ 1 \end{pmatrix},\ 0 \neq t \in \mathbb{R}$$

이다.

(2) B의 특성방정식은

$$\begin{vmatrix} 2-\lambda & -1 & 4 \\ 0 & 1-\lambda & 4 \\ -3 & 3 & -1-\lambda \end{vmatrix} = 0$$

이므로 $\lambda = -1,\ 1,\ 2$이다. 따라서 B의 고유값은 $\lambda_1 = -1,\ \lambda_2 = 1,\ \lambda_3 = 2$이다.

$B\boldsymbol{x} = \lambda\boldsymbol{x}$ 즉

$$\begin{pmatrix} 2-\lambda & -1 & 4 \\ 0 & 1-\lambda & 4 \\ -3 & 3 & -1-\lambda \end{pmatrix}\begin{pmatrix} x_1 \\ x_2 \\ x_3 \end{pmatrix} = \begin{pmatrix} 0 \\ 0 \\ 0 \end{pmatrix}$$

이다. $\lambda_1 = -1$일 때 $B\boldsymbol{x} = -\boldsymbol{x}$에서 $\lambda_1 = -1$에 대응하는 고유벡터는

$$\boldsymbol{x} = r\begin{pmatrix} 2 \\ 2 \\ -1 \end{pmatrix},\ 0 \neq r \in \mathbb{R}$$

이다. $\lambda_2 = 1$일 때 $B\boldsymbol{x} = \boldsymbol{x}$에서 $\lambda_2 = 1$에 대응하는 고유벡터는

$$\boldsymbol{x} = s\begin{pmatrix} 1 \\ 1 \\ 0 \end{pmatrix},\ 0 \neq s \in \mathbb{R}$$

이다. $\lambda_3 = 2$일 때 $B\boldsymbol{x} = 2\boldsymbol{x}$에서 $\lambda_3 = 2$에 대응하는 고유벡터는

$$\boldsymbol{x} = t\begin{pmatrix}3\\4\\1\end{pmatrix},\ 0 \neq t \in \mathbb{R}$$

이다.

[주] 서로 다른 고유값에 대응하는 고유벡터는 일차독립이다. 자세한 증명은 다음 절에서 다룬다.

고유공간(eigenspace)

λ가 n차 정사각행렬 A의 고유값이고 $\boldsymbol{x} \in \mathbb{R}^n$가 λ에 대응하는 고유벡터일 때

$$\{\boldsymbol{x} \mid A\boldsymbol{x} = \lambda\boldsymbol{x}\}$$

을 고유값 λ에 대응하는 A의 고유공간(eigenspace)라 하고 E_λ로 표기한다. $A\boldsymbol{x} = \lambda\boldsymbol{x}$ 는

$$(A - \lambda I_n)\boldsymbol{x} = \mathbf{0}$$

이므로 $\{\boldsymbol{x} \mid A\boldsymbol{x} = \lambda\boldsymbol{x}\}$는 행렬 $A - \lambda I_n$의 영공간, 즉

$$N(A - \lambda I_n)$$

이다. 그리고 $\boldsymbol{x}_1, \boldsymbol{x}_2 \in \{\boldsymbol{x} \mid A\boldsymbol{x} = \lambda\boldsymbol{x}\}$이고 α가 스칼라이면

(1) $A(\boldsymbol{x}_1 + \boldsymbol{x}_2) = A\boldsymbol{x}_1 + A\boldsymbol{x}_2 = \lambda\boldsymbol{x}_1 + \lambda\boldsymbol{x}_2 = \lambda(\boldsymbol{x}_1 + \boldsymbol{x}_2)$

(2) $A(\alpha\boldsymbol{x}_1) = \alpha A\boldsymbol{x}_1 = \alpha(\lambda\boldsymbol{x}_1) = \lambda(\alpha\boldsymbol{x}_1)$

이므로 고유값 λ에 대응하는 A의 고유공간(eigenspace)

$$E_\lambda = \{\boldsymbol{x} \mid A\boldsymbol{x} = \lambda\boldsymbol{x}\}$$

는 $\mathbb{R}^n$의 부분공간임을 알 수 있다.

예제 1.3

행렬 $A = \begin{pmatrix}3 & -2 & 0\\-2 & 3 & 0\\0 & 0 & 5\end{pmatrix}$의 고유공간의 기저를 구하여라.

풀이 A의 특성방정식은 $(\lambda - 1)(\lambda - 5)^2 = 0$이다. 따라서 A의 고유값은 $\lambda = 1,\ 5$ 이다.

$$A\boldsymbol{x}=\lambda\boldsymbol{x}\text{는}\begin{pmatrix}3-\lambda & -2 & 0\\ -2 & 3-\lambda & 0\\ 0 & 0 & 5-\lambda\end{pmatrix}\begin{pmatrix}x_1\\x_2\\x_3\end{pmatrix}=\begin{pmatrix}0\\0\\0\end{pmatrix}\text{이다.}$$

$\lambda_1=5$일 때 $\begin{pmatrix}-2 & -2 & 0\\ -2 & -2 & 0\\ 0 & 0 & 0\end{pmatrix}\begin{pmatrix}x_1\\x_2\\x_3\end{pmatrix}=\begin{pmatrix}0\\0\\0\end{pmatrix}$에서 고유벡터를 구하면

$$\boldsymbol{x}=s\begin{pmatrix}-1\\1\\0\end{pmatrix}+t\begin{pmatrix}0\\0\\1\end{pmatrix}$$

이다. 여기서 $0\neq\ \in\mathbb{R}$ 또는 $0\neq t\in\mathbb{R}$이다. 즉 λ_1에 대응하는 A의 고유공간

$$E_{\lambda_1}=\mathrm{Span}\left\{\begin{pmatrix}-1\\1\\0\end{pmatrix},\begin{pmatrix}0\\0\\1\end{pmatrix}\right\}$$

이고 $\left\{\begin{pmatrix}-1\\1\\0\end{pmatrix},\begin{pmatrix}0\\0\\1\end{pmatrix}\right\}$은 일차독립이므로 고유공간 E_{λ_1}의 기저를 이룬다.

$\lambda_2=1$일 때 $\begin{pmatrix}2 & -2 & 0\\ -2 & 2 & 0\\ 0 & 0 & 4\end{pmatrix}\begin{pmatrix}x_1\\x_2\\x_3\end{pmatrix}=\begin{pmatrix}0\\0\\0\end{pmatrix}$에서 고유벡터를 구하면

$$\boldsymbol{x}=t\begin{pmatrix}1\\1\\0\end{pmatrix},\ 0\neq t\in\mathbb{R}$$

이다. 즉 λ_2에 대응하는 A의 고유공간

$$E_{\lambda_2}=\mathrm{Span}\left\{\begin{pmatrix}1\\1\\0\end{pmatrix}\right\}$$

이고 $\left\{\begin{pmatrix}1\\1\\0\end{pmatrix}\right\}$은 $\lambda_2=1$에 관한 A의 고유공간 E_{λ_2}의 기저를 이룬다.

■

예제 1.4

행렬 $A=\begin{pmatrix}1 & 3 & 2\\ 0 & -1 & 0\\ 1 & 2 & 0\end{pmatrix}$의 고유공간의 기저를 구하여라.

풀이 A의 특성방정식은 $(\lambda-2)(\lambda+1)^2=0$이다. 따라서 A의 고유값은 $\lambda=-1,\ 2$이다.

$\begin{pmatrix} 1-\lambda & 3 & 2 \\ 0 & -1-\lambda & 0 \\ 1 & 2 & -\lambda \end{pmatrix}\begin{pmatrix} x_1 \\ x_2 \\ x_3 \end{pmatrix} = \begin{pmatrix} 0 \\ 0 \\ 0 \end{pmatrix}$에서 $\lambda_1 = -1$에 대응하는 고유벡터를 구하면

$$\boldsymbol{x} = s\begin{pmatrix} 1 \\ 0 \\ -1 \end{pmatrix},\ 0 \neq s \in \mathbb{R}$$

이고 $\left\{\begin{pmatrix} 1 \\ 0 \\ -1 \end{pmatrix}\right\}$은 $\lambda_1 = -1$에 관한 고유공간 E_{λ_1}의 기저를 이룬다. $\lambda_2 = 2$에 대응하는 고유벡터를 구하면

$$\boldsymbol{x} = t\begin{pmatrix} 2 \\ 0 \\ 1 \end{pmatrix},\ 0 \neq t \in \mathbb{R}$$

이고 $\left\{\begin{pmatrix} 2 \\ 0 \\ 1 \end{pmatrix}\right\}$은 $\lambda_2 = 2$에 관한 고유공간 E_{λ_2}의 기저를 이룬다.

유한차원 벡터공간 V의 선형연산자 $T: V \to V$에 대하여, V의 순서기저 B에 관한 행렬표현이 A일 때

$$T(\boldsymbol{v}) = \lambda \boldsymbol{v} \Leftrightarrow A[\boldsymbol{v}]_B = \lambda [\boldsymbol{v}]_B$$

이므로

(i) λ가 T의 고유값일 필요충분조건은 λ가 A의 고유값이다.

(ii) $\boldsymbol{v}$가 T의 고유벡터일 필요충분조건은 $[\boldsymbol{v}]_B$가 A의 고유벡터이다.

예제 1.5

선형연산자 $T: P_2 \to P_2$가 $T(a+bx+cx^2) = (3a-2b)+(-2a+3b)x+(5c)x^2$으로 정의될 때 T의 고유값과 고유공간의 기저를 구하여라.

풀이 P_2의 표준기저 $B = \{1, x, x^2\}$에 관한 T의 행렬표현은 $A = \begin{pmatrix} 3 & -2 & 0 \\ -2 & 3 & 0 \\ 0 & 0 & 5 \end{pmatrix}$이다.

예제 1.3으로부터 $\left\{\begin{pmatrix}-1\\1\\0\end{pmatrix}, \begin{pmatrix}0\\0\\1\end{pmatrix}\right\}$은 $\lambda_1 = 5$에 관한 고유공간의 기저이고 $\left\{\begin{pmatrix}1\\1\\0\end{pmatrix}\right\}$은 $\lambda_2 = 1$에 관한 고유공간의 기저이다. 이때 $\begin{pmatrix}-1\\1\\0\end{pmatrix}, \begin{pmatrix}0\\0\\1\end{pmatrix}, \begin{pmatrix}1\\1\\0\end{pmatrix}$은 각각 기저 $B = \{1, x, x^2\}$에 관한

$$\boldsymbol{p_1} = -1 + x,\ \boldsymbol{p_2} = x^2,\ \boldsymbol{p_3} = 1 + x$$

의 좌표벡터이다. 따라서 $\left\{\begin{pmatrix}-1\\1\\0\end{pmatrix}, \begin{pmatrix}0\\0\\1\end{pmatrix}\right\}$로부터

$$\{-1 + x,\ x^2\}$$

은 $\lambda_1 = 5$에 관한 T의 고유공간 E_{λ_1}의 기저이고 $\left\{\begin{pmatrix}1\\1\\0\end{pmatrix}\right\}$로부터

$$\{1 + x\}$$

은 $\lambda_2 = 1$에 관한 T의 고유공간 E_{λ_2}의 기저이다.

[주] 1. T의 고유값은 A의 고유값이다.

2. 벡터공간 P_2의 벡터 $p(x)$가 λ에 대응하는 T의 고유벡터이기 위한 필요충분조건은 그 좌표벡터 $[p(x)]_B$가 λ에 대응하는 A의 고유벡터로 되는 것이다.

행렬 $A = \begin{pmatrix} a_{11} & a_{12} & \cdots & a_{1n} \\ a_{21} & a_{22} & \cdots & a_{2n} \\ \vdots & \vdots & & \vdots \\ a_{n1} & a_{n2} & \cdots & a_{nn} \end{pmatrix}$에 대하여

$$\det(A - \lambda I_n) = \det\begin{pmatrix} a_{11} - \lambda & a_{12} & \cdots & a_{1n} \\ a_{21} & a_{22} - \lambda & \cdots & a_{2n} \\ \vdots & \vdots & & \vdots \\ a_{n1} & a_{n2} & \cdots & a_{nn} - \lambda \end{pmatrix} = 0$$

라 두면 이것은 λ에 관한 n차방정식

$$\lambda^n + k_{n-1}\lambda^{n-1} + k_{n-2}\lambda^{n-2} + \cdots + k_2\lambda^2 + k_1\lambda + k_0 = 0$$

으로 나타낼 수 있고 복소수까지 확장하면 n개의 근을 갖는다. 따라서 행렬 A의 고유값, 고유벡터, 고유공간은 복소수로 확장하여 구할 수 있다.

예제 1.6

행렬 $A=\begin{pmatrix}-2 & 1\\ -10 & 4\end{pmatrix}$의 고유값과 그에 대응하는 고유공간을 구하여라.

풀이 A의 특성방정식은 $\lambda^2-2\lambda+2=0$이다. 따라서 A의 고유값은 $\lambda=1\pm i$이다.
$\lambda_1=1+i$에 대응하는 고유벡터는

$$\boldsymbol{x}=s\begin{pmatrix}1\\ 3+i\end{pmatrix},\ 0\neq s\in\mathbb{R}$$

이고 λ_1에 대응하는 고유공간

$$E_{\lambda_1}=\mathrm{Span}\left\{\begin{pmatrix}1\\ 3+i\end{pmatrix}\right\}$$

이다. $\lambda_2=1-i$에 대응하는 고유벡터는

$$\boldsymbol{x}=t\begin{pmatrix}1\\ 3-i\end{pmatrix},\ 0\neq t\in\mathbb{R}$$

이고 λ_2에 대응하는 고유공간

$$E_{\lambda_2}=\mathrm{Span}\left\{\begin{pmatrix}1\\ 3-i\end{pmatrix}\right\}$$

이다.

정리 1.3

n차 정사각행렬 A가 가역행렬일 필요충분조건은 스칼라 0가 A의 고유값이 아니다.

증명 A가 가역행렬일 필요충분조건은 $\det(A)\neq 0$이다. 즉 $A=A-0I_n$이므로 $\det(A-0I_n)\neq 0$이다. 따라서 스칼라 0가 A의 고유값이 아니다.

정리 1.4

n차 정사각행렬 A에 대하여 A의 고유값과 A^t의 고유값은 같다.

증명 λ가 행렬 A의 고유값일 때

$$\det(A-\lambda I_n)=\det((A-\lambda I_n)^t)=\det(A^t-\lambda I_n)$$

이므로 A와 A^t의 특성방정식이 같다. 따라서 A와 A^t의 고유값은 같다.

예제 1.7

예제 1.2(1)의 행렬 A의 전치행렬의 고유값과 고유벡터를 구하여라.

풀이 $A^t=\begin{pmatrix}1 & -1\\ -6 & 2\end{pmatrix}$이므로 A^t의 특성방정식은 $(1-\lambda)(2-\lambda)-6=0$이다.

행렬 A^t의 특성방정식이 행렬 A의 특성방정식과 같으므로 두 행렬의 고유값은 같다. 고유값 $\lambda=-1,\ 4$이다. $\lambda_1=-1$에 대응하는 고유벡터는

$$\boldsymbol{x}=s\begin{pmatrix}1\\2\end{pmatrix},\ 0\neq s\in\mathbb{R}$$

이다. $\lambda_2=4$에 대응하는 고유벡터는

$$\boldsymbol{x}=t\begin{pmatrix}1\\-3\end{pmatrix},\ 0\neq t\in\mathbb{R}$$

이다.

[주] 행렬 A와 행렬 A^t의 고유값은 같지만 그 고유벡터는 같지 않음을 알 수 있다.

연습문제 1절

1. 다음 행렬의 고유값과 그에 대응하는 고유공간을 구하여라.

(1) $\begin{pmatrix}3 & 2\\ 4 & 1\end{pmatrix}$　　(2) $\begin{pmatrix}6 & -4\\ 3 & -1\end{pmatrix}$

(3) $\begin{pmatrix}3 & -1\\ 1 & 1\end{pmatrix}$　　(4) $\begin{pmatrix}3 & -8\\ 2 & 3\end{pmatrix}$

2. 다음 행렬의 고유값과 그에 대응하는 고유공간을 구하여라.

(1) $\begin{pmatrix} 0 & 1 & 0 \\ 0 & 0 & 1 \\ 0 & 0 & 0 \end{pmatrix}$ (2) $\begin{pmatrix} 1 & 1 & 1 \\ 0 & 2 & 1 \\ 0 & 0 & 1 \end{pmatrix}$

(3) $\begin{pmatrix} 1 & 2 & 1 \\ 0 & 3 & 1 \\ 0 & 5 & -1 \end{pmatrix}$ (4) $\begin{pmatrix} 4 & -5 & 1 \\ 1 & 0 & -1 \\ 0 & 1 & -1 \end{pmatrix}$

3. 다음 행렬의 고유값과 그에 대응하는 고유공간을 구하여라.

(1) $\begin{pmatrix} 2 & 0 & 0 & 0 \\ 0 & 2 & 0 & 0 \\ 0 & 0 & 3 & 0 \\ 0 & 0 & 0 & 4 \end{pmatrix}$ (2) $\begin{pmatrix} 3 & 0 & 0 & 0 \\ 4 & 1 & 0 & 0 \\ 0 & 0 & 2 & 1 \\ 0 & 0 & 0 & 2 \end{pmatrix}$

4. 선형변환 $T: M_{2\times 2} \to M_{2\times 2}$가 $T\begin{pmatrix} a & b \\ c & d \end{pmatrix} = \begin{pmatrix} 2c & a+c \\ b-2d & d \end{pmatrix}$일 때, $M_{2\times 2}$의 표준기저에 관한 T의 행렬표현을 A이라 하자. A의 고유값과 그에 대응하는 고유공간을 구하여라.

5. $T(a_0 + a_1x + a_2x^2) = (5a_0 + 6a_1 + 2a_2) - (a_1 + 8a_2)x + (a_0 + 2a_2)x^2$으로 정의되는 선형변환 $T: P_2 \to P_2$에 대하여 P_2의 기저 $\{1, x, x^2\}$에 관한 T의 행렬표현을 A이라 하자. A의 고유값과 그에 대응하는 고유공간을 구하여라.

6. 선형변환 $T: P_2 \to P_2$가 $T(p(x)) = p(2x) + p'(x)$일 때, P_2의 기저 $\{1, x, x^2\}$에 관한 T의 행렬표현을 A이라 하자. A의 고유값과 그에 대응하는 고유공간을 구하여라.

7. 삼각행렬의 고유값은 그 행렬의 대각성분의 원소임을 설명하여라.

제2절 대각화

앞에서 언급한 바와 같이 대각행렬은 다루기가 간편하다. 그러므로 유한차원 벡터공간 V의 선형연산자 $T: V \to V$의 행렬표현이 대각행렬이 되는 기저를 찾을 필요가 있다.

정의 2.1 (선형연산자의 대각화 가능)

선형연산자 $T: V \to V$의 행렬표현이 대각행렬이 되는 기저가 존재할 때 T를 대각화 가능(diagonalizable)이라고 한다.

선형연산자의 대각화 가능과 관련하여 다음의 문제가 제기된다.

문제 1) T가 대각화 가능인가?

문제 2) T의 행렬표현이 대각행렬이 되는 기저를 어떻게 찾을 것인가?

정의 2.2 (행렬의 대각화 가능)

정사각행렬 A에 대하여 $P^{-1}AP$가 대각행렬이 되는 가역행렬 P가 존재하는 A를 대각화가능이라고 한다.

행렬 A가 어떤 기저에 관한 선형변환 $T: V \to V$의 행렬표현이면 문제 1)은 또 다른 기저에 관하여는 T의 행렬표현이 대각행렬이 되는가를 물어보는 것과 동치(equivalent)이다. P가 적당한 전이행렬(transition matrix)이면 T에 관한 새로운 행렬표현은 $P^{-1}AP$이다.

[주] $n \times n$행렬 P가 가역이고 $P^{-1} = P^t$ 즉 P의 역행렬과 전치행렬이 같을 때 P를 직교행렬(orthogonal matrix)이라 한다.

다음의 정리는 행렬의 대각화 가능성에 관한 판별법으로 이용될 수 있다.

정리 2.3

A가 $n \times n$행렬이면 다음의 (a)와 (b)는 동치명제이다.

(a) A는 대각화가능 행렬이다.

(b) A는 n개의 일차독립인 고유벡터들을 갖는다.

증명 $(a)\Rightarrow(b)$

A는 대각화가능 행렬이므로 가역행렬 $P=\begin{pmatrix} p_{11} & p_{12} & \cdots & p_{1n} \\ p_{21} & p_{22} & \cdots & p_{2n} \\ \vdots & \vdots & & \vdots \\ p_{n1} & p_{n2} & \cdots & p_{nn} \end{pmatrix}$이 존재해서

$P^{-1}AP$는 대각행렬이 된다. 즉

$$P^{-1}AP=D$$

이다. 여기서 $D=\begin{pmatrix} \lambda_1 & 0 & \cdots & 0 \\ 0 & \lambda_2 & \cdots & 0 \\ \vdots & \vdots & & \vdots \\ 0 & 0 & \cdots & \lambda_n \end{pmatrix}$이다. 즉 $AP=PD$이다.

$$PD=\begin{pmatrix} p_{11} & p_{12} & \cdots & p_{1n} \\ p_{21} & p_{22} & \cdots & p_{2n} \\ \vdots & \vdots & & \vdots \\ p_{n1} & p_{n2} & \cdots & p_{nn} \end{pmatrix}\begin{pmatrix} \lambda_1 & 0 & \cdots & 0 \\ 0 & \lambda_2 & \cdots & 0 \\ \vdots & \vdots & & \vdots \\ 0 & 0 & \cdots & \lambda_n \end{pmatrix}$$

$$=\begin{pmatrix} \lambda_1 p_{11} & \lambda_2 p_{12} & \cdots & \lambda_n p_{1n} \\ \lambda_1 p_{21} & \lambda_2 p_{22} & \cdots & \lambda_n p_{2n} \\ \vdots & \vdots & & \vdots \\ \lambda_1 p_{n1} & \lambda_2 p_{n2} & \cdots & \lambda_n p_{nn} \end{pmatrix} \tag{1}$$

$\mathbf{p}_1,\mathbf{p}_2,\cdots,\mathbf{p}_n$을 행렬 P의 열벡터라고 하면 (1)로 부터 AP의 열은

$$\lambda_1\mathbf{p}_1,\ \lambda_2\mathbf{p}_2,\cdots,\ \lambda_n\mathbf{p}_n$$

이다. 행렬의 곱으로부터 AP의 열은

$$A\mathbf{p}_1,\ A\mathbf{p}_2,\cdots,\ A\mathbf{p}_n$$

이다. 따라서

$$A\mathbf{p}_1=\lambda_1\mathbf{p}_1,\ A\mathbf{p}_2=\lambda_2\mathbf{p}_2,\cdots,\ A\mathbf{p}_n=\lambda_n\mathbf{p}_n$$

이다. P가 가역행렬이므로 P의 열벡터는 일차독립이고 모두 $\mathbf{0}$이 아니다. 그러므로 (1)에 의해 $\lambda_1,\lambda_2,\cdots,\lambda_n$은 행렬 A의 고유값이며 $\mathbf{p}_1,\mathbf{p}_2,\cdots,\mathbf{p}_n$은 각 고유값에 대응하는 일차독립인 고유벡터이다. 그러므로 A는 n개의 일차독립인 고유벡터를 갖는다.

$(b)\Rightarrow(a)$

행렬 A가 고유값 $\lambda_1,\lambda_2,\cdots,\lambda_n$에 관한 n개의 일차독립인 고유벡터 $\mathbf{p}_1,\mathbf{p}_2,\cdots,\mathbf{p}_n$

을 갖는다고 가정하면

$$A\mathbf{p}_1 = \lambda_1\mathbf{p}_1,\ A\mathbf{p}_2 = \lambda_2\mathbf{p}_2, \cdots, A\mathbf{p}_n = \lambda_n\mathbf{p}_n$$

이다. A의 고유벡터 $\mathbf{p}_1, \mathbf{p}_2, \cdots, \mathbf{p}_n$을 열벡터로 갖는 행렬을

$$P = (\mathbf{p}_1\ \mathbf{p}_2 \cdots \mathbf{p}_n) = \begin{pmatrix} p_{11} & p_{12} & \cdots & p_{1n} \\ p_{21} & p_{22} & \cdots & p_{2n} \\ \vdots & \vdots & & \vdots \\ p_{n1} & p_{n2} & \cdots & p_{nn} \end{pmatrix}$$

라 두자. 그러면 행렬 $AP = (A\mathbf{p}_1\ A\mathbf{p}_2 \cdots A\mathbf{p}_n)$이다. 즉

$$AP = \begin{pmatrix} \lambda_1 p_{11} & \lambda_2 p_{12} & \cdots & \lambda_n p_{1n} \\ \lambda_1 p_{21} & \lambda_2 p_{22} & \cdots & \lambda_n p_{2n} \\ \vdots & \vdots & & \vdots \\ \lambda_1 p_{n1} & \lambda_2 p_{n2} & \cdots & \lambda_n p_{nn} \end{pmatrix} = \begin{pmatrix} p_{11} & p_{12} & \cdots & p_{1n} \\ p_{21} & p_{22} & \cdots & p_{2n} \\ \vdots & \vdots & & \vdots \\ p_{n1} & p_{n2} & \cdots & p_{nn} \end{pmatrix} \begin{pmatrix} \lambda_1 & 0 & \cdots & 0 \\ 0 & \lambda_2 & \cdots & 0 \\ \vdots & \vdots & & \vdots \\ 0 & 0 & \cdots & \lambda_n \end{pmatrix}$$

이다. 주대각선상의 성분들이 고유값 $\lambda_1, \lambda_2, \cdots, \lambda_n$인 대각행렬을 D라 두면 $AP = PD$이다. 이 때 행렬 P의 열벡터는 일차독립이므로 P는 가역적이다. 그러므로

$$P^{-1}AP = D = \begin{pmatrix} \lambda_1 & 0 & \cdots & 0 \\ 0 & \lambda_2 & \cdots & 0 \\ \vdots & \vdots & & \vdots \\ 0 & 0 & \cdots & \lambda_n \end{pmatrix}$$

이다. 즉 A는 대각화가 가능하다.

위의 증명과정으로부터 우리는 대각화 가능한 $n \times n$행렬 A를 대각화하기 위한 다음과 같은 순서를 생각할 수 있다.

단계 1. 행렬 A에 관한 n개의 일차독립인 고유벡터 $\mathbf{p}_1, \mathbf{p}_2, \cdots, \mathbf{p}_n$을 구한다.

단계 2. 열벡터가 $\mathbf{p}_1, \mathbf{p}_2, \cdots, \mathbf{p}_n$인 행렬 P를 만든다.

단계 3. 행렬 $P^{-1}AP$는 대각선 성분이 $\lambda_1, \lambda_2, \cdots, \lambda_n (i = 1, 2, \cdots, n)$인 대각행렬이 된다. 이 때 $\mathbf{p}_i$는 λ_i에 대응하는 고유벡터이다.

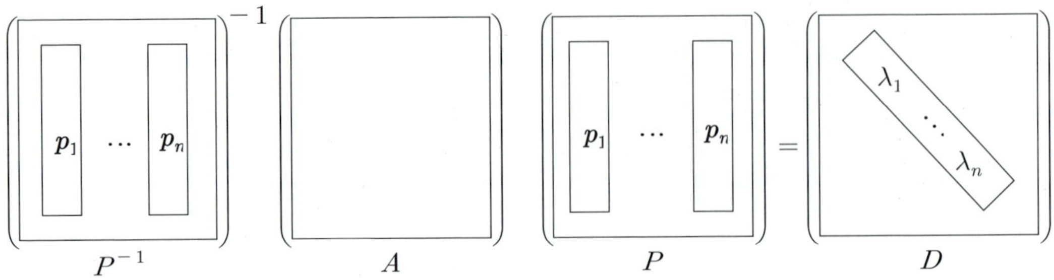

정리 2.4

n차원 벡터공간 V와 선형연산자 $T: V \to V$에 대하여 β가 V의 임의의 기저일 때 T가 대각화 가능일 필요충분조건은 $[T]_\beta$가 대각화 가능이다.

증명 T가 대각화 가능이면 T의 행렬표현이 대각행렬이 되는 V의 기저 γ가 존재한다. 즉 $[T]_\gamma$는 대각행렬이다. 행렬 P를 V의 순서기저 β에서 γ로의 전이행렬이라 하면

$$P[T]_\beta P^{-1} = [I]_\beta^\gamma [T]_\beta [I]_\gamma^\beta = [I]_\beta^\gamma [I]_\gamma^\beta = [T]_\gamma$$

이다.

$[T]_\beta$가 대각화 가능이면 $[T]_\beta$는 대각행렬 D와 닮음이다. 즉 가역행렬 P가 존재하여 $[T]_\beta = P^{-1}DP$이다. $\beta = \{\boldsymbol{x}_1, \boldsymbol{x}_2, \cdots, \boldsymbol{x}_n\}$일 때

$$\boldsymbol{y}_j = \sum_{i=1}^{n} P_{ij}\boldsymbol{x}_i \ (j = 1, 2, \cdots, n)$$

라 정의하면 $\beta = \{\boldsymbol{x}_1, \boldsymbol{x}_2, \cdots, \boldsymbol{x}_n\}$은 V의 기저이며 $[T]_\gamma = D$ 대각행렬이 되므로 T는 대각화 가능이다.

벡터공간 P_1의 선형연산자 $T: P_1 \to P_1$, $T(a+bx) = a + (6a-b)x$에 대하여 P_1의 순서기저 $\beta = \{1, x\}$에 대한 T의 행렬표현은 $[T]_\beta = \begin{pmatrix} 1 & 0 \\ 6 & -1 \end{pmatrix}$이다. T의 고유값 $1, -1$에 대한 고유벡터가 $\begin{pmatrix} 1 \\ 3 \end{pmatrix}$, $\begin{pmatrix} 0 \\ 1 \end{pmatrix}$이므로 T의 대각화 행렬 $P = \begin{pmatrix} 1 & 0 \\ 3 & 1 \end{pmatrix}$이다. T의 다른 순서기저를 $\gamma = \{1+3x, x\}$라 두면 $[T]_\gamma = \begin{pmatrix} 1 & 0 \\ 0 & -1 \end{pmatrix}$이다. 이때 $x_1 = 1$, $x_2 = x$, $y_1 = 1 + 3x$, $y_2 = x$라

두면

$$y_1 = P_{11}x_1 + P_{21}x_2,\ y_2 = P_{12}x_1 + P_{22}x_2$$

임을 알 수 있다.

예제 2.1

행렬 $A = \begin{pmatrix} 3 & -2 & 0 \\ -2 & 3 & 0 \\ 0 & 0 & 5 \end{pmatrix}$을 대각화하는 행렬 P을 구하여라.

풀이 4.1절 예제 1.3에서 행렬 A의 고유값은 $\lambda_1 = 5,\ \lambda_2 = 1$이고 벡터 $\mathbf{p_1} = \begin{pmatrix} -1 \\ 1 \\ 0 \end{pmatrix}$과 $\mathbf{p_2} = \begin{pmatrix} 0 \\ 0 \\ 1 \end{pmatrix}$는 $\lambda_1 = 5$에 관한 고유벡터이다. 또한 벡터 $\mathbf{p_3} = \begin{pmatrix} 1 \\ 1 \\ 0 \end{pmatrix}$는 $\lambda_2 = 1$에 관한 고유벡터이다. 이때 벡터 $\mathbf{p_1}, \mathbf{p_2}, \mathbf{p_3}$가 일차독립인 것은 쉽게 확인할 수 있으며 $P = \begin{pmatrix} -1 & 0 & 1 \\ 1 & 0 & 1 \\ 0 & 1 & 0 \end{pmatrix}$는 행렬 A을 대각화 할 수 있다. 이를 확인하면

$$P^{-1}AP = \begin{pmatrix} -\frac{1}{2} & \frac{1}{2} & 0 \\ 0 & 0 & 1 \\ \frac{1}{2} & \frac{1}{2} & 0 \end{pmatrix} \begin{pmatrix} 3 & -2 & 0 \\ -2 & 3 & 0 \\ 0 & 0 & 5 \end{pmatrix} \begin{pmatrix} -1 & 0 & 1 \\ 1 & 0 & 1 \\ 0 & 1 & 0 \end{pmatrix} = \begin{pmatrix} 5 & 0 & 0 \\ 0 & 5 & 0 \\ 0 & 0 & 1 \end{pmatrix}$$

임을 알 수 있다. 여기에서 행렬 P의 열에 관한 순서는 고려할 필요가 없다.

$P^{-1}AP$의 i번째 대각선 성분은 P의 i번째 열벡터에 관한 고유값이기 때문에 행렬 P의 열 순서가 바뀌면 $P^{-1}AP$의 대각선상의 고유값의 순서만 바뀐다.

만약 행렬 P을

$$P = \begin{pmatrix} -1 & 1 & 0 \\ 1 & 1 & 0 \\ 0 & 0 & 1 \end{pmatrix}$$

이라 두면

$$P^{-1}AP = \begin{pmatrix} 5 & 0 & 0 \\ 0 & 1 & 0 \\ 0 & 0 & 5 \end{pmatrix}$$

이 된다.

예제 2.2

행렬 $A = \begin{pmatrix} -3 & 2 \\ -2 & 1 \end{pmatrix}$는 대각화가 불가능함을 보여라.

풀이 행렬 A의 특성방정식은

$$(-3-\lambda)(1-\lambda)+4 = \lambda^2+2\lambda+1 = (\lambda+1)^2 = 0$$

이다. 그러므로 $\lambda=-1$은 행렬 A의 오직 하나뿐인 고유값이다. 이때 $\lambda=-1$에 관한 고유벡터는 $\begin{pmatrix} 1 \\ 1 \end{pmatrix}$이다. 따라서 행렬 A는 2개의 일차독립인 고유벡터를 갖지 않으므로 행렬 A는 대각화가 불가능하다.

만약 A가 대각화 가능이면 $P^{-1}AP = D$인 P와 D가 존재한다. 이 때

$$A^2 = (PDP^{-1})(PDP^{-1}) = PD^2P^{-1}$$

이다. 이를 반복하면

$$A^n = PD^nP^{-1}$$

을 얻는다. 따라서 A^n을 계산하기 위하여 A의 대각화 행렬 P와 대각행렬 D를 이용할 수 있다.

A가 가역행렬인 경우 $\det(A) \neq 0$ 즉 $\det(A-0I_n) \neq 0$이다. 그러므로 0은 가역행렬 A의 고유값이 아니다. 즉 D 또한 가역행렬이 된다. 이때

$$A^{-1} = (PDP^{-1})^{-1} = PD^{-1}P^{-1}$$

이다. 반복하면

$$(A^{-1})^n = P(D^{-1})^nP^{-1}$$

이다.

예제 2.3

$A = \begin{pmatrix} 0 & 1 \\ 2 & 1 \end{pmatrix}$는 대각화가 가능함을 보이고, 이를 이용하여 A^n $(n \in \mathbb{Z})$을 구하여라.

풀이 행렬 A의 특성방정식 $\begin{vmatrix} -\lambda & 1 \\ 2 & 1-\lambda \end{vmatrix} = 0$으로 부터 $\lambda = -1,\ 2$이다. $\lambda_1 = -1$에 관한 고유벡터 $\boldsymbol{p}_1 = \begin{pmatrix} 1 \\ -1 \end{pmatrix}$과 $\lambda_2 = 2$에 관한 고유벡터 $\boldsymbol{p}_2 = \begin{pmatrix} 1 \\ 2 \end{pmatrix}$에 대하여 $\boldsymbol{p}_1,\ \boldsymbol{p}_2$는 일차독립임으로 A는 대각화가능 행렬임을 알 수 있다. 이 때

$$P = \begin{pmatrix} 1 & 1 \\ -1 & 2 \end{pmatrix},\ P^{-1} = \frac{1}{3}\begin{pmatrix} 2 & -1 \\ 1 & 1 \end{pmatrix},\ D = \begin{pmatrix} -1 & 0 \\ 0 & 2 \end{pmatrix}$$

로부터

$$A^n = PD^nP^{-1} = \begin{pmatrix} \dfrac{2(-1)^n + 2^n}{3} & \dfrac{(-1)^{n+1} + 2^n}{3} \\ \dfrac{2(-1)^{n+1} + 2^{n+1}}{3} & \dfrac{(-1)^{n+2} + 2^{n+1}}{3} \end{pmatrix}$$

이다.

예제 2.2로부터 모든 정사각행렬이 대각화가 가능하지 않다는 사실을 알 수 있다. 그렇다면 정사각행렬은 어떤 조건에서 대각화 될 수 있는가?

정리 2.5

$v_1, v_2, \cdots, v_k$가 서로 다른 k개의 고유값 $\lambda_1, \lambda_2, \cdots, \lambda_k$에 대응하는 행렬 A의 고유벡터라 하면 $\{v_1, v_2, \cdots, v_k\}$는 일차독립인 집합이다.

증명 $v_1, v_2, \cdots, v_k$을 서로 다른 고유값 $\lambda_1, \lambda_2, \cdots, \lambda_k$에 대응하는 행렬 A의 고유벡터라 하자. 그리고 $v_1, v_2, \cdots, v_k$이 일차종속이라 가정하고 가정이 모순임을 밝히고자 한다. 정의에 의해 고유벡터는 0이 아니기 때문에 $\{v_1\}$은 일차독립이다. r을 $\{v_1, v_2, \cdots, v_r\}$이 일차독립인 가장 큰 자연수라고 하자. 그런데$\{v_1, v_2, \cdots, v_k\}$가 일차종속이라고 가정하였기 때문에 r은 $1 \le r < k$를 만족한다. 또한 r의 정의에 의해 $\{v_1, v_2, \cdots, v_{r+1}\}$은 일차종속이다. 즉 적어도 하나는 0이 아닌 스칼라 $c_1, c_2, \cdots, c_{r+1}$에 대하여

$$c_1v_1 + c_2v_2 + \cdots + c_{r+1}v_{r+1} = 0 \tag{1}$$

을 만족한다. (1)의 양변에 A를 곱하고 $Av_i = \lambda_i v_i\ (i = 1, 2, \cdots, r+1)$인 관계를

이용하여

$$c_1\lambda_1 v_1 + c_2\lambda_2 v_2 + \cdots + c_{r+1}\lambda_{r+1}v_{r+1} = 0 \tag{2}$$

을 얻는다. (1)의 양변에 λ_{r+1}을 곱한 다음 (2)를 빼면

$$c_1(\lambda_1 - \lambda_{r+1})v_1 + c_2(\lambda_2 - \lambda_{r+1})v_2 + \cdots + c_r(\lambda_r - \lambda_{r+1})v_r = 0$$

을 얻는다. $\{v_1, v_2, \cdots, v_r\}$은 일차독립이기 때문에 이 방정식은

$$c_1(\lambda_1 - \lambda_{r+1}) = c_2(\lambda_2 - \lambda_{r+1}) = \cdots = c_r(\lambda_r - \lambda_{r+1}) = 0$$

이다. $\lambda_1, \lambda_2, \cdots, \lambda_{r+1}$은 서로 다르기 때문에

$$c_1 = c_2 = \cdots = c_r = 0$$

이다. (1)에 이 값들을 대입하면

$$c_{r+1}v_{r+1} = 0$$

이다. 여기서 고유벡터 $v_{r+1} \neq 0$이므로 $c_{r+1} = 0$이다. 즉 $i = 1, 2, \cdots, r+1$에 대하여 $c_i = 0$이다. 이는 적어도 하나는 0이 아닌 스칼라 $c_1, c_2, \cdots, c_{r+1}$이라는 가정에 모순이다.

이 정리의 결과로서 다음과 같은 유용한 결과를 얻는다.

정리 2.6

$n \times n$ 행렬 A가 n개의 서로 다른 고유값을 갖는다면 A는 대각화가 가능하다.

증명 만약 $v_1, v_2, \cdots, v_n$가 서로 다른 n개의 고유값 $\lambda_1, \lambda_2, \cdots, \lambda_n$에 대응하는 고유벡터라 하면 정리 2.5에 의해 $\{v_1, v_2, \cdots, v_n\}$는 일차독립인 집합이다. 따라서 A는 정리 2.3에 의해 대각화가 가능하다.

예제 2.4

행렬 $A=\begin{pmatrix}2&1&0\\3&2&0\\0&0&4\end{pmatrix}$는 대각화가 가능함을 보여라.

풀이 행렬 A의 고유값은 서로 다른 세 실근 $\lambda_1=4$, $\lambda_2=2+\sqrt{3}$, $\lambda_3=2-\sqrt{3}$ 이므로 A는 대각화가 가능하다. 그러므로

$$P^{-1}AP=\begin{pmatrix}4&0&0\\0&2+\sqrt{3}&0\\0&0&2-\sqrt{3}\end{pmatrix}$$

가 성립하는 가역행렬 P가 존재한다.

$n\times n$행렬 A는 비록 n개의 서로 다른 고유값을 갖지 않는다 할지라도 대각화가 가능할 수도 있다.

예제 2.5

정리 2.6의 역이 성립하지 않는 반례를 구하여라.

풀이 $A=\begin{pmatrix}3&0\\0&3\end{pmatrix}$일 때 $\lambda=3$은 행렬 A의 유일한 고유값이나 $P=\begin{pmatrix}1&0\\0&1\end{pmatrix}$인 경우를 택하면 명백히 대각화가 가능하다. 즉 $P^{-1}AP=\begin{pmatrix}3&0\\0&3\end{pmatrix}$이다.

예제 2.6

$T:\mathbb{R}^3\to\mathbb{R}^3$을 $T\begin{pmatrix}x_1\\x_2\\x_3\end{pmatrix}=\begin{pmatrix}3x_1-2x_2\\-2x_1+3x_2\\5x_3\end{pmatrix}$에 의해 정의된 선형변환이라 하자. 이 때 선형변환 T의 행렬표현이 대각행렬이 되도록 하는 $\mathbb{R}^3$에 관한 순서기저 B을 구하여라.

풀이 $\mathbb{R}^3$의 표준순서기저 $E=\left\{e_1=\begin{pmatrix}1\\0\\0\end{pmatrix}, e_2=\begin{pmatrix}0\\1\\0\end{pmatrix}, e_3=\begin{pmatrix}0\\0\\1\end{pmatrix}\right\}$에 관한 T의 행렬표현은

$$[T]_E = A = \begin{pmatrix} 3 & -2 & 0 \\ -2 & 3 & 0 \\ 0 & 0 & 5 \end{pmatrix}$$

이다. 이때 고유값은 $\lambda_1 = 5,\ \lambda_2 = 5,\ \lambda_3 = 1$이고 그에 대응하는 고유벡터는 각각

$$p_1 = \begin{pmatrix}-1\\1\\0\end{pmatrix}, p_2 = \begin{pmatrix}0\\0\\1\end{pmatrix}, p_3 = \begin{pmatrix}1\\1\\0\end{pmatrix}$$

이므로 $P=\begin{pmatrix} -1 & 0 & 1 \\ 1 & 0 & 1 \\ 0 & 1 & 0 \end{pmatrix}$이고

$$P^{-1}AP = D = \begin{pmatrix} 5 & 0 & 0 \\ 0 & 5 & 0 \\ 0 & 0 & 1 \end{pmatrix}$$

임을 알 수 있다. 아래의 그림에서 $P=\begin{pmatrix} -1 & 0 & 1 \\ 1 & 0 & 1 \\ 0 & 1 & 0 \end{pmatrix}$는 기저 B에서 표준기저 E으로의 전이행렬

임을 알 수 있으므로 선형변환 T의 행렬표현이 대각행렬이 되도록 하는 $\mathbb{R}^3$에 관한 순서기저는

$$[T]_E = ([T(e_1)]_E, [T(e_2)]_E, [T(e_3)]_E)$$

$$= (T(e_1), T(e_2), T(e_3)) = A$$

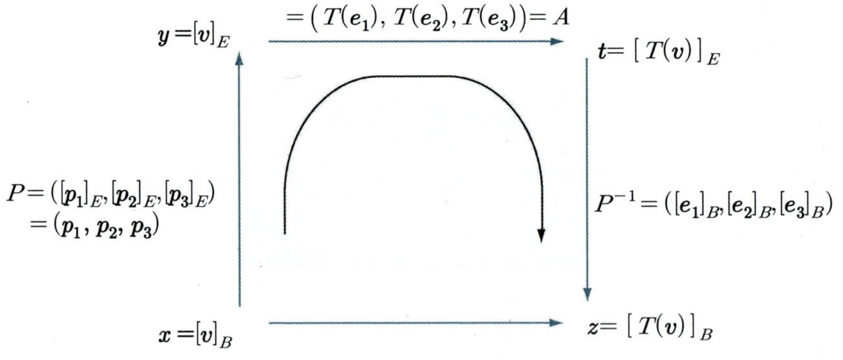

$$[T]_B = ([T(p_1)]_B, [T(p_2)]_B, [T(p_3)]_B)$$

$$= ([\lambda_1 p_1]_B, [\lambda_2 p_2]_B, [\lambda_3 p_3]_B)$$

$$= \begin{pmatrix} \lambda_1 & 0 & 0 \\ 0 & \lambda_2 & 0 \\ 0 & 0 & \lambda_3 \end{pmatrix} = D$$

$$B=\left\{p_1=\begin{pmatrix}-1\\1\\0\end{pmatrix}, p_2=\begin{pmatrix}0\\0\\1\end{pmatrix}, p_3=\begin{pmatrix}1\\1\\0\end{pmatrix}\right\}$$

이다.

예제 2.7

선형변환 $T: P_2 \to P_2$을 $T(p(x)) = p(2x-1)$로 정의할 때

(a) P_2의 순서기저 $B=\{1+x, 1-x, x^2\}$에 관한 T의 행렬표현 $[T]_B$을 구하여라.

(b) T의 행렬표현 $[T]_C$가 대각행렬이 되는 순서기저 C을 찾아서 T가 대각화가 가능임을 보여라.

풀이 (a) $[T(1+x)]_B = [2x]_B = \begin{pmatrix}1\\-1\\0\end{pmatrix}$,

$[T(1-x)]_B = [2-2x]_B = \begin{pmatrix}0\\2\\0\end{pmatrix}$,

$[T(x^2)]_B = [4x^2-4x+1]_B = \begin{pmatrix}-\frac{3}{2}\\ \frac{5}{2}\\ 4\end{pmatrix}$

로부터 $[T]_B = \begin{pmatrix}1 & 0 & -\frac{3}{2}\\ -1 & 2 & \frac{5}{2}\\ 0 & 0 & 4\end{pmatrix}$이다.

(b) 표준순서기저 $E=\{1, x, x^2\}$에 관한 T의 행렬표현은 $[T]_E = \begin{pmatrix}1 & -1 & 1\\ 0 & 2 & -4\\ 0 & 0 & 4\end{pmatrix}$이다. 이 때 고유값은 $1, 2, 4$이고 그에 관한 고유벡터는 각각 $\begin{pmatrix}1\\0\\0\end{pmatrix}, \begin{pmatrix}-1\\1\\0\end{pmatrix}, \begin{pmatrix}1\\-2\\1\end{pmatrix}$이므로

$$P=\begin{pmatrix}1 & -1 & 1\\ 0 & 1 & -2\\ 0 & 0 & 1\end{pmatrix},\ D=\begin{pmatrix}1 & 0 & 0\\ 0 & 2 & 0\\ 0 & 0 & 4\end{pmatrix},\ P^{-1}[T]_E P = D = [T]_C$$

이다. 이때 $P=\begin{pmatrix}1 & -1 & 1\\ 0 & 1 & -2\\ 0 & 0 & 1\end{pmatrix}$는 기저 C에서 표준기저 E으로의 전이행렬이므로

순서기저

$$C=\{1,-1+x,1-2x+x^2\}$$

임을 알 수 있다.

[주] 선형연산자에 관한 계수, 가역성, 대각화 가능성, 특성다항식, 고유값 등 선형연산자와 관련된 모든 성질을 직접 다루는 것보다 주어진 선형연산자의 행렬표현의 성질을 다루는 것이 비교적 쉽다. 그러므로 선형연산자의 행렬표현은 중요하다.

연습문제 2절

1. 행렬 $A=\begin{pmatrix}2 & -3\\ 2 & -5\end{pmatrix}$가 대각화가 가능한지를 설명하고 이를 아용하여 A^{100}을 구하여라.

2. 행렬 $A=\begin{pmatrix}0 & 1\\ 2 & 1\end{pmatrix}$가 대각화가 가능한지를 설명하고, 이를 이용하여 A^n (n은 자연수)을 구하여라.

3. 행렬의 대각화를 이용하여 $\begin{pmatrix}0 & 1\\ 2 & 1\end{pmatrix}^{100}\begin{pmatrix}5\\ 1\end{pmatrix}$을 계산하여라.

4. 행렬 $A=\begin{pmatrix}1 & 0\\ 6 & -1\end{pmatrix}$을 대각화하는 즉 $P^{-1}AP=D$을 만족시키는 가역행렬 P와 대각행렬 D을 구하여라.

5. 행렬 $A=\begin{pmatrix}4 & 3\\ 3 & -4\end{pmatrix}$의 직교행렬 P와 대각행렬 D을 구하여 곱으로 표현하여라.

6. 행렬 $A=\begin{pmatrix}1 & 1\\ 1 & 1\end{pmatrix}$을 대각화시키는 직교행렬 P와 대각행렬 D을 구하고 이를 이용하여 A^n (n은 자연수)을 구하여라.

7. 행렬 $A=\begin{pmatrix} 5 & -3 & 6 \\ 2 & 0 & 6 \\ -4 & 4 & -1 \end{pmatrix}$의 고유값과 고유벡터를 구하고 대각화로 표현하여라.

8. 행렬 $A=\begin{pmatrix} 0 & 0 & 1 \\ 0 & 1 & 0 \\ 0 & 0 & 1 \end{pmatrix}$에 대하여 다음 물음에 답하여라.

(1) 행렬 A의 고유값과 고유벡터를 구하여라.

(2) 행렬 A을 대각화시키는 가역행렬 P와 대각행렬 D을 구하여라.

(3) (2)을 이용하여 A^n (n은 자연수)을 구하여라.

9. $T(f(x))=f(1)+f'(0)x+(f'(0)+f''(0))x^2$으로 정의된 선형연산자 $T: P_2 \rightarrow P_2$에 대하여 다음 물음에 답하여라.

(1) 표준기저 $\beta=\{1, x, x^2\}$에 관한 T의 행렬표현을 구하여라.

(2) T을 대각화하는 행렬 P을 구하여라.

(3) 기저 γ에 대한 T의 행렬표현이 대각행렬이 되는 P_2의 기저 γ을 구하여라.

제5장

내적공간

▶▶ 이 장에서는 벡터공간의 구조를 확장한다. 내적을 정의함으로써 벡터공간의 구조를 내적공간, 노름공간 등으로 확장시킬 수 있다. 내적이 정의된 벡터공간에서는 주어진 데이터에 가장 적합한 다항식을 구하는 방법인 최소제곱문제를 생각할 수 있다. 이 문제는 자연과학, 사회과학, 공학, 통계학의 자료처리 등의 분야에서 매우 중요한 기법이다.

제1절 내적공간과 노름공간

이 절에서는 실수체 상의 벡터공간의 내적을 정의하여 내적공간을 만들고, 노름을 정의하여 노름공간을 만들어 본다. 더불어 벡터공간의 두 원소 사이의 거리를 정의하여 보다 심도 있게 벡터공간의 성질을 살펴본다.

정의 1.1 (내적공간)

벡터공간 V의 임의의 두 벡터 $\boldsymbol{x}, \boldsymbol{y}$에 대하여 스칼라 $\langle \boldsymbol{x}, \boldsymbol{y} \rangle$를 대응시키는 함수 $\langle\ ,\ \rangle$: $V \times V \to F$ 이 다음의 조건을 만족하면 $\langle\ ,\ \rangle$을 V 위에서의 내적이라 한다.

V의 임의의 벡터 $\boldsymbol{x}, \boldsymbol{y}, \boldsymbol{z}$와 스칼라 α에 대하여

(a) $\langle \boldsymbol{x}, \boldsymbol{x} \rangle \geq 0$이고 만약 $\langle \boldsymbol{x}, \boldsymbol{x} \rangle = 0$이면 $\boldsymbol{x} = \boldsymbol{0}$이다.

(b) $\langle \boldsymbol{x}, \boldsymbol{y} \rangle = \langle \boldsymbol{y}, \boldsymbol{x} \rangle$

(c) $\langle \boldsymbol{x} + \boldsymbol{y}, \boldsymbol{z} \rangle = \langle \boldsymbol{x}, \boldsymbol{z} \rangle + \langle \boldsymbol{y}, \boldsymbol{z} \rangle$

(d) $\langle \alpha \boldsymbol{x}, \boldsymbol{y} \rangle = \alpha \langle \boldsymbol{x}, \boldsymbol{y} \rangle$

가 성립한다. 내적이 정의된 벡터공간 V를 내적공간이라 한다.

두 벡터 $\boldsymbol{x}$, $\boldsymbol{y}$가 $\langle \boldsymbol{x}, \boldsymbol{y} \rangle = 0$을 만족하면 직교한다고 한다. 직교를 나타내기 위하여 기호 "$\perp$"를 사용한다. 따라서 $\boldsymbol{x}$와 $\boldsymbol{y}$가 직교하면 $\boldsymbol{x} \perp \boldsymbol{y}$로 쓰기로 한다.

정의 1.2 ($\mathbb{R}^n$의 표준내적)

$\mathbb{R}^n$의 임의의 두 벡터 $\boldsymbol{x} = (x_1, x_2, \cdots, x_n)^t$, $\boldsymbol{y} = (y_1, y_2, \cdots, y_n)^t$일 때

$$\langle \boldsymbol{x}, \boldsymbol{y} \rangle = x_1 y_1 + x_2 y_2 + \cdots + x_n y_n$$

이다.

예제 1.1

실수의 모든 순서쌍의 집합을 V라 하자. V의 임의의 두 벡터 $\boldsymbol{x} = (x_1, x_2)^t$, $\boldsymbol{y} = (y_1, y_2)^t$에 대하여 $\langle \boldsymbol{x}, \boldsymbol{y} \rangle = x_1 y_1 + 3x_2 y_2$이라 정의할 때 V는 내적공간임을 설명하여라.

풀이 (a) $\langle \boldsymbol{x}, \boldsymbol{x} \rangle = x_1^2 + 3x_2^2 \geq 0$이고, $\langle \boldsymbol{x}, \boldsymbol{x} \rangle = 0$이면 $x_1 = x_2 = 0$ 즉 $\boldsymbol{x} = \boldsymbol{0}$이다.

(b) $\langle \boldsymbol{x}, \boldsymbol{y} \rangle = x_1 y_1 + 3x_2 y_2 = y_1 x_1 + 3y_2 x_2 = \langle \boldsymbol{y}, \boldsymbol{x} \rangle$

(c) $\boldsymbol{z} = (z_1, z_2)^t$일 때

$$\begin{aligned}\langle \boldsymbol{x}+\boldsymbol{y}, \boldsymbol{z} \rangle &= (x_1 + y_1)z_1 + 3(x_2 + y_2)z_2 \\ &= x_1 z_1 + 3x_2 z_2 + y_1 z_1 + 3y_2 z_2 = \langle \boldsymbol{x}, \boldsymbol{z} \rangle + \langle \boldsymbol{y}, \boldsymbol{z} \rangle\end{aligned}$$

(d) $\langle \alpha \boldsymbol{x}, \boldsymbol{y} \rangle = (\alpha x_1)y_1 + 3(\alpha x_2)y_2 = \alpha(x_1 y_1 + 3x_2 y_2) = \alpha \langle \boldsymbol{x}, \boldsymbol{y} \rangle$

따라서 $\langle \ , \ \rangle$는 V의 내적이 되며 V는 내적공간이다.

예제 1.2

실수의 모든 순서쌍의 집합을 V라 하자. V의 임의의 두 벡터 $\boldsymbol{x}=(x_1, x_2)^t$, $\boldsymbol{y}=(y_1, y_2)^t$에 대하여 $\langle \boldsymbol{x}, \boldsymbol{y} \rangle = x_1y_1 - 5x_2y_2$ 이라 정의할 때 V는 내적공간이 아님을 설명하여라.

풀이 $\langle \boldsymbol{x}, \boldsymbol{x} \rangle = x_1^2 - 5x_2^2$이고 $x_1^2 < 5x_2^2$ 인 경우 $\langle \boldsymbol{x}, \boldsymbol{x} \rangle \ge 0$이 성립하지 않으므로 $\langle\ ,\ \rangle$는 V의 내적이 될 수 없다. ■

예제 1.3

벡터공간 $C[a,b]$에서 $\langle f, g\rangle = \int_a^b f(x)g(x)\,dx$라 정의할 때 $C[a,b]$가 내적공간임을 보여라.

풀이 벡터공간 $C[a,b]$의 임의의 벡터 f, g, h와 스칼라 α에 대하여

(a) $\langle f, f\rangle = \int_a^b (f(x))^2\,dx \ge 0$이고 등호는 $f(x)=0$ 일 때만 성립한다.

(b) $\langle f, g\rangle = \int_a^b f(x)g(x)\,dx = \int_a^b g(x)f(x)\,dx = \langle g, f\rangle$이다.

(c) $$\begin{aligned}\langle f+g, h\rangle &= \int_a^b (f(x)+g(x))h(x)\,dx = \int_a^b (f(x)h(x)+g(x)h(x))\,dx \\ &= \int_a^b f(x)h(x)\,dx + \int_a^b g(x)h(x)\,dx = \langle f, h\rangle + \langle g, h\rangle\end{aligned}$$

이다.

(d) $\langle \alpha f, g\rangle = \int_a^b \alpha f(x)g(x)\,dx = \alpha\int_a^b f(x)g(x)dx = \alpha\langle f, g\rangle$이다.

따라서 벡터공간 $C[a,b]$는 내적공간이다. ■

예제 1.4

벡터공간 P_n에서 $\langle p, q\rangle = \sum_{i=1}^{n} p(x_i)q(x_i)$ (여기서 $x_1, x_2, \cdots, x_n$은 서로 다른 실수)라

정의할 때 P_n가 내적공간임을 보여라.

풀이 벡터공간 P_n의 임의의 벡터 p, q, r와 스칼라 α에 대하여

(a) $\langle p, p\rangle = \sum_{i=1}^{n}(p(x_i))^2 \geq 0$이고 등호는 $p(x) = 0$일 때에만 성립한다.

(b) $\langle p, q\rangle = \sum_{i=1}^{n} p(x_i)q(x_i) = \sum_{i=1}^{n} q(x_i)p(x_i) = \langle q, p\rangle$이다.

(c) $\langle p+q, r\rangle = \sum_{i=1}^{n}(p(x_i)+q(x_i))r(x_i)$

$$= \sum_{i=1}^{n} p(x_i)r(x_i) + \sum_{i=1}^{n} q(x_i)r(x_i) = \langle p, r\rangle + \langle q, r\rangle$$

이다.

(d) $\langle \alpha p, q\rangle = \sum_{i=1}^{n} \alpha p(x_i)q(x_i) = \alpha \sum_{i=1}^{n} p(x_i)q(x_i) = \alpha\langle p, q\rangle$이다.

그러므로 벡터공간 P_n는 내적공간이다.

정의 1.3 (노름공간)

벡터공간 V의 임의의 벡터 $\boldsymbol{x}$에 대하여 스칼라 $\|\boldsymbol{x}\|$를 대응시키는 함수 $\|\cdot\| : V \to F$이 다음 조건을 만족하면 $\|\cdot\|$를 V에서의 노름(norm)이라 한다.

V의 임의의 벡터 $\boldsymbol{x}, \boldsymbol{y}$ 와 스칼라 α에 대하여

(a) $\|\boldsymbol{x}\| \geq 0$, $\|\boldsymbol{x}\| = 0 \Leftrightarrow \boldsymbol{x} = \mathbf{0}$

(b) $\|\alpha\boldsymbol{x}\| = |\alpha|\,\|\boldsymbol{x}\|$

(c) $\|\boldsymbol{x}+\boldsymbol{y}\| \leq \|\boldsymbol{x}\| + \|\boldsymbol{y}\|$ (삼각부등식)

이다. 노름이 정의된 벡터공간 V를 노름공간(normed vector space)이라 한다.

예제 1.5

다음은 벡터공간 $C[a,b]$에서 노름이 되는지 조사하여라.

(1) $\| f \| = |f(a)| + |f(b)|$ (2) $\| f \| = \int_a^b |f(x)|\, dx$

풀이 (1) $C[a,b]$의 벡터 $f(x) = (x-a)(x-b)$에 대하여

$$\| f \| = |f(a)| + |f(b)| = 0$$

이나

$$f(x) \neq \mathbf{0}$$

이므로 노름의 조건 (a)를 만족하지 않는다. 따라서 $\| f \| = |f(a)| + |f(b)|$는 $C[a,b]$에서의 노름이 아니다.

(2) 벡터공간 $C[a,b]$의 임의의 벡터 f, g와 스칼라 α에 대하여

(a) $\| f \| = \int_a^b |f(x)|\, dx \geq 0$이고 등호는 $f(x) = \mathbf{0}$일 때 성립한다.

(b) $\| \alpha f \| = \int_a^b |\alpha f(x)|\, dx = |\alpha| \int_a^b |f(x)|\, dx = |\alpha|\, \| f \|$이다.

(c) $\| f + g \| = \int_a^b |f(x) + g(x)|\, dx$

$\leq \int_a^b |f(x)|\, dx + \int_a^b |g(x)|\, dx = \| f \| + \| g \|$

이다. 따라서

$$\| f \| = \int_a^b |f(x)|\, dx$$

는 $C[a,b]$에서의 노름이 되고 $C[a,b]$는 노름공간이다.

주어진 벡터공간 위에 서로 다른 여러 가지의 노름을 정의할 수 있다. 예를 들면 유클리드 n차 벡터공간 $\mathbb{R}^n$의 임의의 벡터 $\boldsymbol{x} = (x_1, x_2, \cdots, x_n)^t$에 대하여

(1) $\| \boldsymbol{x} \|_1 = \sum_{i=1}^{n} |x_i|$

(2) $\| \boldsymbol{x} \|_p = \left(\sum_{i=1}^{n} |x_i|^p \right)^{\frac{1}{p}},\ p \geq 1,\ p \in \mathbb{R}$

특히 $p=2$일 때 $\| \boldsymbol{x} \|_2 = \left(\sum_{i=1}^{n} |x_i|^2 \right)^{\frac{1}{2}} = \sqrt{\langle \boldsymbol{x}, \boldsymbol{x} \rangle}$ 이다.

(3) $\| \boldsymbol{x} \|_\infty = \max_{1 \le i \le n} |x_i|$

로 정의하면 각각 $\mathbb{R}^n$ 에서의 노름이 된다.

예제 1.6

3차 벡터공간 $\mathbb{R}^3$의 벡터 $\boldsymbol{x} = \begin{pmatrix} 4 \\ -5 \\ 3 \end{pmatrix}$에 대하여 $\| \boldsymbol{x} \|_1$, $\| \boldsymbol{x} \|_2$, $\| \boldsymbol{x} \|_\infty$을 계산하여라.

풀이 $\| \boldsymbol{x} \|_1 = |4| + |-5| + |3| = 12$ 이고

$\| \boldsymbol{x} \|_2 = \sqrt{16+25+9} = 5\sqrt{2}$ 이고

$\| \boldsymbol{x} \|_\infty = \max\{|4|, |-5|, |3|\} = 5$ 이다.

정의 1.4 (노름을 이용한 두 벡터 사이의 거리)

노름공간 V의 임의의 두 벡터 $\boldsymbol{x}, \boldsymbol{y}$ 에 대하여 $\boldsymbol{x}, \boldsymbol{y}$ 사이의 거리를

$$\| \boldsymbol{x} - \boldsymbol{y} \|$$

로 정의한다.

예제 1.7

노름 $\| \cdot \|_2$을 갖는 벡터공간 $\mathbb{R}^n$에서 두 벡터 $\boldsymbol{x} = \begin{pmatrix} x_1 \\ x_2 \\ \vdots \\ x_n \end{pmatrix}$와 $\boldsymbol{y} = \begin{pmatrix} y_1 \\ y_2 \\ \vdots \\ y_n \end{pmatrix}$ 사이의 거리를 구하여라.

풀이 두 벡터 $\boldsymbol{x}=\begin{pmatrix} x_1 \\ x_2 \\ \vdots \\ x_n \end{pmatrix}$와 $\boldsymbol{y}=\begin{pmatrix} y_1 \\ y_2 \\ \vdots \\ y_n \end{pmatrix}$ 사이의 거리는

$$\| \boldsymbol{x}-\boldsymbol{y} \|_2 = \sqrt{(x_1-y_1)^2+(x_2-y_2)^2+\cdots+(x_n-y_n)^2}$$

이다.

내적공간 V와 모든 $\boldsymbol{v} \in V$에 대하여 V에서 정의된 내적 $\langle \boldsymbol{v}, \boldsymbol{v} \rangle$을 이용하면 노름을 정의할 수 있다.

정의 1.5

내적 $\langle \, , \rangle$ 이 정의된 벡터공간 V에서 임의의 벡터 $\boldsymbol{v}$ 의 크기(length) 또는 노름(norm)을

$$\| \boldsymbol{v} \| = \langle \boldsymbol{v}, \boldsymbol{v} \rangle^{\frac{1}{2}}$$

로 정의한다.

예제 1.8

$\langle p, q \rangle = \sum_{i=1}^{5} p(x_i)q(x_i)$를 내적으로 갖는 벡터공간 P_5에서 $p(x)=x$의 크기를 구하여라. 단, $x_i = \frac{i-1}{4}$ $(i=1,2,\cdots,5)$ 이다.

풀이 $\| p(x) \| = \| x \| = \langle x, x \rangle^{\frac{1}{2}}$ 이고 $\langle x, x \rangle$의 정의에 의해

$$\| p(x) \| = \left(\sum_{i=1}^{5} x_i^2 \right)^{\frac{1}{2}} = \left(\sum_{i=1}^{5} \left(\frac{i-1}{4} \right)^2 \right)^{\frac{1}{2}} = \frac{\sqrt{30}}{4}$$ 이다.

정리 1.6

내적공간 V의 임의의 두 벡터 $\boldsymbol{x}, \boldsymbol{y}$ 와 스칼라 α에 대하여 다음 성질이 성립한다.

(a) $\| \alpha \boldsymbol{x} \| = |\alpha| \| \boldsymbol{x} \|$

(b) $\| \boldsymbol{x} \| \geq 0, \ \| \boldsymbol{x} \| = 0 \Leftrightarrow \boldsymbol{x} = \boldsymbol{0}$

(c) $|\langle \boldsymbol{x}, \boldsymbol{y} \rangle| \leq \| \boldsymbol{x} \| \| \boldsymbol{y} \|$ (Cauchy-Schwarz 부등식)

(d) $\| \boldsymbol{x} + \boldsymbol{y} \| \leq \| \boldsymbol{x} \| + \| \boldsymbol{y} \|$ (삼각부등식)

정리 1.5로부터 내적공간은 노름공간이 됨을 알 수 있다. 증명은 연습문제로 남긴다.

예제 1.9

내적 $\langle f, g \rangle = \int_{-\pi}^{\pi} f(x) g(x)\, dx$을 갖는 벡터공간 $C[-\pi, \pi]$의 두 벡터 $\sin x$과 $\cos x$ 사이의 거리를 구하여라.

풀이 두 벡터 $\sin x$과 $\cos x$사이의 거리는 벡터 $h(x) = \sin x - \cos x$의 크기이다. 따라서

$$\| h \| = \sqrt{\int_{-\pi}^{\pi} (h(x))^2\, dx} = \sqrt{\int_{-\pi}^{\pi} (\sin x - \cos x)^2\, dx} = \sqrt{2\pi}$$

이다.

연습문제 1절

1. 예제 1과 같이 정의된 내적공간 $C[0,1]$에서 다음을 계산하여라.

(1) $\langle e^x, e^{-x} \rangle$ (2) $\langle x, \sin(\pi x) \rangle$

(3) $\langle x^2, x^3 \rangle$

2. 예제 1과 같이 정의된 내적공간 $C[-\pi, \pi]$에서 두 벡터 $\cos(mx)$와 $\sin(nx)$ (여기서 m, n는 임의의 정수)는 직교함을 설명하여라.

3. 벡터공간 P_2에서 임의의 두 벡터 $p = a_0 + a_1x + a_2x^2$와 $q = b_0 + b_1x + b_2x^2$에 대하여 $< p, q > = a_0b_0 + a_1b_1 + a_2b_2$이라 정의하자.

(1) $< p, q > = a_0b_0 + a_1b_1 + a_2b_2$가 P_2에서의 내적임을 설명하여라.

(2) 두 벡터 $1 - 2x + 3x^2$와 $3x + 2x^2$은 직교함을 설명하여라.

(3) 두 벡터 $1 - 2x + 3x^2$와 $3x + 2x^2$의 거리를 구하여라.

4. 평면 $\mathbb{R}^2$에서 벡터 $< 2, -1 >$와 직교하는 단위벡터를 모두 구하여라.

5. $\left\langle \begin{pmatrix} a_{11} & a_{12} \\ a_{21} & a_{22} \end{pmatrix}, \begin{pmatrix} b_{11} & b_{12} \\ b_{21} & b_{22} \end{pmatrix} \right\rangle = a_{11}b_{11} + a_{12}b_{12} + a_{21}b_{21} + a_{22}b_{22}$으로 정의된 벡터공간 $M_{2\times 2}$은 내적공간인지 아닌지 설명하여라.

6. 다음은 벡터공간 $C[a,b]$상에서 노름이 되는지 조사하여라.

(1) $\| f \| = \max_{a \le x \le b}|f(x)|$

(2) $\| f \| = \int_a^b f^2(x)\,dx$

(3) $\| f \| = \sqrt{\int_a^b f^2(x)\,dx}$

7. 문제 6의 (3)과 같이 정의된 노름공간 $C[-\pi,\pi]$에서 다음을 계산하여라.

(1) $\| \sin x \|$

(2) $\| \cos x \|$

(3) $\sin x$와 $\cos x$ 사이의 거리

제2절 정규직교집합

$\mathbb{R}^2$에서 $\{(2,1)^t, (3,5)^t\}$와 같은 일반 기저를 사용하는 것보다 표준기저 $\{e_1, e_2\}$를 사용하면 좌표벡터를 구하는 등의 계산과정이 더 간단하다. 표준기저의 원소는 직교하는 단위벡터로 구성되어 있으므로 표준기저에 대한 $(x_1, x_2)^t$의 좌표벡터를 구하는 것은 일반 순서기저에 관하

여 구하는 것 보다 계산이 더 쉽다. 이처럼 내적공간 V를 다룰 때 일반적으로 서로 직교하는 단위벡터로 구성된 기저를 구하는 것이 바람직하다. 이것은 벡터의 좌표를 구하는데 뿐만 아니라 최소제곱 문제를 해결하는 데도 편리하다.

A를 $m \times n$행렬이고 $\boldsymbol{x} \in N(A)$라고 하자. $A\boldsymbol{x} = \boldsymbol{0}$이므로 각 $i = 1, 2, \cdots, m$에 대하여

$$a_{i1}x_1 + a_{i2}x_2 + \cdots + a_{in}x_n = 0 \tag{1}$$

이다. 방정식 (1)은 $i = 1, 2, \cdots, m$에 대하여 $\boldsymbol{x}$는 A^t의 i번째 열벡터와 직교라는 것을 보여주고 있다. 즉 $\boldsymbol{x}$는 A^t의 모든 열벡터와 직교이므로 A^t의 열벡터의 임의의 1차결합과 직교이다. 따라서 $\boldsymbol{y}$가 A^t의 열공간의 임의의 벡터이면

$$\boldsymbol{x}^t \boldsymbol{y} = 0$$

이다. 따라서 $N(A)$의 임의의 벡터는 A^t의 열공간의 모든 벡터와 직교한다. $\mathbb{R}^n$의 두 부분공간이 이와 같은 성질을 가질 때, 그들은 직교한다고 말한다.

정의 2.1 (직교공간)

X와 Y가 $\mathbb{R}^n$의 두 부분공간으로서, 모든 $\boldsymbol{x} \in X$와 모든 $\boldsymbol{y} \in Y$에 대하여

$$\langle \boldsymbol{x}, \boldsymbol{y} \rangle = 0$$

이 성립하면 X와 Y는 직교한다고 하고 $X \perp Y$로 나타낸다.

예제 2.1

(1) 벡터공간 $\mathbb{R}^3$의 두 부분공간 $X = \text{Span}\left\{\begin{pmatrix}1\\0\\1\end{pmatrix}\right\}$와 $Y = \text{Span}\left\{\begin{pmatrix}1\\1\\-1\end{pmatrix}\right\}$는 직교함을 보여라.

(2) 벡터공간 $\mathbb{R}^3$의 두 부분공간 $X = \text{Span}\left\{\begin{pmatrix}1\\0\\1\end{pmatrix}, \begin{pmatrix}0\\1\\1\end{pmatrix}\right\}$와 $Y = \text{Span}\left\{\begin{pmatrix}1\\1\\-1\end{pmatrix}\right\}$는 직교함을 보여라.

풀이 (1) $\left\langle \begin{pmatrix}1\\0\\1\end{pmatrix}, \begin{pmatrix}1\\1\\-1\end{pmatrix} \right\rangle = 1\cdot 1 + 0\cdot 1 + 1\cdot(-1) = 0$

이므로 $X\perp Y$이다.

(2) $\left\langle \begin{pmatrix}1\\0\\1\end{pmatrix}, \begin{pmatrix}1\\1\\-1\end{pmatrix} \right\rangle = 1\cdot 1 + 0\cdot 1 + 1\cdot(-1) = 0,$

$\left\langle \begin{pmatrix}0\\1\\1\end{pmatrix}, \begin{pmatrix}1\\1\\-1\end{pmatrix} \right\rangle = 0\cdot 1 + 1\cdot 1 + 1\cdot(-1) = 0$

이므로 $X\perp Y$이다.

정의 2.2 (직교보공간)

Y를 $\mathbb{R}^n$의 부분공간이라 하자. Y의 벡터와 직교하는 $\mathbb{R}^n$의 모든 벡터의 집합을 $Y^\perp$로 나타내기로 한다. 즉

$$Y^\perp = \{\boldsymbol{x}\in\mathbb{R}^n \mid \boldsymbol{x}^t\boldsymbol{y} = 0,\ \boldsymbol{y}\in Y\}$$

이다. 집합 $Y^\perp$를 Y의 직교보공간(orthogonal complement)이라고 부른다.

예제 2.2

벡터공간 $\mathbb{R}^4$의 부분공간 $Y = \mathrm{Span}\left\{\begin{pmatrix}1\\0\\0\\0\end{pmatrix}, \begin{pmatrix}0\\0\\1\\0\end{pmatrix}\right\}$에 대하여 직교보공간 $Y^\perp$을 구하여라.

풀이 직교보공간 $Y^\perp$의 임의의 벡터 $\begin{pmatrix}a\\b\\c\\d\end{pmatrix}$는 $\begin{pmatrix}1\\0\\0\\0\end{pmatrix}$와 $\begin{pmatrix}0\\0\\1\\0\end{pmatrix}$에 동시에 수직이다. 즉

$$\left\langle \begin{pmatrix}a\\b\\c\\d\end{pmatrix}, \begin{pmatrix}1\\0\\0\\0\end{pmatrix} \right\rangle = 0,\ \left\langle \begin{pmatrix}a\\b\\c\\d\end{pmatrix}, \begin{pmatrix}0\\0\\1\\0\end{pmatrix} \right\rangle = 0$$

이므로 $a = c = 0$이다. 그러므로

$$Y^{\perp}=\left\{\begin{pmatrix}0\\b\\0\\d\end{pmatrix}\middle|\, b\,,d\in\mathbb{R}\right\}=\left\{b\begin{pmatrix}0\\1\\0\\0\end{pmatrix}+d\begin{pmatrix}0\\0\\0\\1\end{pmatrix}\middle|\, b,d\in\mathbb{R}\right\}=\mathrm{Span}\left\{\begin{pmatrix}0\\1\\0\\0\end{pmatrix},\begin{pmatrix}0\\0\\0\\1\end{pmatrix}\right\}$$

이다.

정리 2.3

(a) X와 Y가 $\mathbb{R}^n$의 직교 부분공간이면 $X\cap Y=\{\mathbf{0}\}$이다.

(b) Y가 $\mathbb{R}^n$의 부분공간이면 $Y^{\perp}$도 $\mathbb{R}^n$의 부분공간이다.

증명 (a) $\boldsymbol{x}\in X\cap Y$이고 $X\perp Y$이면, $\|\boldsymbol{x}\|^2=\boldsymbol{x}^t\boldsymbol{x}=0$이므로 $\boldsymbol{x}=\mathbf{0}$이다.

(b) (i) $\boldsymbol{x}_1$과 $\boldsymbol{x}_2$가 $Y^{\perp}$의 원소이면 임의의 $\boldsymbol{y}\in Y$에 대하여

$$(\boldsymbol{x}_1+\boldsymbol{x}_2)^t\boldsymbol{y}=\boldsymbol{x}_1^t\boldsymbol{y}+\boldsymbol{x}_2^t\boldsymbol{y}=0+0=0$$

이므로 $\boldsymbol{x}_1+\boldsymbol{x}_2\in Y^{\perp}$이다.

(ii) $\boldsymbol{x}\in Y^{\perp}$이고 α가 스칼라이면 임의의 $\boldsymbol{y}\in Y$에 대하여

$$(\alpha\boldsymbol{x})^t\boldsymbol{y}=\alpha(\boldsymbol{x}^t\boldsymbol{y})=\alpha0=0$$

이므로 $\alpha\boldsymbol{x}\in Y^{\perp}$이다. 그러므로 $Y^{\perp}$는 $\mathbb{R}^n$의 부분공간이다.

A를 $m\times n$행렬이라 하자. 제2장 정리 5.7에서 $\mathbb{R}^m$의 벡터 $\boldsymbol{b}$가 A의 열공간의 원소이기 위한 필요충분조건은 어떤 $\boldsymbol{x}\in\mathbb{R}^n$에 대하여 $\boldsymbol{b}=A\boldsymbol{x}$인 것임을 배웠다. A를 $\mathbb{R}^n$에서 $\mathbb{R}^m$으로의 선형변환으로 생각하면 A의 열공간은 A의 치역과 같다. A의 치역을 $R(A)$라면

$$R(A)=\{A\boldsymbol{x}\mid\boldsymbol{x}\in\mathbb{R}^n\}=(A\text{의 열공간})$$

이다. A^t의 열공간 $R(A^t)$는 $\mathbb{R}^n$의 부분공간으로서

$$R(A^t)=\{A^t\boldsymbol{y}\mid\boldsymbol{y}\in\mathbb{R}^m\}$$

이다. $R(A^t)$는 A의 행공간과 같다. 따라서 $\boldsymbol{y}\in R(A^t)$이기 위한 필요충분조건은 $\boldsymbol{y}^t$가 A의 행공간의 원소인 것이다. 또한 $A\boldsymbol{x}=\mathbf{0}$는 A의 행벡터와 $\boldsymbol{x}$의 곱 즉 A의 행벡터와 $\boldsymbol{x}$의 내적이 0임을 의미한다. 그러므로 A의 모든 행벡터와 $\boldsymbol{x}$는 직교한다. 이것은 $R(A^t)\perp N(A)$을 의미한다.

정리 2.4

(a) $N(A)=R(A^t)^{\perp}$ 이고 $N(A^t)=R(A)^{\perp}$ 이다.

(b) $N(A)^{\perp}=R(A^t)$ 이고 $N(A^t)^{\perp}=R(A)$ 이다.

증명 (a) $N(A)\perp R(A^t)$ 이므로 $N(A)\subset R(A^t)^{\perp}$ 이다. 한편 $\boldsymbol{x}$가 $R(A^t)^{\perp}$ 의 임의의 벡터이면 $\boldsymbol{x}$는 A^t의 각 열벡터와 직교이므로 $A\boldsymbol{x}=\mathbf{0}$이다. 따라서 $\boldsymbol{x}$는 $N(A)$의 원소이어야 한다. 그러므로

$$N(A)=R(A^t)^{\perp}$$

이다. 이 증명은 A의 차원과는 무관하다. 특히 결과는 행렬 $B=A^t$에 대하여도 또한 성립한다. 따라서

$$N(A^t)=N(B)=R(B^t)^{\perp}=R(A)^{\perp}$$

이다.

(b) $\mathbb{R}^n$ 또는 $\mathbb{R}^m$의 임의의 부분공간 S에 대하여

$$(S^{\perp})^{\perp}=S$$

이므로 (b)가 성립한다.

연립방정식 $A\boldsymbol{x}=\boldsymbol{b}$가 해를 갖기 위한 필요충분조건은 $\boldsymbol{b}\in R(A)$인 것임을 기억하자. $N(A^t)^{\perp}=R(A)$이므로 다음의 따름정리가 성립한다.

따름정리 2.5

A가 $m\times n$행렬이고 $\boldsymbol{b}\in\mathbb{R}^m$ 이면 $A\boldsymbol{x}=\boldsymbol{b}$을 만족하는 벡터 $\boldsymbol{x}\in\mathbb{R}^n$가 존재하거나 $A^t\boldsymbol{y}=\mathbf{0}$이고 $\boldsymbol{y}^t\boldsymbol{b}\neq 0$을 만족하는 벡터 $\boldsymbol{y}\in\mathbb{R}^m$가 존재한다.

예제 2.3

$A=\begin{pmatrix}1&1&2\\0&1&1\\1&3&4\end{pmatrix}$일 때 $N(A)$, $R(A^t)$와 $N(A^t)$, $R(A)$을 구하여라.

풀이 A을 변형된 행에 관한 사다리꼴로 고쳐서 $N(A)$와 $R(A^t)$의 기저를 각각 구할 수 있다.

$$\begin{pmatrix}1&1&2\\0&1&1\\1&3&4\end{pmatrix}\sim\begin{pmatrix}1&1&2\\0&1&1\\0&2&2\end{pmatrix}\sim\begin{pmatrix}1&0&1\\0&1&1\\0&0&0\end{pmatrix}$$

$(1,0,1)$와 $(0,1,1)$은 A의 행공간에 대한 기저를 이루므로

$$R(A^t)=\text{Span}\left\{\begin{pmatrix}1\\0\\1\end{pmatrix},\begin{pmatrix}0\\1\\1\end{pmatrix}\right\}$$

이다. 또한

$$N(A)=\left\{-t\begin{pmatrix}1\\1\\-1\end{pmatrix}\middle|\ t\in\mathbb{R}\right\}=\text{Span}\left\{\begin{pmatrix}1\\1\\-1\end{pmatrix}\right\}$$

이며 $N(A)$와 $R(A^t)$는 서로 직교보공간이다.

A^t을 변형된 행에 관한 사다리꼴로 고쳐서 $N(A^t)$와 $R(A)$의 기저를 각각 구할 수 있다.

$$\begin{pmatrix}1&0&1\\1&1&3\\2&1&4\end{pmatrix}\sim\begin{pmatrix}1&0&1\\0&1&2\\0&1&2\end{pmatrix}\sim\begin{pmatrix}1&0&1\\0&1&2\\0&0&0\end{pmatrix}$$

$(1,0,1)$와 $(0,1,2)$은 A^t의 행공간에 대한 기저를 이루므로

$$R(A)=\text{Span}\left\{\begin{pmatrix}1\\0\\1\end{pmatrix},\begin{pmatrix}0\\1\\2\end{pmatrix}\right\}$$

이다. 또한

$$N(A^t)=\left\{-t\begin{pmatrix}1\\2\\-1\end{pmatrix}\middle|\ t\in\mathbb{R}\right\}=\text{Span}\left\{\begin{pmatrix}1\\2\\-1\end{pmatrix}\right\}$$

이며 $N(A^t)$와 $R(A)$는 서로 직교보공간이다.

정의 2.6 (직교집합)

$v_1,v_2,\cdots,v_n$을 내적공간 V의 벡터라고 하자. $i\neq j$일 때 항상

$$\langle v_i,v_j\rangle=0$$

이면 $\{v_1,v_2,\cdots,v_n\}$을 직교집합(orthogonal set)이라고 부른다.

예제 2.4

집합 $\left\{\begin{pmatrix}1\\1\\1\end{pmatrix}, \begin{pmatrix}2\\1\\-3\end{pmatrix}, \begin{pmatrix}4\\-5\\1\end{pmatrix}\right\}$은 벡터공간 $\mathbb{R}^3$의 직교집합임을 보여라.

풀이 $\left\langle\begin{pmatrix}1\\1\\1\end{pmatrix}, \begin{pmatrix}2\\1\\-3\end{pmatrix}\right\rangle = 0$, $\left\langle\begin{pmatrix}1\\1\\1\end{pmatrix}, \begin{pmatrix}4\\-5\\1\end{pmatrix}\right\rangle = 0$, $\left\langle\begin{pmatrix}2\\1\\-3\end{pmatrix}, \begin{pmatrix}4\\-5\\1\end{pmatrix}\right\rangle = 0$

이므로 $\left\{\begin{pmatrix}1\\1\\1\end{pmatrix}, \begin{pmatrix}2\\1\\-3\end{pmatrix}, \begin{pmatrix}4\\-5\\1\end{pmatrix}\right\}$은 벡터공간 $\mathbb{R}^3$의 직교집합이다. ■

정리 2.7

$\{\boldsymbol{v}_1, \boldsymbol{v}_2, \cdots, \boldsymbol{v}_n\}$이 내적공간 V의 $\mathbf{0}$이 아닌 벡터의 직교집합이면 $\boldsymbol{v}_1, \boldsymbol{v}_2, \cdots, \boldsymbol{v}_n$은 일차독립이다.

증명 $\boldsymbol{v}_1, \boldsymbol{v}_2, \cdots, \boldsymbol{v}_n$을 서로 수직인 벡터라고 하고 $\alpha_1\boldsymbol{v}_1 + \alpha_2\boldsymbol{v}_2 + \cdots + \alpha_n\boldsymbol{v}_n = \mathbf{0}$라고 가정하자. 각 $i = 1, 2, \cdots, n$에 대하여

$$\begin{aligned} 0 = \langle \mathbf{0}, \boldsymbol{v}_i \rangle &= \langle \alpha_1\boldsymbol{v}_1 + \alpha_2\boldsymbol{v}_2 + \cdots + \alpha_n\boldsymbol{v}_n, \boldsymbol{v}_i \rangle \\ &= \alpha_1 \langle \boldsymbol{v}_1, \boldsymbol{v}_i \rangle + \alpha_2 \langle \boldsymbol{v}_2, \boldsymbol{v}_i \rangle + \cdots + \alpha_n \langle \boldsymbol{v}_n, \boldsymbol{v}_i \rangle \\ &= \alpha_i \langle \boldsymbol{v}_i, \boldsymbol{v}_i \rangle \end{aligned}$$

이고 $\langle \boldsymbol{v}_i, \boldsymbol{v}_i \rangle \neq 0$ 이므로 모든 $\alpha_i = 0$이다. 그러므로 $\boldsymbol{v}_1, \boldsymbol{v}_2, \cdots, \boldsymbol{v}_n$은 일차독립이다.

정의 2.8 (정규직교집합)

단위벡터들로 이루어진 직교집합을 정규직교집합(orthonormal set)이라 한다.

정의에 의하여 집합 $\{\boldsymbol{u}_1, \boldsymbol{u}_2, \cdots, \boldsymbol{u}_n\}$이 정규직교이기 위한 필요충분조건은

$$\langle \boldsymbol{u}_i, \boldsymbol{u}_j \rangle = \begin{cases} 1, & i = j \\ 0, & i \neq j \end{cases}$$

이다. $\mathbf{0}$이 아닌 벡터의 임의의 직교집합 $\{\boldsymbol{v}_1, \boldsymbol{v}_2, \cdots, \boldsymbol{v}_n\}$이 주어지면 모든 $i = 1, 2, \cdots, n$에 대하여

$$u_i = \frac{1}{\| v_i \|} v_i$$

로 둠으로써 정규직교집합 $\{u_1, u_2, \cdots, u_n\}$을 만들 수 있다.

예제 2.5

예제 2.4에서 집합 $\left\{ v_1 = \begin{pmatrix} 1 \\ 1 \\ 1 \end{pmatrix}, v_2 = \begin{pmatrix} 2 \\ 1 \\ -3 \end{pmatrix}, v_3 = \begin{pmatrix} 4 \\ -5 \\ 1 \end{pmatrix} \right\}$은 벡터공간 $\mathbb{R}^3$의 직교집합임을 알았다. 이 집합의 정규직교집합을 구하여라.

풀이 $u_1 = \dfrac{v_1}{\| v_1 \|} = \begin{pmatrix} \frac{1}{\sqrt{3}} \\ \frac{1}{\sqrt{3}} \\ \frac{1}{\sqrt{3}} \end{pmatrix}$, $u_2 = \dfrac{v_2}{\| v_2 \|} = \begin{pmatrix} \frac{2}{\sqrt{14}} \\ \frac{1}{\sqrt{14}} \\ \frac{-3}{\sqrt{14}} \end{pmatrix}$, $u_3 = \dfrac{v_3}{\| v_3 \|} = \begin{pmatrix} \frac{4}{\sqrt{42}} \\ \frac{-5}{\sqrt{42}} \\ \frac{1}{\sqrt{42}} \end{pmatrix}$

이므로 정규직교집합은

$$\left\{ u_1 = \begin{pmatrix} \frac{1}{\sqrt{3}} \\ \frac{1}{\sqrt{3}} \\ \frac{1}{\sqrt{3}} \end{pmatrix}, u_2 = \begin{pmatrix} \frac{2}{\sqrt{14}} \\ \frac{1}{\sqrt{14}} \\ \frac{-3}{\sqrt{14}} \end{pmatrix}, u_3 = \begin{pmatrix} \frac{4}{\sqrt{42}} \\ \frac{-5}{\sqrt{42}} \\ \frac{1}{\sqrt{42}} \end{pmatrix} \right\}$$

이다.

예제 2.6

내적이 $\langle f, g \rangle = \int_{-\pi}^{\pi} f(x) g(x)\, dx$로 정의된 내적공간 $C[-\pi, \pi]$에서 집합 $\{1, \cos x, \sin x\}$은 직교집합임을 보이고, 이 집합의 정규직교집합을 구하여라.

풀이 $\langle 1, \cos x \rangle = \int_{-\pi}^{\pi} \cos x \, dx = 0,$

$$\langle 1, \sin x \rangle = \int_{-\pi}^{\pi} \sin x \, dx = 0,$$

$$\langle \cos x, \sin x \rangle = \int_{-\pi}^{\pi} \cos x \sin x \, dx = 0$$

이므로

$$\{1, \cos x, \sin x\}$$

은 직교집합이다. 이때

$$\| 1 \|^2 = \langle 1, 1 \rangle = \int_{-\pi}^{\pi} 1 \, dx = 2\pi,$$

$$\| \cos x \|^2 = \langle \cos x, \cos x \rangle = \int_{-\pi}^{\pi} \cos^2 x \, dx = \pi,$$

$$\| \sin x \|^2 = \langle \sin x, \sin x \rangle = \int_{-\pi}^{\pi} \sin^2 x \, dx = \pi$$

이므로 정규직교집합은

$$\left\{ \frac{1}{\sqrt{2\pi}}, \frac{\cos x}{\sqrt{\pi}}, \frac{\sin x}{\sqrt{\pi}} \right\}$$

이다.

정리 2.7에 의하여 $\beta = \{\boldsymbol{u}_1, \boldsymbol{u}_2, \cdots, \boldsymbol{u}_n\}$가 내적공간 V의 정규직교집합이면 β는 V의 부분공간 S의 기저임을 알 수 있다. β를 S의 정규직교기저(orthonormal basis)라 부른다. 일반적인 기저를 사용하는 것보다는 정규직교기저를 사용하는 것이 훨씬 편리하다. 특히 정규직교기저에 관하여 주어진 벡터 $\boldsymbol{x}$의 좌표를 계산하는 것이 매우 쉽다.

정리 2.9

$\{\boldsymbol{u}_1, \boldsymbol{u}_2, \cdots, \boldsymbol{u}_n\}$이 내적공간 V의 정규직교기저일 때, $\boldsymbol{x} = \alpha_1 \boldsymbol{u}_1 + \alpha_2 \boldsymbol{u}_2 + \cdots + \alpha_n \boldsymbol{u}_n$ 이라 하면

(a) $\alpha_i = \langle \boldsymbol{x}, \boldsymbol{u}_i \rangle$

(b) $\| \boldsymbol{x} \|^2 = \alpha_1^2 + \alpha_2^2 + \cdots + \alpha_n^2$ (Parseval의 공식)

이 성립한다.

증명 (a) $\langle \boldsymbol{x}, \boldsymbol{u}_i \rangle = \left\langle \sum_{j=1}^{n} \alpha_j \boldsymbol{u}_j, \boldsymbol{u}_i \right\rangle = \sum_{j=1}^{n} \alpha_j \langle \boldsymbol{u}_j, \boldsymbol{u}_i \rangle = \alpha_i \langle \boldsymbol{u}_i, \boldsymbol{u}_i \rangle = \alpha_i$

(b) $$0 = \left\| \boldsymbol{x} - \sum_{j=1}^{n} \alpha_j \boldsymbol{u}_j \right\|^2$$

$$= \left\langle \boldsymbol{x} - \sum_{j=1}^{n} \alpha_j \boldsymbol{u}_j, \boldsymbol{x} - \sum_{j=1}^{n} \alpha_j \boldsymbol{u}_j \right\rangle$$

$$= \| \boldsymbol{x} \|^2 - 2 \sum_{j=1}^{n} \alpha_j \langle \boldsymbol{x}, \boldsymbol{u}_j \rangle + \| \boldsymbol{x} \|^2$$

$$= 2 \| \boldsymbol{x} \|^2 - 2 \sum_{j=1}^{n} \alpha_j^2$$

그러므로

$$\| \boldsymbol{x} \|^2 = \alpha_1^2 + \alpha_2^2 + \cdots + \alpha_n^2$$

이다.

예제 2.7

벡터공간 $\mathbb{R}^2$의 정규직교기저 $\left\{ \boldsymbol{u}_1 = \begin{pmatrix} \frac{1}{\sqrt{2}} \\ \frac{1}{\sqrt{2}} \end{pmatrix}, \boldsymbol{u}_2 = \begin{pmatrix} \frac{1}{\sqrt{2}} \\ \frac{-1}{\sqrt{2}} \end{pmatrix} \right\}$에 대하여 Parseval의 공식이 성립함을 보여라.

풀이 벡터공간 $\mathbb{R}^2$의 임의의 벡터 $\boldsymbol{x} = \begin{pmatrix} a \\ b \end{pmatrix} = c_1 \boldsymbol{u}_1 + c_2 \boldsymbol{u}_2$에 대하여

$$c_1 = \langle \boldsymbol{u}_1, \boldsymbol{x} \rangle = \frac{a+b}{\sqrt{2}}, \quad c_2 = \langle \boldsymbol{u}_2, \boldsymbol{x} \rangle = \frac{a-b}{\sqrt{2}}$$

이므로

$$\boldsymbol{x} = \left(\frac{a+b}{\sqrt{2}} \right) \boldsymbol{u}_1 + \left(\frac{a-b}{\sqrt{2}} \right) \boldsymbol{u}_2$$

이고

$$c_1^2 + c_2^2 = \left(\frac{a+b}{\sqrt{2}}\right)^2 + \left(\frac{a-b}{\sqrt{2}}\right)^2 = a^2 + b^2 = \|\boldsymbol{x}\|^2$$

임을 알 수 있다.

정리 2.10

S를 내적공간 V의 부분공간이라 하고 $\boldsymbol{x} \in V$라 하자. $\{\boldsymbol{u}_1, \boldsymbol{u}_2, \cdots, \boldsymbol{u}_n\}$이 S에 대한 정규직교기저라 할 때

$$\boldsymbol{p} = \langle \boldsymbol{x}, \boldsymbol{u}_1 \rangle \boldsymbol{u}_1 + \langle \boldsymbol{x}, \boldsymbol{u}_2 \rangle \boldsymbol{u}_2 + \cdots + \langle \boldsymbol{x}, \boldsymbol{u}_n \rangle \boldsymbol{u}_n$$

라고 두면

$$\boldsymbol{p} - \boldsymbol{x} \in S^{\perp}$$

이다.

증명 먼저 임의의 $i = 1, 2, \cdots, n$에 대하여 $\alpha_i = \langle \boldsymbol{x}, \boldsymbol{u}_i \rangle$라 두자.

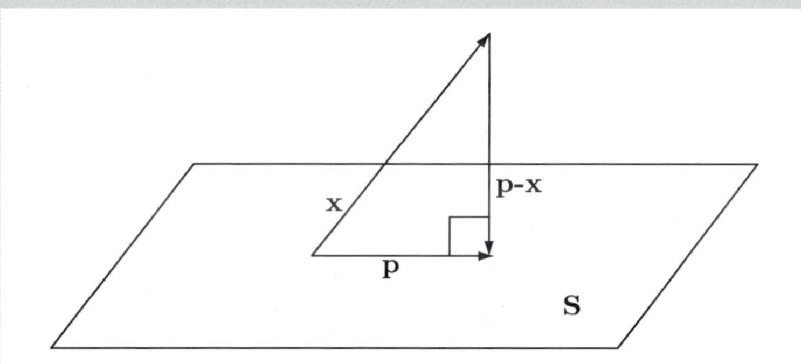

$$\langle \boldsymbol{p} - \boldsymbol{x}, \boldsymbol{u}_i \rangle = \langle \boldsymbol{p}, \boldsymbol{u}_i \rangle - \langle \boldsymbol{x}, \boldsymbol{u}_i \rangle = \left\langle \sum_{j=1}^{n} \alpha_j \boldsymbol{u}_j, \boldsymbol{u}_i \right\rangle - \alpha_i = \sum_{j=1}^{n} \alpha_j \langle \boldsymbol{u}_j, \boldsymbol{u}_i \rangle - \alpha_i = 0$$

이다. 즉 모든 $i = 1, 2, \cdots, n$에 대하여

$$(\boldsymbol{p} - \boldsymbol{x}) \perp \boldsymbol{u}_i$$

이다. 따라서 $\boldsymbol{y} \in S$이면 $\boldsymbol{y} = \sum_{j=1}^{n} \beta_j \boldsymbol{u}_j$이므로

$$\langle \boldsymbol{p} - \boldsymbol{x}, \boldsymbol{y} \rangle = \left\langle \boldsymbol{p} - \boldsymbol{x}, \sum_{j=1}^{n} \beta_j \boldsymbol{u}_j \right\rangle = \sum_{j=1}^{n} \beta_j \langle \boldsymbol{p} - \boldsymbol{x}, \boldsymbol{u}_j \rangle = 0$$

가 성립한다. 그러므로 $\boldsymbol{p} - \boldsymbol{x} \in S^{\perp}$이다.

만약 $x \in S$이면 $p-x=0$ 이므로 정리 2.10의 결과는 분명히 성립한다.

정리 2.11

정리 2.10의 가정 아래서 p는 x에 가장 가까운 S의 원소이다. 즉 S의 임의의 원소 $y(\neq p)$에 대하여

$$\| y-x \| > \| p-x \|$$

가 성립한다.

증명 먼저

$$\| y-x \|^2 = \| (y-p)+(p-x) \|^2$$

이다. $y-p \in S$이고 정리 2.10에 의해 $p-x \in S^{\perp}$이므로 $y-p$와 $p-x$는 직교한다. 따라서 피타고라스의 정리에 의하여

$$\| y-x \|^2 = \| y-p \|^2 + \| p-x \|^2$$

이다. 그러므로 $\| y-x \| > \| p-x \|$ 이다.

정리 2.10에 의하여 정의된 벡터 p를 x의 S위로의 정사영이라고 부른다. S를 내적공간 $\mathbb{R}^3$의 부분공간이라 하고 $\{u_1=(1,0,0)^t, u_2=(0,1,0)^t\}$를 S에 대한 정규직교기저라 할 때, $p=(5,3,0)^t$는 $x=(5,3,4)^t$의 S위로의 정사영이라 할 수 있다.

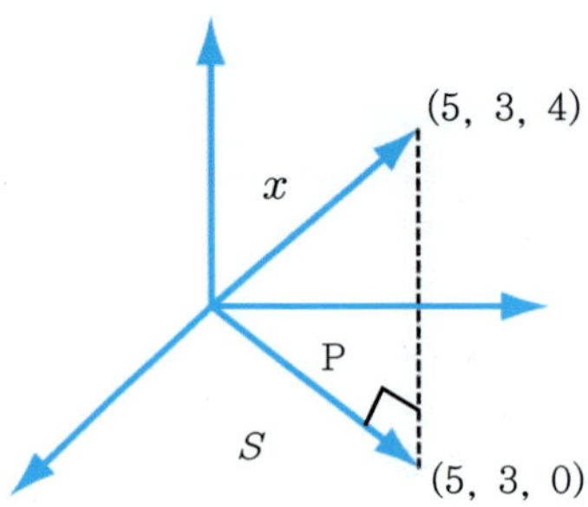

$$p = \langle x, u_1 \rangle u_1 + \langle x, u_2 \rangle u_2$$

예제 2.8

벡터공간 $\mathbb{R}^3$의 부분공간 $S=\mathrm{Span}\left\{\begin{pmatrix}1\\0\\0\end{pmatrix},\begin{pmatrix}0\\1\\0\end{pmatrix}\right\}$에 대하여 $\mathbb{R}^3$의 벡터 $\boldsymbol{x}=\begin{pmatrix}5\\3\\4\end{pmatrix}$에 가장 가까운 S의 벡터 $\boldsymbol{p}$을 구하여라.

풀이 $\left\{\boldsymbol{u}_1=\begin{pmatrix}1\\0\\0\end{pmatrix},\boldsymbol{u}_2=\begin{pmatrix}0\\1\\0\end{pmatrix}\right\}$은 S의 정규직교기저를 이루고 있다. 따라서 정리 2.10과 2.11에 의하여 벡터

$$\boldsymbol{p}=\langle \boldsymbol{x},\boldsymbol{u}_1\rangle\boldsymbol{u}_1+\langle \boldsymbol{x},\boldsymbol{u}_2\rangle\boldsymbol{u}_2$$

이다.

$$\langle \boldsymbol{x},\boldsymbol{u}_1\rangle=\left\langle\begin{pmatrix}5\\3\\4\end{pmatrix},\begin{pmatrix}1\\0\\0\end{pmatrix}\right\rangle=5,\ \langle \boldsymbol{x},\boldsymbol{u}_2\rangle=\left\langle\begin{pmatrix}5\\3\\4\end{pmatrix},\begin{pmatrix}0\\1\\0\end{pmatrix}\right\rangle=3$$

이므로 $\boldsymbol{p}=5\boldsymbol{u}_1+3\boldsymbol{u}_2=\begin{pmatrix}5\\3\\0\end{pmatrix}$가 구하는 벡터이다.

연습문제 2절

1. 내적공간 $\mathbb{R}^3$의 세 벡터 $\boldsymbol{x}_1=\begin{pmatrix}\frac{1}{3\sqrt{2}}\\\frac{1}{3\sqrt{2}}\\-\frac{4}{3\sqrt{2}}\end{pmatrix}$, $\boldsymbol{x}_2=\begin{pmatrix}\frac{2}{3}\\\frac{2}{3}\\\frac{1}{3}\end{pmatrix}$, $\boldsymbol{x}_3=\begin{pmatrix}\frac{1}{\sqrt{2}}\\-\frac{1}{\sqrt{2}}\\0\end{pmatrix}$에 대하여 다음 물음에 답하여라.

(1) $\{\boldsymbol{x}_1,\boldsymbol{x}_2,\boldsymbol{x}_3\}$은 $\mathbb{R}^3$에 대한 정규직교기저임을 보여라.

(2) $\boldsymbol{x}=\begin{pmatrix}1\\1\\1\end{pmatrix}$을 $\boldsymbol{x}_1$, $\boldsymbol{x}_2$와 $\boldsymbol{x}_3$의 일차결합으로 나타내어라.

2. $\mathbb{R}^3$상의 두 벡터 $\boldsymbol{u}=(3,-2,1)$와 $\boldsymbol{v}=(1,1,5)$에 대하여 $\boldsymbol{u}$의 $\boldsymbol{v}$ 위로의 정사영 벡터와 $\boldsymbol{v}$에 대한 $\boldsymbol{u}$의 수직성분 벡터를 각각 구하여라.

3. S을 벡터 $x=(x_1,\ x_2,\ x_3)^t$와 $y=(y_1,\ y_2,\ y_3)^t$로 생성(Span)된 $\mathbb{R}^3$의 부분공간이라 하고 $A=\begin{pmatrix} x_1 & x_2 & x_3 \\ y_1 & y_2 & y_3 \end{pmatrix}$라 할 때 다음 물음에 답하여라.

(1) S의 직교보공간 $S^\perp$의 정의를 써라.

(2) $N(A)$의 정의를 써라.

(3) (1)과 (2)을 이용하여 $S^\perp$과 $N(A)$의 관계를 나타내어라.

(4) $S=\text{Span}\{(1,0,1)^t,\ (1,1,2)^t\}$일 때, $S^\perp$의 기저를 구하여라.

4. $W=\text{span}\left\{\begin{pmatrix} 1 \\ -3 \\ 5 \\ 0 \\ 5 \end{pmatrix}, \begin{pmatrix} -1 \\ 1 \\ 2 \\ -2 \\ 3 \end{pmatrix}\right\}$의 직교보공간 $W^\perp$의 기저를 구하여라.

5. $\mathbb{R}^3$의 벡터 a에 대하여 집합 W을 a에 직교하는 모든 벡터의 모임이라 하자. W는 $\mathbb{R}^3$의 부분공간임을 보여라 (단, 벡터 0는 모든 벡터에 수직이다).

제3절 Gram-Schmidt 직교화

이 절에서는 n차원 내적공간 V에 대한 정규직교기저를 만드는 과정을 공부하게 된다. 주어진 기저 $\{\boldsymbol{x}_1,\boldsymbol{x}_2,\cdots,\boldsymbol{x}_n\}$로부터 정사영을 이용하여 정규직교기저 $\{\boldsymbol{u}_1,\boldsymbol{u}_2,\cdots,\boldsymbol{u}_n\}$을 만드는 방법이다.

모든 $k=1,2,\cdots,n$에 대하여 $\text{Span}\{\boldsymbol{u}_1,\boldsymbol{u}_2,\cdots,\boldsymbol{u}_k\}=\text{Span}\{\boldsymbol{x}_1,\boldsymbol{x}_2,\cdots,\boldsymbol{x}_k\}$가 되도록 $\boldsymbol{u}_k$를 만들어 나갈 것이다. 먼저

$$\boldsymbol{u}_1=\frac{\boldsymbol{x}_1}{\|\boldsymbol{x}_1\|} \tag{1}$$

이라 두자. $\boldsymbol{u}_1$은 $\boldsymbol{x}_1$과 같은 방향의 단위벡터이므로 $\mathrm{Span}\{\boldsymbol{u}_1\} = \mathrm{Span}\{\boldsymbol{x}_1\}$이다. $\boldsymbol{p}_1$을 $\boldsymbol{x}_2$의 $\mathrm{Span}\{\boldsymbol{u}_1\}$ 위로의 정사영이라고 하자. 정리 2.10에 의하여

$$\boldsymbol{p}_1 = < \boldsymbol{x}_2, \boldsymbol{u}_1 > \boldsymbol{u}_1$$

이고,

$$(\boldsymbol{x}_2 - \boldsymbol{p}_1) \perp \boldsymbol{u}_1$$

이다. 따라서

$$\boldsymbol{x}_2 - \boldsymbol{p}_1 = -\frac{< \boldsymbol{x}_2, \boldsymbol{u}_1 >}{\| \boldsymbol{x}_1 \|} \boldsymbol{x}_1 + \boldsymbol{x}_2 \tag{2}$$

이고 $\boldsymbol{x}_1$와 $\boldsymbol{x}_2$은 일차독립이므로 $\boldsymbol{x}_2 - \boldsymbol{p}_1 \neq \boldsymbol{0}$이다. 이제

$$\boldsymbol{u}_2 = \frac{\boldsymbol{x}_2 - \boldsymbol{p}_1}{\| \boldsymbol{x}_2 - \boldsymbol{p}_1 \|} \tag{3}$$

이라 두면

$$< u_2, u_1 > = \frac{1}{\|x_2 - p_1\|} < x_2 - p_1, u_1 > = 0$$

이므로 $\boldsymbol{u}_2$은 $\boldsymbol{u}_1$과 직교하는 단위벡터가 된다.

(1), (2)와 (3)에 의하여

$$\mathrm{Span}\{\boldsymbol{u}_1, \boldsymbol{u}_2\} \subseteq \mathrm{Span}\{\boldsymbol{x}_1, \boldsymbol{x}_2\}$$

이다. $\boldsymbol{u}_1$과 $\boldsymbol{u}_2$는 일차독립이고 $\{\boldsymbol{u}_1, \boldsymbol{u}_2\}$는 $\mathrm{Span}\{\boldsymbol{x}_1, \boldsymbol{x}_2\}$에 대한 정규직교기저이므로

$$\mathrm{Span}\{\boldsymbol{u}_1, \boldsymbol{u}_2\} = \mathrm{Span}\{\boldsymbol{x}_1, \boldsymbol{x}_2\}$$

임을 알 수 있다. $\boldsymbol{u}_3$을 만들기 위하여 같은 방법으로 계속하자.

$\boldsymbol{p}_2$을 $\boldsymbol{x}_3$의 $\mathrm{Span}\{\boldsymbol{u}_1, \boldsymbol{u}_2\}$ 위로의 정사영이라 하면

$$\boldsymbol{p}_2 = < \boldsymbol{x}_3, \boldsymbol{u}_1 > \boldsymbol{u}_1 + < \boldsymbol{x}_3, \boldsymbol{u}_2 > \boldsymbol{u}_2$$

이고

$$\boldsymbol{u}_3 = \frac{\boldsymbol{x}_3 - \boldsymbol{p}_2}{\| \boldsymbol{x}_3 - \boldsymbol{p}_2 \|}$$

라고 두고 위의 과정을 반복하면 된다.

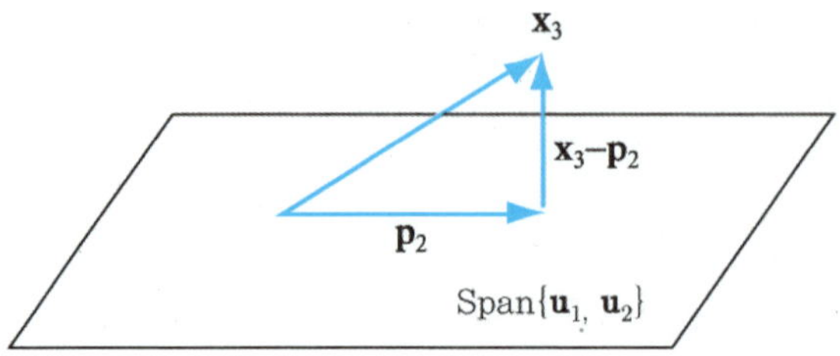

정리 3.1

$\{x_1, x_2, \cdots, x_n\}$을 내적공간 V에 대한 기저라고 하자. $u_1 = \dfrac{x_1}{\| x_1 \|}$라 두고 $u_1, u_2, \cdots, u_n$을 다음과 같이 귀납적으로 정의하자.

$$u_{k+1} = \frac{x_{k+1} - p_k}{\| x_{k+1} - p_k \|}, \quad k = 1, 2, \cdots, n-1$$

단, $p_k = < x_{k+1}, u_1 > u_1 + < x_{k+1}, u_2 > u_2 + \cdots + < x_{k+1}, u_k > u_k$이다.
그러면 집합 $\{u_1, u_2, \cdots, u_n\}$은 V에 대한 정규직교기저이다.

증명 귀납법에 의하여 증명하자. 분명히

$$\mathrm{Span}\{u_1\} = \mathrm{Span}\{x_1\}$$

이다. 이제 $u_1, u_2, \cdots, u_k$는 $\{u_1, u_2, \cdots, u_k\}$가 정규직교집합이고

$$\mathrm{Span}\{u_1, u_2, \cdots, u_k\} = \mathrm{Span}\{x_1, x_2, \cdots, x_k\}$$

이 성립하도록 만들어졌다고 가정하자. p_k는 $u_i\ (1 \le i \le k)$ 들의 1차결합이므로

$$p_k \in \mathrm{Span}\{x_1, x_2, \cdots, x_k\}$$

이고

$$x_{k+1} - p_k \in \mathrm{Span}\{x_1, x_2, \cdots, x_{k+1}\}$$

이다.

$$x_{k+1} - p_k = x_{k+1} - \sum_{i=1}^{k} c_i x_i$$

이고 $x_1, x_2, \cdots, x_{k+1}$은 일차독립이므로 $x_{k+1} - p_k$는 $\mathbf{0}$이 아닌 벡터이고 정리 2.10

에 의하여 그것은 임의의 $\boldsymbol{u}_i\,(1 \le i \le k)$에 직교한다는 것을 알 수 있다. 따라서 $\{\boldsymbol{u}_1, \boldsymbol{u}_2, \cdots, \boldsymbol{u}_{k+1}\}$은 $\mathrm{Span}\{\boldsymbol{x}_1, \boldsymbol{x}_2, \cdots, \boldsymbol{x}_{k+1}\}$의 정규직교집합이다. $\boldsymbol{u}_1, \boldsymbol{u}_2, \cdots, \boldsymbol{u}_{k+1}$은 일차독립이므로 $\mathrm{Span}\{\boldsymbol{x}_1, \boldsymbol{x}_2, \cdots, \boldsymbol{x}_{k+1}\}$에 대한 기저를 이룬다. 따라서

$$\mathrm{Span}\{\boldsymbol{u}_1, \boldsymbol{u}_2, \cdots, \boldsymbol{u}_{k+1}\} = \mathrm{Span}\{\boldsymbol{x}_1, \boldsymbol{x}_2, \cdots, \boldsymbol{x}_{k+1}\}$$

이 성립한다. 귀납법에 의하여 $\{\boldsymbol{u}_1, \boldsymbol{u}_2, \cdots, \boldsymbol{u}_n\}$은 V에 대한 정규직교기저이다.

예제 3.1

벡터공간 P_2의 내적을 $\langle p, q \rangle = \sum_{i=1}^{3} p(t_i) q(t_i)$ (여기서 $t_1 = -1,\ t_2 = 0,\ t_3 = 1$)로 정의할 때 기저 $\{\boldsymbol{x}_1 = 1,\ \boldsymbol{x}_2 = x,\ \boldsymbol{x}_3 = x^2\}$를 정규직교기저 $\{\boldsymbol{u}_1, \boldsymbol{u}_2, \boldsymbol{u}_3\}$로 변환하여라.

풀이 $\| \boldsymbol{x}_1 \|^2 = < 1, 1 > = 3$이므로

$$\boldsymbol{u}_1 = \frac{\boldsymbol{x}_1}{\| \boldsymbol{x}_1 \|} = \frac{1}{\sqrt{3}}$$

이다. $\boldsymbol{x}_2$의 $\mathrm{Span}\{u_1\}$ 위로의 정사영

$$\boldsymbol{p}_1 = \langle \boldsymbol{x}_2, \boldsymbol{u}_1 \rangle \boldsymbol{u}_1 = \left\langle x, \frac{1}{\sqrt{3}} \right\rangle \frac{1}{\sqrt{3}}$$

$$= \left(-1 \cdot \frac{1}{\sqrt{3}} + 0 \cdot \frac{1}{\sqrt{3}} + 1 \cdot \frac{1}{\sqrt{3}}\right) \frac{1}{\sqrt{3}} = 0$$

이다. $\boldsymbol{x}_2 - \boldsymbol{p}_1 = x - 0 = x$이므로

$$\| \boldsymbol{x}_2 - \boldsymbol{p}_1 \|^2 = \| x \|^2 = < x, x > = 2$$

이다. 따라서

$$\boldsymbol{u}_2 = \frac{\boldsymbol{x}_2 - \boldsymbol{p}_1}{\| \boldsymbol{x}_2 - \boldsymbol{p}_1 \|} = \frac{x}{\sqrt{2}}$$

이다. $\boldsymbol{x}_3$의 $\mathrm{Span}\{u_1, u_2\}$ 위로의 정사영

$$\boldsymbol{p}_2 = \langle \boldsymbol{x}_3, \boldsymbol{u}_1 \rangle \boldsymbol{u}_1 + \langle \boldsymbol{x}_3, \boldsymbol{u}_2 \rangle \boldsymbol{u}_2 = \left\langle x^2, \frac{1}{\sqrt{3}} \right\rangle \frac{1}{\sqrt{3}} + \left\langle x^2, \frac{x}{\sqrt{2}} \right\rangle \frac{x}{\sqrt{2}} = \frac{2}{3}$$

이다. $\boldsymbol{x}_3 - \boldsymbol{p}_2 = x^2 - \frac{2}{3}$ 이므로

$$\| \boldsymbol{x}_3 - \boldsymbol{p}_2 \|^2 = \left\| x^2 - \frac{2}{3} \right\|^2 = \frac{2}{3}$$

이다. 따라서

$$\boldsymbol{u}_3 = \frac{\boldsymbol{x}_3 - \boldsymbol{p}_2}{\| \boldsymbol{x}_3 - \boldsymbol{p}_2 \|} = \frac{\sqrt{6}}{2}(x^2 - \frac{2}{3})$$

이다. 그러므로 정규직교기저는 $\left\{ \boldsymbol{u}_1 = \frac{1}{\sqrt{3}},\ \boldsymbol{u}_2 = \frac{x}{\sqrt{2}},\ \boldsymbol{u}_3 = \frac{\sqrt{6}}{2}(x^2 - \frac{2}{3}) \right\}$ 이다.

예제 3.2

$A = \begin{pmatrix} 1 & 1 & 2 \\ 1 & 2 & 3 \\ 1 & 2 & 1 \\ 1 & 1 & 6 \end{pmatrix}$ 일 때 집합 $\left\{ \boldsymbol{x}_1 = \begin{pmatrix} 1 \\ 1 \\ 1 \\ 1 \end{pmatrix}, \boldsymbol{x}_2 = \begin{pmatrix} 1 \\ 2 \\ 2 \\ 1 \end{pmatrix}, \boldsymbol{x}_3 = \begin{pmatrix} 2 \\ 3 \\ 1 \\ 6 \end{pmatrix} \right\}$ 을 정규직교집합 $\{\boldsymbol{u}_1, \boldsymbol{u}_2, \boldsymbol{u}_3\}$ 으로 변환하여라.

풀이 $\| \boldsymbol{x}_1 \|^2 = \langle \boldsymbol{x}_1, \boldsymbol{x}_1 \rangle = 4$ 이므로

$$\boldsymbol{u}_1 = \frac{\boldsymbol{x}_1}{\| \boldsymbol{x}_1 \|} = \left(\frac{1}{2}, \frac{1}{2}, \frac{1}{2}, \frac{1}{2} \right)^t$$

이다.

$$\boldsymbol{p}_1 = \langle \boldsymbol{x}_2, \boldsymbol{u}_1 \rangle \boldsymbol{u}_1 = 3\boldsymbol{u}_1 = \left(\frac{3}{2}, \frac{3}{2}, \frac{3}{2}, \frac{3}{2} \right)^t$$

이므로 $\boldsymbol{x}_2 - \boldsymbol{p}_1 = \left(-\frac{1}{2}, \frac{1}{2}, \frac{1}{2}, -\frac{1}{2} \right)^t$ 이다. 따라서

$$\boldsymbol{u}_2 = \frac{\boldsymbol{x}_2 - \boldsymbol{p}_1}{\| \boldsymbol{x}_2 - \boldsymbol{p}_1 \|} = \left(-\frac{1}{2}, \frac{1}{2}, \frac{1}{2}, -\frac{1}{2} \right)^t$$

이다.

$$\boldsymbol{p}_2 = \langle \boldsymbol{x}_3, \boldsymbol{u}_1 \rangle \boldsymbol{u}_1 + \langle \boldsymbol{x}_3, \boldsymbol{u}_2 \rangle \boldsymbol{u}_2 = 6\boldsymbol{u}_1 - 2\boldsymbol{u}_2 = (4, 2, 2, 4)^t$$

이므로 $\boldsymbol{x}_3 - \boldsymbol{p}_2 = (-2, 1, -1, 2)^t$이다. 따라서

$$\boldsymbol{u}_3 = \frac{\boldsymbol{x}_3 - \boldsymbol{p}_2}{\| \boldsymbol{x}_3 - \boldsymbol{p}_2 \|} = \left(\frac{-2}{\sqrt{10}}, \frac{1}{\sqrt{10}}, \frac{-1}{\sqrt{10}}, \frac{2}{\sqrt{10}} \right)^t$$

이다. 그러므로 $\left\{ \boldsymbol{u}_1 = \frac{1}{2}\begin{pmatrix} 1 \\ 1 \\ 1 \\ 1 \end{pmatrix}, \boldsymbol{u}_2 = \frac{1}{2}\begin{pmatrix} -1 \\ 1 \\ 1 \\ -1 \end{pmatrix}, \boldsymbol{u}_3 = \frac{1}{\sqrt{10}}\begin{pmatrix} -2 \\ 1 \\ -1 \\ 2 \end{pmatrix} \right\}$이다.

연습문제 3절

1. $\mathbb{R}^3$에서 내적이 $< \boldsymbol{u}, \boldsymbol{v} > = \boldsymbol{u} \cdot \boldsymbol{v}$으로 정의되어 있다.

(1) 기저 $S = \{(1, -1, 1), (-2, 3, -1), (1, 2, -4)\}$ 의 정규직교기저를 구하여라.

(2) $\boldsymbol{v} = (-2,\ 1,\ 0)$을 정규직교기저의 일차결합으로 나타내어라.

2. 행렬 $A = \begin{pmatrix} 1 & 2 & 2 \\ -1 & 1 & 2 \\ -1 & 0 & 1 \\ 1 & 1 & 2 \end{pmatrix}$의 열벡터에 대한 정규직교기저를 구하여라.

3. P_2에서의 내적을

$$< p(x), q(x) > = \sum_{i=1}^{3} p(x_i) q(x_i),\ x_1 = -1,\ x_2 = 0,\ x_3 = 1$$

으로 정의할 때 다음 물음에 답하여라.

(1) P_2의 기저 $\{2,\ 1+x,\ 1+x+x^2\}$에 대한 정규직교기저를 구하여라.

(2) $-3 + 4x - 5x^2$을 정규직교기저의 일차결합으로 나타내어라.

4. 벡터공간 $C[-1, 1]$에 내적이 다음과 같이 주어져 있다.

$$\langle f, g \rangle = \int_{-1}^{1} f(x) g(x) dx$$

$C[-1, 1]$의 부분공간 $P_2 = \{a_0 + a_1 x + a_2 x^2 \mid a_i \in \mathbb{R}\}$의 기저 $\{1, x, x^2\}$을 이용하여 정규직교 기저를 구성하여라.

5. $\mathbb{R}^3$의 부분공간 S의 정규직교기저가 $\left\{\frac{1}{\sqrt{2}}\begin{pmatrix}1\\0\\1\end{pmatrix}, \frac{1}{\sqrt{6}}\begin{pmatrix}-1\\2\\1\end{pmatrix}\right\}$ 일 때, $\mathbb{R}^3$에서 S 으로의 정사영인 선형변환 $T:\mathbb{R}^3\to S$의 공식 $T\begin{pmatrix}x\\y\\z\end{pmatrix}$ 을 구하여라.

6. $<\begin{pmatrix}x_1\\x_2\\x_3\end{pmatrix}, \begin{pmatrix}y_1\\y_2\\y_3\end{pmatrix}> = x_1y_1+x_2y_2+x_3y_3$ 인 내적공간 $\mathbb{R}^3$의 부분공간 $S=\mathrm{Span}\left\{\begin{pmatrix}1\\0\\1\end{pmatrix}, \begin{pmatrix}0\\1\\1\end{pmatrix}\right\}$ 에 대하여 다음 물음에 답하여라.

(1) S의 정규직교기저를 구하여라.

(2) 벡터공간 $\mathbb{R}^3$의 임의의 벡터 $\boldsymbol{x}=\begin{pmatrix}a\\b\\c\end{pmatrix}$의 S로의 정사영벡터를 구하여라.

제4절 QR인수분해

Gram-Schmidt 직교화를 행렬의 열벡터에 응용하여 유용한 인수분해를 만들 수 있다.

정리 4.1

A가 계수 n인 $m\times n$행렬이면 A를 인수분해하여 QR곱으로 나타낼 수 있다. 여기서 Q는 정규직교열을 갖는 $m\times n$행렬이고 R은 정칙인 $n\times n$상삼각행렬이다.

증명 $\boldsymbol{x}_1,\boldsymbol{x}_2,\cdots,\boldsymbol{x}_n$ 을 A의 열이라 하자. $\boldsymbol{p}_1,\boldsymbol{p}_2,\cdots,\boldsymbol{p}_{n-1}$ 을 정리 3.1에서와 같이 정의하고 $\{\boldsymbol{u}_1,\boldsymbol{u}_2,\cdots,\boldsymbol{u}_n\}$을 Gram-Schmidt 직교화에서 유도된 $R(A)$의 정규직교기저라고 하자.

$$\alpha_{11}=\|\boldsymbol{x}_1\|,\ \alpha_{kk}=\|\boldsymbol{x}_k-\boldsymbol{p}_{k-1}\|,\ (k=2,\cdots,n)$$
$$\alpha_{ik}=\langle \boldsymbol{x}_k,\boldsymbol{u}_i\rangle,\ (k=2,\cdots,n,\ \ i=1,2,\cdots,k-1)$$

로 정의하면 Gram-Schmidt 직교화에 의하여

$$\alpha_{11}\boldsymbol{u}_1 = \boldsymbol{x}_1,$$

$$\alpha_{kk}\boldsymbol{u}_k = \boldsymbol{x}_k - \alpha_{1k}\boldsymbol{u}_1 - \alpha_{2k}\boldsymbol{u}_2 - \cdots - \alpha_{(k-1)k}\boldsymbol{u}_{k-1} \quad (k = 2, 3, \cdots, n)$$

이므로

$$\begin{aligned} \boldsymbol{x}_1 &= \alpha_{11}\boldsymbol{u}_1 \\ \boldsymbol{x}_2 &= \alpha_{12}\boldsymbol{u}_1 + \alpha_{22}\boldsymbol{u}_2 \\ &\vdots \\ \boldsymbol{x}_n &= \alpha_{1n}\boldsymbol{u}_1 + \alpha_{2n}\boldsymbol{u}_2 + \cdots + \alpha_{nn}\boldsymbol{u}_n \end{aligned}$$

이다. 이 방정식의 각각을 전치시키면 다음과 같은 행렬방정식으로 쓸 수 있다.

$$A^t = \begin{pmatrix} \boldsymbol{x}_1^t \\ \boldsymbol{x}_2^t \\ \vdots \\ \boldsymbol{x}_n^t \end{pmatrix} = \begin{pmatrix} \alpha_{11} & 0 & \cdots & 0 \\ \alpha_{12} & \alpha_{22} & \cdots & 0 \\ \vdots & \vdots & \cdots & \vdots \\ \alpha_{1n} & \alpha_{2n} & \cdots & \alpha_{nn} \end{pmatrix} \begin{pmatrix} \boldsymbol{u}_1^t \\ \boldsymbol{u}_2^t \\ \vdots \\ \boldsymbol{u}_n^t \end{pmatrix}$$

그러므로

$$A = (\boldsymbol{u}_1, \boldsymbol{u}_2, \cdots, \boldsymbol{u}_n) \begin{pmatrix} \alpha_{11} & \alpha_{12} & \cdots & \alpha_{1n} \\ 0 & \alpha_{22} & \cdots & \alpha_{2n} \\ \vdots & \vdots & \cdots & \vdots \\ 0 & 0 & \cdots & \alpha_{nn} \end{pmatrix} = QR$$

을 얻는다. Q의 열은 정규직교벡터 $\boldsymbol{u}_1, \boldsymbol{u}_2, \cdots, \boldsymbol{u}_n$이고 각 $k = 1, 2, \cdots, n$에 대하여 $\alpha_{kk} \neq 0$이므로 R은 정칙이다.

예제 4.1

행렬 $A = \begin{pmatrix} 1 & 1 & 2 \\ 1 & 2 & 3 \\ 1 & 2 & 1 \\ 1 & 1 & 6 \end{pmatrix}$을 QR곱으로 인수분해를 하여라.

풀이 5.3절 예제 3.2에서

$$u_1 = \frac{\boldsymbol{x}_1}{\| \boldsymbol{x}_1 \|} = \frac{\boldsymbol{x}_1}{2},$$

$$u_2 = \frac{x_2 - p_1}{\| x_2 - p_1 \|} = x_2 - p_1 = x_2 - 3u_1,$$

$$u_3 = \frac{x_3 - p_2}{\| x_3 - p_2 \|} = \frac{x_3 - p_2}{\sqrt{10}} = \frac{x_3 - (6u_1 - 2u_2)}{\sqrt{10}}$$

이므로

$$x_1 = 2 \cdot u_1 + 0 \cdot u_2 + 0 \cdot u_3$$

$$x_2 = 3 \cdot u_1 + 1 \cdot u_2 + 0 \cdot u_3$$

$$x_3 = 6 \cdot u_1 + (-2) \cdot u_2 + \sqrt{10} \cdot u_3$$

을 얻는다. 정리 4.1에 의하여

$$Q = (u_1, u_2, u_3) = \begin{pmatrix} \frac{1}{2} & \frac{-1}{2} & \frac{-2}{\sqrt{10}} \\ \frac{1}{2} & \frac{1}{2} & \frac{1}{\sqrt{10}} \\ \frac{1}{2} & \frac{1}{2} & \frac{-1}{\sqrt{10}} \\ \frac{1}{2} & \frac{-1}{2} & \frac{2}{\sqrt{10}} \end{pmatrix}, \quad R = \begin{pmatrix} 2 & 3 & 6 \\ 0 & 1 & -2 \\ 0 & 0 & \sqrt{10} \end{pmatrix}$$

을 얻는다. 실제로 $QR = A$임은 계산에 의하여 쉽게 알 수 있다.

예제 4.2

행렬 $A = \begin{pmatrix} 2 & 1 \\ 1 & 1 \\ 2 & 1 \end{pmatrix}$을 QR곱으로 인수분해를 하여라.

풀이 A의 열벡터를 $x_1 = \begin{pmatrix} 2 \\ 1 \\ 2 \end{pmatrix}$, $x_2 = \begin{pmatrix} 1 \\ 1 \\ 1 \end{pmatrix}$이라 하자. A의 열공간의 정규직교기저 $\{u_1, u_2\}$를 구하자.

$\| x_1 \| = 3$이므로

$$u_1 = \frac{x_1}{\| x_1 \|} = \left(\frac{2}{3}, \frac{1}{3}, \frac{2}{3} \right)^t$$

이다.

$$p_1 = \langle x_2, u_1 \rangle u_1 = \frac{5}{3} u_1 = \left(\frac{10}{9}, \frac{5}{9}, \frac{10}{9} \right)^t$$

이므로

$$x_2 - p_1 = \left(\frac{-1}{9}, \frac{4}{9}, \frac{-1}{9} \right)^t$$

이다. $\| x_2 - p_1 \| = \frac{\sqrt{2}}{3}$ 이므로

$$u_2 = \frac{x_2 - p_1}{\| x_2 - p_1 \|} = \frac{1}{3\sqrt{2}} \begin{pmatrix} -1 \\ 4 \\ -1 \end{pmatrix}$$

이다. 따라서

$$x_1 = 3 \cdot u_1 + 0 \cdot u_2,\ x_2 = \frac{5}{3} \cdot u_1 + \frac{\sqrt{2}}{3} \cdot u_2$$

을 얻는다. 정리 4.1에 의하여

$$Q = (u_1, u_2) = \begin{pmatrix} \frac{2}{3} & \frac{-1}{3\sqrt{2}} \\ \frac{1}{3} & \frac{4}{3\sqrt{2}} \\ \frac{2}{3} & \frac{-1}{3\sqrt{2}} \end{pmatrix},\ R = \begin{pmatrix} 3 & \frac{5}{3} \\ 0 & \frac{\sqrt{2}}{3} \end{pmatrix}$$

이다. 실제로 $QR = A$ 임은 계산에 의하여 쉽게 알 수 있다. ■

연습문제 4절

1. 행렬 $A = \begin{pmatrix} 3 & -1 \\ 4 & 2 \\ 0 & 2 \end{pmatrix}$을 QR곱으로 인수분해 하여라.

2. 행렬 $A = \begin{pmatrix} 1 & -1 & 4 \\ 1 & 4 & -2 \\ 1 & 4 & 2 \\ 1 & -1 & 0 \end{pmatrix}$을 QR곱으로 인수분해 하여라.

3. 행렬 $A=\begin{pmatrix}1 & -2 & -1\\ 2 & 0 & 1\\ 2 & -4 & 2\\ 4 & 0 & 0\end{pmatrix}$을 QR곱으로 인수분해 하여라.

4. 행렬 $Q=\begin{pmatrix}\cos\theta & -\sin\theta\\ \sin\theta & \cos\theta\end{pmatrix}$가 직교행렬임을 보여라.

5. $n\times n$ 행렬 Q가 직교행렬이기 위한 필요충분조건은 $Q^t Q=I_n$ 임을 증명하여라.

6. 직교행렬의 전치행렬은 직교행렬임을 증명하여라.

7. Q가 $n\times n$ 직교행렬일 때 수학적 귀납법을 이용하여 다음의 각각을 증명하여라.

(1) 임의의 양의 정수 m에 대하여 $(Q^m)^{-1}=(Q^t)^m=(Q^m)^t$ 이다.

(2) 임의의 $\boldsymbol{x}\in\mathbb{R}^n$에 대하여 $\|Q^m\boldsymbol{x}\|=\|\boldsymbol{x}\|$ 이다.

제5절 최소제곱문제

이제까지 우리는 해를 갖는 연립1차방정식을 주로 다루었다. 이 절에서는 미지수의 개수보다 방정식의 수가 더 많은 연립방정식을 취급한다. 이러한 연립방정식은 보통 해를 갖지 않는다. $m>n$인 $m\times n$연립방정식 $A\boldsymbol{x}=\boldsymbol{b}$가 주어지면 일반적으로 $A\boldsymbol{x}=\boldsymbol{b}$를 만족하는 벡터 $\boldsymbol{x}\in\mathbb{R}^n$을 구하리라고 기대할 수는 없다. 대신에 $A\boldsymbol{x}$가 $\boldsymbol{b}$에 가장 가까운 $\mathbb{R}^n$의 벡터 $\boldsymbol{x}$을 구할 수 있다. 예상한 것처럼 그러한 벡터 $\boldsymbol{x}$를 구하는데 직교는 중요한 역할을 한다.

A를 $m>n$인 $m\times n$행렬이라 하자. 임의의 $\boldsymbol{b}\in\mathbb{R}^n$에 대하여

$$\|\boldsymbol{b}\|=\sqrt{\langle\boldsymbol{b},\boldsymbol{b}\rangle}=\sqrt{\boldsymbol{b}^t\boldsymbol{b}}$$

로 정의하고 연립방정식 $A\boldsymbol{x}=\boldsymbol{b}$를 생각해 보자. 임의의 $\boldsymbol{x}\in\mathbb{R}^n$에 대하여 $r(\boldsymbol{x})=\boldsymbol{b}-A\boldsymbol{x}$라 두면 $\boldsymbol{b}$와 $A\boldsymbol{x}$사이의 거리는

$$\| \boldsymbol{b} - A\boldsymbol{x} \| = \| r(\boldsymbol{x}) \|$$

에 의하여 주어진다.

거리 $\| r(\boldsymbol{x}) \|$를 최소로 하는 벡터 $\boldsymbol{x} \in \mathbb{R}^n$을 구하자. 여기서 $\| r(\boldsymbol{x}) \|$가 최소라는 것은 $\| r(\boldsymbol{x}) \|^2$이 최소인 것과 동치이다. 이와 같은 성질을 갖는 $\boldsymbol{x}$를 연립방정식 $A\boldsymbol{x} = \boldsymbol{b}$의 최소제곱해(least squares solution)라고 부른다.

$\boldsymbol{x}$와 $\boldsymbol{y}$를 $\mathbb{R}^n$의 원소라고 하자.

$$\begin{aligned} \| r(\boldsymbol{y}) \|^2 &= \| (\boldsymbol{b} - A\boldsymbol{x}) + (A\boldsymbol{x} - A\boldsymbol{y}) \|^2 \\ &= \| \boldsymbol{b} - A\boldsymbol{x} \|^2 + 2\langle \boldsymbol{b} - A\boldsymbol{x}, A\boldsymbol{x} - A\boldsymbol{y} \rangle + \| A\boldsymbol{x} - A\boldsymbol{y} \|^2 \end{aligned} \tag{1}$$

이므로

$$\| r(\boldsymbol{y}) \|^2 \geq \| r(\boldsymbol{x}) \|^2 + 2\langle r(\boldsymbol{x}), A\boldsymbol{x} - A\boldsymbol{y} \rangle$$

임을 알 수 있다. 만약 어떤 $\boldsymbol{x} = \hat{\boldsymbol{x}}$에 대하여

$$r(\hat{\boldsymbol{x}}) \in N(A^t) = R(A)^{\perp}$$

이면 $A\hat{\boldsymbol{x}}, A\boldsymbol{y} \in R(A)$이므로 $r(\hat{\boldsymbol{x}})$는 $A\hat{\boldsymbol{x}} - A\boldsymbol{y}$와 직교한다. 그러므로

$$\| r(\boldsymbol{y}) \|^2 \geq \| r(\hat{\boldsymbol{x}}) \|^2 \tag{2}$$

이다. 따라서 $r(\hat{\boldsymbol{x}}) \in N(A^t)$이면 (2)는 임의의 $\boldsymbol{y} \in \mathbb{R}^n$에 대하여 성립한다. 즉 $\hat{x}$는 최소제곱해가 된다. $r(\hat{\boldsymbol{x}}) \in N(A^t)$이기 위한 필요충분조건은

$$0 = A^t r(\hat{\boldsymbol{x}}) = A^t(\boldsymbol{b} - A\hat{\boldsymbol{x}})$$

이므로

$$A^t A\hat{\boldsymbol{x}} = A^t\boldsymbol{b} \tag{3}$$

이다. 방정식 (3)은 $n \times n$ 연립1차방정식을 나타낸다. 이러한 방정식을 정규방정식(normal equation)이라고 부른다. 그러므로 정규방정식의 해 $\hat{\boldsymbol{x}}$는 연립방정식 $A\boldsymbol{x} = \boldsymbol{b}$의 최소제곱해이다.

정리 5.1

연립방정식 $A\boldsymbol{x} = \boldsymbol{b}$의 최소제곱해는 정규방정식 $A^t A\boldsymbol{x} = A^t\boldsymbol{b}$의 해이고, $A^t A$가 정칙이면

$$\hat{\boldsymbol{x}} = (A^tA)^{-1}A^t\boldsymbol{b}$$

는 $A\boldsymbol{x} = \boldsymbol{b}$의 유일한 최소제곱해이다.

따름정리 5.2

A가 계수 n인 $m \times n$행렬이면 $A\boldsymbol{x} = \boldsymbol{b}$는 유일한 최소제곱해를 가진다.

증명 A의 계수가 n이면 A^tA는 $n \times n$정칙행렬이다.

후크의 법칙은 용수철에 작용된 힘은 늘어난 용수철의 길이에 비례한다는 것을 나타내고 있다. 따라서 F가 작용된 힘이고 $\boldsymbol{x}$는 늘어난 용수철의 길이이면, $F = k\boldsymbol{x}$이다. 비례상수 k를 용수철 상수라고 부른다. $3, 5, 8$파운드의 힘을 작용할 때 늘어난 용수철의 길이가 각각 $4, 7, 11$인치인 용수철이 있다고 가정하자. 이에 대한 용수철 상수를 결정하고 싶다면 후크의 법칙을 사용하여 다음 연립방정식을 유도한다.

$$\begin{cases} 4k = 3 \\ 7k = 5 \\ 11k = 8 \end{cases}$$

이 연립방정식은 분명히 불능이다. 왜냐하면 방정식에 따라 각각 다른 k의 값이 나오기 때문이다. 따라서 정리 5.1의

$$A^tA\boldsymbol{x} = A^t\boldsymbol{b}$$

을 이용하여 연립방정식의 최소제곱해를 구해보자.

$A = \begin{pmatrix} 4 \\ 7 \\ 11 \end{pmatrix}, \boldsymbol{x} = k, \boldsymbol{b} = \begin{pmatrix} 3 \\ 5 \\ 8 \end{pmatrix}$라 두면

$$(4,7,11)\begin{pmatrix} 4 \\ 7 \\ 11 \end{pmatrix}(k) = (4,7,11)\begin{pmatrix} 3 \\ 5 \\ 8 \end{pmatrix}$$

이므로 $186k = 135$이고 $k \approx 0.726$이다.

예제 5.1

다음 연립방정식의 최소제곱해를 구하여라.

$$\begin{cases} x_1 + x_2 = 3 \\ -2x_1 + 3x_2 = 1 \\ 2x_1 - x_2 = 2 \end{cases}$$

풀이 연립방정식의 정규방정식은

$$\begin{pmatrix} 1 & -2 & 2 \\ 1 & 3 & -1 \end{pmatrix}\begin{pmatrix} 1 & 1 \\ -2 & 3 \\ 2 & -1 \end{pmatrix}\begin{pmatrix} x_1 \\ x_2 \end{pmatrix} = \begin{pmatrix} 1 & -2 & 2 \\ 1 & 3 & -1 \end{pmatrix}\begin{pmatrix} 3 \\ 1 \\ 2 \end{pmatrix}$$

이다. 이것을 간단히 하면

$$\begin{pmatrix} 9 & -7 \\ -7 & 11 \end{pmatrix}\begin{pmatrix} x_1 \\ x_2 \end{pmatrix} = \begin{pmatrix} 5 \\ 4 \end{pmatrix}$$

이므로 최소제곱해는

$$\begin{pmatrix} x_1 \\ x_2 \end{pmatrix} = \begin{pmatrix} 9 & -7 \\ -7 & 11 \end{pmatrix}^{-1}\begin{pmatrix} 5 \\ 4 \end{pmatrix} = \frac{1}{50}\begin{pmatrix} 11 & 7 \\ 7 & 9 \end{pmatrix}\begin{pmatrix} 5 \\ 4 \end{pmatrix} = \begin{pmatrix} \frac{83}{50} \\ \frac{71}{50} \end{pmatrix}$$

이다.

과학자는 때로는 자료를 수집하여 변수들 사이의 함수관계를 구하려고 노력한다. 예를 들면 시각 $t_0, t_1, \cdots, t_n$에서 측정된 액체의 온도를 각각 $T_0, T_1, \cdots, T_n$라고 하자. 온도 T를 시각 t의 함수로 표현할 수 있다면, 이 함수를 이용하여 다가올 시각에 대한 온도를 미리 예측할 수 있다. 평면위의 $(n+1)$개의 점으로 되어 있는 자료가 있으면 모든 점을 지나는 차수 n 이하의 다항식을 구할 수 있다. 이러한 다항식을 보간다항식(interpolation polynomial)이라 부른다. 실제로 자료에는 보통 실험적 오차를 내포하고 있으므로 함수가 모든 점을 지나야 할 하등의 이유는 없다. 그 점들을 지나지 않는 더 낮은 차수의 다항식이 변수 사이의 관계를 더 잘 설명해주는 수도 흔히 있다. 예를 들어 변수 사이의 관계가 실제로 선형이고 자료에 사소한 오차가 포함되면, 보간다항식을 사용하는 것은 적합하지 않다.

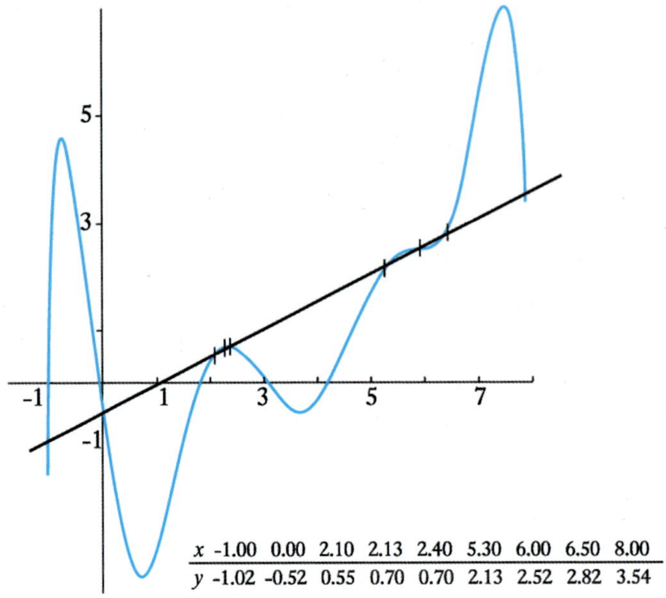

자료의 표가 다음과 같이 주어져 있다.

x	x_1	x_2	$\cdots$	x_m
y	y_1	y_2	$\cdots$	y_m

최소제곱의 의미에서 자료에 가장 적합한 1차함수

$$y = c_0 + c_1 x$$

를 구하고 싶다. $i = 1, 2, \cdots, m$ 에 대하여

$$y_i = c_0 + c_1 x_i \ (i = 1, 2, \cdots, m)$$

이면, 두 개의 미지수를 포함한 m 개의 방정식으로 된 연립방정식을 얻는다.

$$\begin{pmatrix} 1 & x_1 \\ 1 & x_2 \\ \vdots & \vdots \\ 1 & x_m \end{pmatrix} \begin{pmatrix} c_0 \\ c_1 \end{pmatrix} = \begin{pmatrix} y_1 \\ y_2 \\ \vdots \\ y_m \end{pmatrix} \tag{4}$$

(4)의 최소제곱해를 계수로 갖는 1차함수

$$y = c_0 + c_1 x$$

를 "1차함수에 의한 자료의 가장 좋은 최소제곱적합(best least squares fit)"이라고 부른다.

예제 5.2

자료의 표가 다음과 같이 주어질 때 일차함수에 의한 가장 좋은 최소제곱적합을 구하여라.

x	0	3	6
y	1	4	5

풀이 이 예제에 대하여 연립방정식 (4)를 구성하면

$$A = \begin{pmatrix} 1 & 0 \\ 1 & 3 \\ 1 & 6 \end{pmatrix}, \boldsymbol{c} = \begin{pmatrix} c_0 \\ c_1 \end{pmatrix}, \boldsymbol{y} = \begin{pmatrix} 1 \\ 4 \\ 5 \end{pmatrix}$$

이다. 정규방정식은 $A^t A\boldsymbol{c} = A^t \boldsymbol{y}$로부터

$$\begin{pmatrix} 1 & 1 & 1 \\ 0 & 3 & 6 \end{pmatrix} \begin{pmatrix} 1 & 0 \\ 1 & 3 \\ 1 & 6 \end{pmatrix} \begin{pmatrix} c_0 \\ c_1 \end{pmatrix} = \begin{pmatrix} 1 & 1 & 1 \\ 0 & 3 & 6 \end{pmatrix} \begin{pmatrix} 1 \\ 4 \\ 5 \end{pmatrix}$$

이다. 간단히 하면

$$\begin{pmatrix} 3 & 9 \\ 9 & 45 \end{pmatrix} \begin{pmatrix} c_0 \\ c_1 \end{pmatrix} = \begin{pmatrix} 10 \\ 42 \end{pmatrix} \tag{5}$$

이므로 최소제곱해는

$$\begin{pmatrix} c_0 \\ c_1 \end{pmatrix} = \begin{pmatrix} \frac{4}{3} \\ \frac{2}{3} \end{pmatrix}$$

이다. 그러므로 가장 좋은 최소제곱적합은

$$y = \frac{4}{3} + \frac{2}{3}x$$

이다. ■

예제 5.2는 계산을 이용하여 풀 수 있다. 나머지 $r(\boldsymbol{c})$는

$$r(\boldsymbol{c}) = \boldsymbol{y} - A\boldsymbol{c} = \begin{pmatrix} 1 \\ 4 \\ 5 \end{pmatrix} - \begin{pmatrix} c_0 \\ c_0 + 3c_1 \\ c_0 + 6c_1 \end{pmatrix}$$

로 주어진다. 그리고

$$\begin{aligned}\|r(\boldsymbol{c})\|^2 &= \|\boldsymbol{y}-A\boldsymbol{c}\|^2\\ &=(1-(c_0+0c_1))^2+(4-(c_0+3c_1))^2+(5-(c_0+6c_1))^2\\ &=f(c_0,c_1)\end{aligned}$$

이다. 따라서 $\|r(\boldsymbol{c})\|^2$을 두 변수의 함수 $f(c_0, c_1)$로 생각할 수 있다. 이 함수는 노름의 정의에 의해 편미분이 0일 때 최소가 된다.

$$\frac{\partial f}{\partial c_0}=-2(10-3c_0-9c_1)=0$$

$$\frac{\partial f}{\partial c_1}=-6(14-3c_0-15c_1)=0$$

이는 (5)와 같은 연립방정식이 된다.

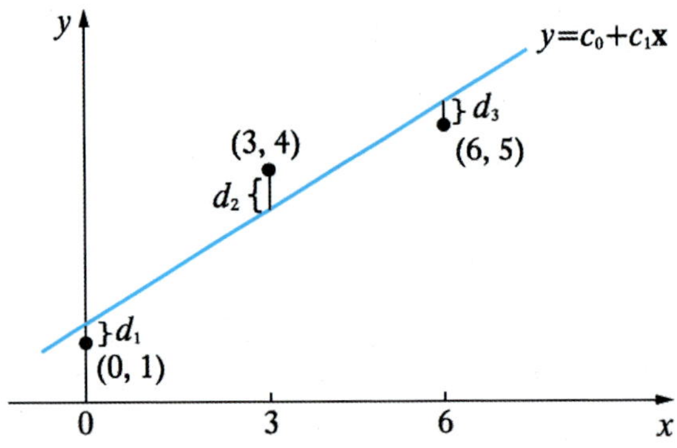

$\|r(\boldsymbol{c})\|^2=d_1^2+d_2^2+d_3^2$

자료가 1차함수가 아니면, 더 높은 차수의 다항식을 이용할 수 있다. 다음 자료의 n차 다항식에 의한 가장 좋은 최소제곱적합의 계수를 구해보자.

x	x_1	x_2	$\cdots$	x_m
y	y_1	y_2	$\cdots$	y_m

최소제곱의 의미에서 자료에 가장 적합한 n차 함수를

$$y = c_0 + c_1 x + \cdots + c_n x^n$$

라 두자. $i = 1, 2, \cdots, m$ 에 대하여

$$y_i = c_0 + c_1 x_i + \cdots + c_n x_i^n$$

이면 두 개의 미지수를 포함한 m개의 방정식으로 된 n차 연립방정식을 얻는다. 즉

$$\begin{pmatrix} 1 & x_1 & x_1^2 & \cdots & x_1^n \\ 1 & x_2 & x_2^2 & \cdots & x_2^n \\ \vdots & \vdots & \vdots & \cdots & \vdots \\ 1 & x_m & x_m^2 & \cdots & x_m^n \end{pmatrix} \begin{pmatrix} c_1 \\ c_2 \\ \vdots \\ c_n \end{pmatrix} = \begin{pmatrix} y_1 \\ y_2 \\ \vdots \\ y_m \end{pmatrix} \tag{6}$$

이다.

$$A = \begin{pmatrix} 1 & x_1 & x_1^2 & \cdots & x_1^n \\ 1 & x_2 & x_2^2 & \cdots & x_2^n \\ \vdots & \vdots & \vdots & \cdots & \vdots \\ 1 & x_m & x_m^2 & \cdots & x_m^n \end{pmatrix}, \ \hat{\boldsymbol{x}} = \begin{pmatrix} c_1 \\ c_2 \\ \vdots \\ c_n \end{pmatrix}, \ \boldsymbol{b} = \begin{pmatrix} y_1 \\ y_2 \\ \vdots \\ y_m \end{pmatrix}$$

라 두고 정리 5.1을 적용하면 된다.

예제 5.3

다음 자료의 가장 좋은 2차 최소제곱적합을 구하여라.

x	0	1	2	3
y	3	2	4	4

풀이 연립방정식 (6)을 구성하면

$$\begin{pmatrix} 1 & 0 & 0 \\ 1 & 1 & 1 \\ 1 & 2 & 4 \\ 1 & 3 & 9 \end{pmatrix} \begin{pmatrix} c_0 \\ c_1 \\ c_2 \end{pmatrix} = \begin{pmatrix} 3 \\ 2 \\ 4 \\ 4 \end{pmatrix}$$

이다. 정규방정식은

$$\begin{pmatrix} 1 & 1 & 1 & 1 \\ 0 & 1 & 2 & 3 \\ 0 & 1 & 4 & 9 \end{pmatrix} \begin{pmatrix} 1 & 0 & 0 \\ 1 & 1 & 1 \\ 1 & 2 & 4 \\ 1 & 3 & 9 \end{pmatrix} \begin{pmatrix} c_0 \\ c_1 \\ c_2 \end{pmatrix} = \begin{pmatrix} 1 & 1 & 1 & 1 \\ 0 & 1 & 2 & 3 \\ 0 & 1 & 4 & 9 \end{pmatrix} \begin{pmatrix} 3 \\ 2 \\ 4 \\ 4 \end{pmatrix}$$

이므로 간단히 하면

$$\begin{pmatrix} 4 & 6 & 14 \\ 6 & 14 & 36 \\ 14 & 36 & 98 \end{pmatrix}\begin{pmatrix} c_0 \\ c_1 \\ c_2 \end{pmatrix}=\begin{pmatrix} 13 \\ 22 \\ 54 \end{pmatrix}$$

이다. 그러므로 연립방정식의 최소제곱해는

$$\begin{pmatrix} c_0 \\ c_1 \\ c_2 \end{pmatrix}=\begin{pmatrix} \frac{11}{4} \\ -\frac{1}{4} \\ \frac{1}{4} \end{pmatrix}$$

이다. 따라서 자료에 가장 좋은 최소제곱적합을 주는 2차다항식은

$$y=\frac{11}{4}-\frac{1}{4}x+\frac{1}{4}x^2$$

이다.

예제 5.4

S을 벡터공간 $C[0,1]$의 모든 일차함수의 부분공간이고 내적은 $\langle f,g\rangle=\int_0^1 f(x)g(x)dx$라 두자. $[0,1]$위에서 일차함수에 의한 e^x의 가장 좋은 최소제곱 근사식을 구하여라.

풀이 S의 표준기저는 $\{1,x\}$이지만 $\langle 1,x\rangle\neq 0$이므로 $\{1,x\}$는 S의 정규직교기저가 아니다. 그러므로 함수 1에 직교하는 $x-a$형태의 함수를 구해보자.

$$0=\langle 1, x-a\rangle=\int_0^1(x-a)\,dx=\frac{1}{2}-a$$

이므로 $a=\frac{1}{2}$이다.

$$\left\| x-\frac{1}{2}\right\|=\left\langle x-\frac{1}{2}, x-\frac{1}{2}\right\rangle^{\frac{1}{2}}=\frac{1}{\sqrt{12}}$$

이므로 S에 대한 정규직교기저 $\{\boldsymbol{u_1},\boldsymbol{u_2}\}$는

$$u_1 = 1,\ u_2 = \sqrt{12}\,(x - \frac{1}{2})$$

이다. 5.2절의 정리 2.10에 의하여

$$\alpha_1 = \langle e^x, u_1 \rangle = \int_0^1 e^x\,dx = e - 1,$$

$$\alpha_2 = \langle e^x, u_2 \rangle = \sqrt{12}\int_0^1 e^x(x - \frac{1}{2})\,dx = \sqrt{3}\,(3 - e)$$

이므로

$$\begin{aligned} p(x) &= \alpha_1 u_1 + \alpha_2 u_2 \\ &= (e-1)\cdot 1 + \sqrt{3}\,(3-e)\cdot\sqrt{12}\,(x - \frac{1}{2}) \\ &= (4e - 10) + 6(3-e)x \end{aligned}$$

이다. $p(x)$는 폐구간 $[0, 1]$ 위에서 e^x의 가장 좋은 최소제곱 근사식이다.

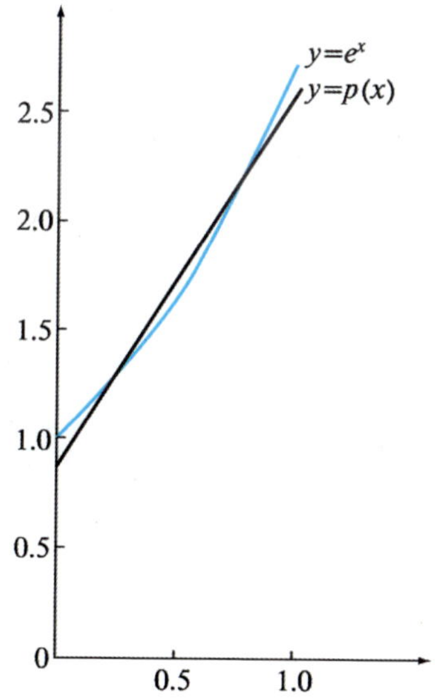

연습문제 5절

1. 다음 연립방정식의 각각에 대하여 최소제곱해를 구하여라.

(1) $\begin{cases} x_1 + x_2 = 3 \\ 2x_1 - 3x_2 = 1 \\ 0x_1 + 0x_2 = 2 \end{cases}$

(2) $\begin{cases} -x_1 + x_2 = 10 \\ 2x_1 + x_2 = 5 \\ x_1 - 2x_2 = 20 \end{cases}$

(3) $\begin{cases} x_1 + x_2 + x_3 = 4 \\ -x_1 + x_2 + x_3 = 0 \\ -x_2 + x_3 = 1 \\ x_1 + x_3 = 2 \end{cases}$

2. 네 점 $(-1,-2)$, $(0,5)$, $(1,3)$, $(2,2)$에 가장 근접하는 직선의 방정식을 구하여라.

3. 점 $(0,3)$, $(1,2)$, $(2,4)$, $(3,4)$들에 가장 근접한 2차 다항함수 $y = a + bx + cx^2$을 구하여라.

4. 점 $(-2, 4)$, $(-1, 2)$, $(0, 1)$, $(1, 1)$, $(2, 3)$에 가장 근접한 최적(best approximation)의 이차곡선의 방정식을 구하여라.

제6절 연립미분방정식

함수와 이 함수의 도함수로 이루어진 방정식을 미분방정식(differential equation)이라 한다. 미분방정식은 물리학, 화학, 생물학뿐만 아니라 경제학에도 폭넓게 응용되고 있다. 여기서는 선형대수를 이용하여 풀 수 있는 한 가지 형태의 미분 방정식을 설명할 것이다.

함수 $y = f(t)$가 있다. $f(t)$의 증감비율이 $f'(t)$임을 알고 있다. 주어진 구간에서 $f(t)$에 대한 $f'(t)$의 증감비율은 $f'(t)/f(t)$로 나타난다. 이것이 상수 a로 일정하다면

$$\frac{f'(t)}{f(t)} = \frac{y'(t)}{y(t)} = a \text{ 즉 } y'(t) = ay(t) \tag{1}$$

로 미분방정식이 된다. 이 미분방정식은 무수히 많은 해를 갖는다.

즉 임의의 상수 c에 대하여

$$y(t) = ce^{at} \tag{2}$$

은 미분방정식(1)의 해이다. (2)에서

$$y'(t) = cae^{at} = ay(t)$$

임을 알 수 있다. (2)를 (1)의 일반해(general solution)라 한다.

(2)에서 $t = 0$일 때 $y = 2$라 하면

$$y(0) = 2,\ \ y(0) = ce^{a \cdot 0} = c = 2$$

이므로 (2)는

$$y(t) = 2e^{at} \tag{3}$$

이다. 이것도 (1)의 한 해이다. (3)을 (1)의 특수해(particular solution)라 하고 주어진 조건 $y(0) = 2$를 초기조건(initial condition)이라 한다.

미분방정식 (1)을 풀어 하나의 미지의 함수 (2)를 찾았다. 이제 n개의 미지함수로 된 n개의 미분방정식으로 이루어진 다음과 같은 연립미분방정식의 풀이를 생각하자.

$$\begin{cases} y_1'(t) = a_{11}y_1(t) + a_{12}y_2(t) + \cdots + a_{1n}y_n(t) \\ y_2'(t) = a_{21}y_1(t) + a_{22}y_2(t) + \cdots + a_{2n}y_n(t) \\ \qquad\qquad \vdots \\ y_n'(t) = a_{n1}y_1(t) + a_{n2}y_2(t) + \cdots + a_{nn}y_n(t) \end{cases} \tag{4}$$

(4)에서 a_{ij}는 상수이고

$$y_1(t) = f_1(t), y_2(t) = f_2(t), \cdots, y_n(t) = f_n(t)$$

는 미지의 함수이다. (4)를 $n \times n$ 1계선형연립미분방정식($n \times n$ first order system of linear differential equation)이라 한다. 이 연립미분방정식 (4)는 행렬로 나타내면

$$Y(t) = \begin{pmatrix} y_1(t) \\ y_2(t) \\ \vdots \\ y_n(t) \end{pmatrix},\ Y'(t) = \begin{pmatrix} y_1'(t) \\ y_2'(t) \\ \vdots \\ y_n'(t) \end{pmatrix},\ A = \begin{pmatrix} a_{11} & a_{12} & \cdots & a_{1n} \\ a_{21} & a_{22} & \cdots & a_{2n} \\ \vdots & \vdots & & \vdots \\ a_{n1} & a_{n2} & \cdots & a_{nn} \end{pmatrix}$$

으로 할 때

$$Y'(t) = A\,Y(t)$$

와 같이 간단히 나타낼 수 있다.

예제 6.1

연립미분방정식 $\begin{cases} y_1'(t) = 2y_1(t) \\ y_2'(t) = -3y_2(t) \\ y_3'(t) = 4y_3(t) \end{cases}$ 의 일반해와 초기조건 $y_1(0) = -1, y_2(0) = 3$, $y_3(0) = -2$을 만족하는 특수해를 구하여라.

풀이 연립미분방정식을 행렬로 나타내면

$$\begin{pmatrix} y_1'(t) \\ y_2'(t) \\ y_3'(t) \end{pmatrix} = \begin{pmatrix} 2 & 0 & 0 \\ 0 & -3 & 0 \\ 0 & 0 & 4 \end{pmatrix} \begin{pmatrix} y_1(t) \\ y_2(t) \\ y_3(t) \end{pmatrix}$$

이다. 각 방정식은 한 개의 미지의 함수로 이루어져 있으므로 하나씩 별도로 풀 수 있다. 일반해는 임의의 상수 c_1, c_2, c_3에 대하여

$$\begin{cases} y_1(t) = c_1 e^{2t} \\ y_2(t) = c_2 e^{-3t} \\ y_3(t) = c_3 e^{4t} \end{cases}$$

이다. 주어진 초기조건에 따라 c_1, c_2, c_3을 구하면

$$\begin{cases} y_1(0) = c_1 = -1 \\ y_2(0) = c_2 = 3 \\ y_3(0) = c_3 = -2 \end{cases}$$

이므로 특수해는

$$\begin{cases} y_1(t) = -e^{2t} \\ y_2(t) = 3e^{-3t} \\ y_3(t) = -2e^{4t} \end{cases}$$

이다. ■

예제 6.1과 같이 A가 대각행렬일 때는 $Y' = AY$의 풀이가 간단하다. 그렇지 않은 경우에는 먼저 A를 대각화하는 행렬을 구한 후 $Y' = AY$를 연립미분방정식으로 변형하여 해를 구하면 된다.

예제 6.2

다음 연립미분방정식을 풀어라.

$$\begin{cases} y_1'(t) = 3y_1(t) + 4y_2(t) \\ y_2'(t) = 3y_1(t) + 2y_2(t) \end{cases}$$

풀이 연립미분방정식을 행렬로 나타내면

$$Y'(t) = \begin{pmatrix} y_1'(t) \\ y_2'(t) \end{pmatrix},\ A = \begin{pmatrix} 3 & 4 \\ 3 & 2 \end{pmatrix},\ Y(t) = \begin{pmatrix} y_1(t) \\ y_2(t) \end{pmatrix}$$

이다. A의 고유값은 $\lambda_1 = 6$, $\lambda_2 = -1$이다. $\lambda_1 = 6$에 대응하는 고유벡터는 $\boldsymbol{x}_1 = \alpha\begin{pmatrix} 4 \\ 3 \end{pmatrix}$, $\alpha \in \mathbb{R} \setminus \{0\}$이고 $\lambda_2 = -1$에 대응하는 고유벡터는 $\boldsymbol{x}_2 = \beta\begin{pmatrix} 1 \\ -1 \end{pmatrix}$, $\beta \in \mathbb{R} \setminus \{0\}$이다.

$$\begin{pmatrix} y_1(t) \\ y_2(t) \end{pmatrix} = Y(t) = c_1 e^{\lambda_1 t}\boldsymbol{x}_1 + c_2 e^{\lambda_2 t}\boldsymbol{x}_2 = c_1 e^{6t}\begin{pmatrix} 4 \\ 3 \end{pmatrix} + c_2 e^{-t}\begin{pmatrix} 1 \\ -1 \end{pmatrix} = \begin{pmatrix} 4c_1 e^{6t} + c_2 e^{-t} \\ 3c_1 e^{6t} - c_2 e^{-t} \end{pmatrix}$$

들의 임의의 벡터함수는 이 연립미분방정식의 일반해이다.

예제 6.2의 설명을 정리하면 연립미분방정식의 풀이방법을 일반화할 수 있다. 대각화가 가능한 행렬 A가 있다. 연립미분방정식 $Y' = AY$를 다음 순서로 일반해를 구한다.

(1) A를 대각화하는 행렬 P를 구한다.

(2) $P^{-1}AP$를 계산하여 대각행렬 D을 구한다.

(3) 연립미분방정식 $Q' = DQ$를 푼다.

(4) (1)의 P와 (3)의 Q를 $Y = DQ$에 대입하여 해를 구한다.

예제 6.3

다음 연립미분방정식을 풀어라.

$$\begin{cases} y_1'(t) = 2y_1(t) - y_2(t) + 4y_3(t) \\ y_2'(t) = y_2(t) + 4y_3(t) \\ y_3'(t) = -3y_1(t) + 3y_2(t) - y_3(t) \end{cases}$$

풀이 연립미분방정식을 행렬로 나타내면

$$Y'(t) = \begin{pmatrix} y_1'(t) \\ y_2'(t) \\ y_3'(t) \end{pmatrix},\ A = \begin{pmatrix} 2 & -1 & 4 \\ 0 & 1 & 4 \\ -3 & 3 & -1 \end{pmatrix},\ Y(t) = \begin{pmatrix} y_1(t) \\ y_2(t) \\ y_3(t) \end{pmatrix}$$

이다. A의 고유값은 $\lambda_1 = -1,\ \lambda_2 = 1,\ \lambda_3 = 2$이다. 이들 고유값에 대응하는 고유벡터는 각각

$$\boldsymbol{x_1} = \alpha\begin{pmatrix} 2 \\ 2 \\ -1 \end{pmatrix},\ \boldsymbol{x_2} = \beta\begin{pmatrix} 1 \\ 1 \\ 0 \end{pmatrix},\ \boldsymbol{x_3} = \gamma\begin{pmatrix} 3 \\ 4 \\ 1 \end{pmatrix},\ \alpha,\ \beta,\ \gamma \in \mathbb{R} \setminus \{0\}$$

이다. 그러므로 연립미분방정식의 일반해는

$$\begin{aligned} \begin{pmatrix} y_1(t) \\ y_2(t) \\ y_3(t) \end{pmatrix} &= Y(t) = c_1 e^{\lambda_1 t}\boldsymbol{x_1} + c_2 e^{\lambda_2 t}\boldsymbol{x_2} + c_3 e^{\lambda_3 t}\boldsymbol{x_3} \\ &= c_1 e^{-t}\begin{pmatrix} 2 \\ 2 \\ -1 \end{pmatrix} + c_2 e^{t}\begin{pmatrix} 1 \\ 1 \\ 0 \end{pmatrix} + c_3 e^{2t}\begin{pmatrix} 3 \\ 4 \\ 1 \end{pmatrix} \\ &= \begin{pmatrix} 2c_1 e^{-t} + c_2 e^{t} + 3c_3 e^{2t} \\ 2c_1 e^{-t} + c_2 e^{t} + 4c_3 e^{2t} \\ -c_1 e^{-t} + c_3 e^{2t} \end{pmatrix} \end{aligned}$$

이다.

연습문제 6절

1. 다음 연립미분방정식의 일반해를 구하여라.

$$\begin{cases} y_1{}'(t) = \quad y_1(t) + \ y_2(t) \\ y_2{}'(t) = -2y_1(t) + 4y_2(t) \end{cases}$$

2. 다음 연립미분방정식의 일반해를 구하여라.

$$\begin{cases} y_1{}'(t) = \ 2y_1(t) + 4y_2(t) \\ y_2{}'(t) = -y_1(t) - 3y_2(t) \end{cases}$$

3. 다음 연립미분방정식의 일반해를 구하여라.

$$\begin{cases} y_1{}'(t) = \quad y_1(t) - 2y_2(t) \\ y_2{}'(t) = -2y_1(t) + 4y_2(t) \end{cases}$$

4. 다음 연립미분방정식의 일반해를 구하여라.

$$\begin{cases} y_1{}'(t) = y_1(t) + y_3(t) \\ y_2{}'(t) = 2y_2(t) + 6y_3(t) \\ y_3{}'(t) = y_2(t) + 3y_3(t) \end{cases}$$

5. 다음 초기값 문제의 해를 구하여라.

$$\begin{cases} y_1{}'(t) = -y_1(t) + 2y_2(t) \\ y_2{}'(t) = \ 2y_1(t) - \ y_2(t) \end{cases} : \ y_1(0) = 3,\ y_2(0) = 1$$

6. 다음 초기값 문제의 해를 구하여라.

$$\begin{cases} y_1{}'(t) = 2y_1(t) - 6y_3(t) \\ y_2{}'(t) = \ y_1(t) - 3y_3(t) \\ y_3{}'(t) = y_2(t) - 2y_3(t) \end{cases} : \ y_1(0) = y_2(0) = y_3(0) = 2$$

7. 다음 초기값 문제의 해를 구하여라.

$$\begin{cases} y_1{}'(t) = y_1(t) + 2y_3(t) \\ y_2{}'(t) = y_2(t) - \ y_3(t) \\ y_3{}'(t) = y_1(t) + y_2(t) + \ y_3(t) \end{cases} : \ y_1(0) = y_2(0) = 1,\ y_3(0) = 4$$

참고문헌

선형대수학, 응용수학 연구회 편, 교우사, 2007

선형대수, G.Nakos D.Joyner, 김철언 외 3 공역, 인터비젼, 2007

선형대수학 - 기초와 응용, 김수현 외7, 북스힐, 2009

이공계를 위한 선형대수학, 부산대학교 수학교재편찬위원회, 교우사, 2011

Linear algebra and its applications, G.Nakos D.Joyner, Brooks/Cole, 1998

Linear algebra 3rd, J.B.Fraleigh R.A.Beauregard, Addison Wesley, 1995

Linear algebra 4th, S.Friedberg A.Insel L.Spence, Pearson, 2014

Linear Algebra and Its Applications, David C. Lay, Pearson, 2011

Linear Algebra, A Modern Introduction 2nd, David Poole, Brooks Cole, 2005

Abstract algebra 2nd, I.N.Herstrein, Macmilian, 1990

Abstract algebra, David S.Dummit and Richard M.Foote, Prentice hall, 1991

Algebra, Michael Artin, Prentice hall, 1991

Algebra (Graduate Texts in Mathematics), T.E.Hungerford, springer, 2003

연습문제 풀이

제1장 행렬

1. 행렬

1. $\begin{cases} a+b=2 \\ a+c=3 \\ b+c=7 \end{cases} \Rightarrow a=-1, b=3, c=4$

2. $a=0,\ b=-3,\ c=6, d=5,\ e=0$

3. (1) $AB=BA=\begin{pmatrix} -1 & 2 \\ 0 & -1 \end{pmatrix}$

(2) $AB=\begin{pmatrix} 10 & -4 & 6 \\ 9 & 3 & 15 \\ -9 & 8 & 1 \end{pmatrix},\ BA=\begin{pmatrix} 10 & 3 \\ 9 & 4 \end{pmatrix}$

4. $AA^t=\begin{pmatrix} 166 & -148 & 36 \\ -148 & 214 & -96 \\ 36 & -96 & 270 \end{pmatrix},\ A^tA=\begin{pmatrix} 14 & -24 & 4 & 68 \\ -24 & 77 & -42 & -87 \\ 4 & -42 & 194 & -50 \\ 68 & -87 & -50 & 365 \end{pmatrix}$

5. $BB^t=\begin{pmatrix} 29 & -3 & -8 \\ -3 & 2 & 3 \\ -8 & 3 & 5 \end{pmatrix},\ B^tAB=\begin{pmatrix} 67 & 17 \\ -2 & 7 \end{pmatrix}$

6. $A^2=\begin{pmatrix} a^2+bc & (a+d)b \\ (a+d)c & d^2+bc \end{pmatrix}=\begin{pmatrix} 1 & 1 \\ 0 & 4 \end{pmatrix}$

(case1) $a+d=0 \Rightarrow 1=(a+d)b=0$ 이므로 해가 없다.

(case2) $c=0 \Rightarrow A^2=\begin{pmatrix} a^2 & (a+d)b \\ 0 & d^2 \end{pmatrix}=\begin{pmatrix} 1 & 1 \\ 0 & 4 \end{pmatrix}$

$\therefore\ S=\left\{\begin{pmatrix} 1 & \frac{1}{3} \\ 0 & 2 \end{pmatrix}, \begin{pmatrix} 1 & -1 \\ 0 & -2 \end{pmatrix}, \begin{pmatrix} -1 & 1 \\ 0 & 2 \end{pmatrix}, \begin{pmatrix} -1 & -\frac{1}{3} \\ 0 & -2 \end{pmatrix}\right\}$

7. $B=\begin{pmatrix} 0 & b \\ -b & 0 \end{pmatrix}\ (b\in\mathbb{R})$ 일 때 $B^2=-b^2I_2$ 이므로 $b^2=2$ 이다.

$\therefore\ B=\begin{pmatrix} 0 & \sqrt{2} \\ -\sqrt{2} & 0 \end{pmatrix}, \begin{pmatrix} 0 & -\sqrt{2} \\ \sqrt{2} & 0 \end{pmatrix}$

8. $A^2=\begin{pmatrix}1 & 3\\ -1 & -2\end{pmatrix}$, $A^3=A^2A=I_2$

$A^{10}=(A^3)^3A=(I_2)^3A=I_2A=A$

9. $\begin{pmatrix}-1 & 3\\ 4 & -2\end{pmatrix}$

10. (1) $(A^t+A)^t=(A^t)^t+A^t=A+A^t=A^t+A$

(2) $(A^t-A)^t=(A^t)^t-A^t=A-A^t=-(A^T-A)$

11. $A=\left\{\frac{1}{2}(A+A^t)\right\}+\left\{\frac{1}{2}(A-A^t)\right\}$

12. $A=\left\{\frac{1}{2}(A+A^t)\right\}+\left\{\frac{1}{2}(A-A^t)\right\}=\begin{pmatrix}3 & \frac{3}{2} & -\frac{1}{2}\\ \frac{3}{2} & 2 & \frac{5}{2}\\ -\frac{1}{2} & \frac{5}{2} & 5\end{pmatrix}+\begin{pmatrix}0 & -\frac{5}{2} & \frac{5}{2}\\ \frac{5}{2} & 0 & \frac{3}{2}\\ -\frac{5}{2} & -\frac{3}{2} & 0\end{pmatrix}$

2. 연립방정식

1. 행사다리꼴 행렬 : (4), (8)

기약행사다리꼴 행렬 : (5), (8)

3. $\begin{pmatrix}2 & 1 & 3\\ 0 & -2 & 7\\ 3 & 4 & 5\end{pmatrix}\sim\begin{pmatrix}6 & 3 & 9\\ 0 & -2 & 7\\ 6 & 8 & 10\end{pmatrix}\sim\begin{pmatrix}6 & 3 & 9\\ 0 & -2 & 7\\ 0 & 5 & 1\end{pmatrix}\sim\begin{pmatrix}6 & -42 & 0\\ 0 & -37 & 0\\ 0 & 5 & 1\end{pmatrix}$

$\sim\begin{pmatrix}6 & -42 & 0\\ 0 & 1 & 0\\ 0 & 5 & 1\end{pmatrix}\sim\begin{pmatrix}6 & 0 & 0\\ 0 & 1 & 0\\ 0 & 0 & 1\end{pmatrix}\sim\begin{pmatrix}1 & 0 & 0\\ 0 & 1 & 0\\ 0 & 0 & 1\end{pmatrix}$

4. (1) $\begin{pmatrix}1 & 1 & 1 & a\\ 1 & 1 & a & a\\ 1 & a & a & a\\ a & a & a & a\end{pmatrix}\sim\begin{pmatrix}1 & 0 & 0 & 0\\ 0 & 1 & 0 & 0\\ 0 & 0 & 1 & 0\\ 0 & 0 & 0 & 1\end{pmatrix}$

(2) $\begin{pmatrix}1 & a & a & a\\ a & 1 & a & a\\ a & a & 1 & a\\ a & a & a & 1\end{pmatrix}\sim\begin{pmatrix}1 & 0 & 0 & 0\\ 0 & 1 & 0 & 0\\ 0 & 0 & 1 & 0\\ 0 & 0 & 0 & 1\end{pmatrix}$

5. $\left(\begin{array}{ccc|c}1 & 2 & 1 & 3\\ 1 & 3 & -1 & 4\\ 1 & 2 & a^2-8 & a\end{array}\right)\sim\left(\begin{array}{ccc|c}1 & 2 & 1 & 3\\ 0 & 1 & -2 & 1\\ 0 & 0 & a^2-9 & a-3\end{array}\right)$

(1) $a=-3$

(2) $a\neq\pm 3$

(3) $a=3$

(4) $x=-\frac{2}{3}, y=\frac{5}{3}, z=\frac{1}{3}$

6. 위의 사다리꼴 행렬은 아래와 같이 변형된 연립방정식의 확대계수행렬이다.

$$\begin{cases} x_1 + 2x_2 + 3x_4 = 4 \\ x_3 + 2x_4 = 3 \end{cases}$$

이때 $x_2 = t_1,\ x_4 = t_2\ (t_1, t_2 \in \mathbb{R})$이라 두면

$x_3 = 3 - 2t_2,\ x_1 = 4 - 2t_1 - 3t_2$에서

$$\begin{pmatrix} x_1 \\ x_2 \\ x_3 \\ x_4 \end{pmatrix} = \begin{pmatrix} 4 - 2t_1 - 3t_2 \\ t_1 \\ 3 - 2t_2 \\ t_2 \end{pmatrix}$$

이고, 해집합은

$$N(A) = \left\{ \begin{pmatrix} x_1 \\ x_2 \\ x_3 \\ x_4 \end{pmatrix} = \begin{pmatrix} 4 - 2t_1 - 3t_2 \\ t_1 \\ 3 - 2t_2 \\ t_2 \end{pmatrix} = \begin{pmatrix} 4 \\ 0 \\ 3 \\ 0 \end{pmatrix} + t_1 \begin{pmatrix} -2 \\ 1 \\ 0 \\ 0 \end{pmatrix} + t_2 \begin{pmatrix} -3 \\ 0 \\ -2 \\ 1 \end{pmatrix} \;\middle|\; t_1 \in \mathbb{R},\, t_2 \in \mathbb{R} \right\}$$

이다.

7. (1) $\begin{pmatrix} x_1 \\ x_2 \\ x_3 \end{pmatrix} = \begin{pmatrix} 5 \\ -2 \\ 4 \end{pmatrix}$

(2) $\begin{pmatrix} x_1 \\ x_2 \\ x_3 \\ x_4 \end{pmatrix} = \begin{pmatrix} -1-4t \\ 6-2t \\ 2-3t \\ t \end{pmatrix},\ t \in \mathbb{R}$

(3) 해가 존재하지 않는다.

8. (1) $\left(\begin{array}{cc|c} 1 & 2 & 1 \\ 3 & -1 & 2 \end{array}\right) \sim \left(\begin{array}{cc|c} 1 & 2 & 1 \\ 0 & -7 & -1 \end{array}\right) \sim \left(\begin{array}{cc|c} 1 & 2 & 1 \\ 0 & 1 & \frac{1}{7} \end{array}\right) \sim \left(\begin{array}{cc|c} 1 & 0 & \frac{5}{7} \\ 0 & 1 & \frac{1}{7} \end{array}\right)$

(2) $\left(\begin{array}{ccc|c} 1 & 1 & 2 & 9 \\ 2 & 4 & -3 & 1 \\ 3 & 6 & -5 & 0 \end{array}\right) \sim \left(\begin{array}{ccc|c} 1 & 1 & 2 & 9 \\ 0 & 2 & -7 & -17 \\ 0 & 3 & -11 & -27 \end{array}\right) \sim \left(\begin{array}{ccc|c} 1 & 1 & 2 & 9 \\ 0 & 2 & -7 & -17 \\ 0 & 1 & -4 & -10 \end{array}\right)$

$\sim \left(\begin{array}{ccc|c} 1 & 1 & 2 & 9 \\ 0 & 1 & -4 & -10 \\ 0 & 2 & -7 & -17 \end{array}\right) \sim \left(\begin{array}{ccc|c} 1 & 0 & 6 & 19 \\ 0 & 1 & -4 & -10 \\ 0 & 0 & 1 & 3 \end{array}\right) \sim \left(\begin{array}{ccc|c} 1 & 0 & 0 & 1 \\ 0 & 1 & 0 & 2 \\ 0 & 0 & 1 & 3 \end{array}\right)$

9. $\left(\begin{array}{ccc|c} 2 & 4 & 6 & 18 \\ 2 & -1 & 1 & 8 \\ 3 & 0 & -1 & 3 \end{array}\right) \sim \left(\begin{array}{ccc|c} 1 & 2 & 3 & 9 \\ 2 & -1 & 1 & 8 \\ 3 & 0 & -1 & 3 \end{array}\right) \sim \left(\begin{array}{ccc|c} 1 & 2 & 3 & 9 \\ 0 & 1 & 1 & 2 \\ 0 & 0 & -4 & -12 \end{array}\right) \sim \left(\begin{array}{ccc|c} 1 & 2 & 3 & 9 \\ 0 & 1 & 1 & 2 \\ 0 & 0 & 1 & 3 \end{array}\right)$

$\therefore\ x = 2, y = -1, z = 3$

10. (1) 소거법을 이용

$$\begin{pmatrix} 1 & -1 & 0 & | & a \\ -\alpha & 1 & \alpha & | & b \\ -\beta & 0 & 1 & | & 0 \end{pmatrix} \sim \begin{pmatrix} 1 & 0 & 0 & | & \dfrac{a+b}{1-\alpha(1-\beta)} \\ 0 & 1 & 0 & | & \dfrac{b+a\alpha(1-\beta)}{1-\alpha(1-\beta)} \\ 0 & 0 & 1 & | & \dfrac{\beta(a+b)}{1-\alpha(1-\beta)} \end{pmatrix}$$

(2) 역행렬을 이용

$$\begin{pmatrix} x \\ y \\ z \end{pmatrix} = \begin{pmatrix} 1 & -1 & 0 \\ -\alpha & 1 & \alpha \\ -\beta & 0 & 1 \end{pmatrix}^{-1} \begin{pmatrix} a \\ b \\ 0 \end{pmatrix} = \begin{pmatrix} \dfrac{a+b}{1-\alpha(1-\beta)} \\ \dfrac{b+a\alpha(1-\beta)}{1-\alpha(1-\beta)} \\ \dfrac{\beta(a+b)}{1-\alpha(1-\beta)} \end{pmatrix}$$

11. (1) $\begin{pmatrix} 1 & 0 & 2 & -2 & | & 1 \\ -1 & 1 & 0 & 1 & | & -2 \\ 0 & 1 & 2 & -1 & | & 1 \end{pmatrix} \sim \begin{pmatrix} 1 & 0 & 2 & -2 & | & 1 \\ 0 & 1 & 2 & -1 & | & -1 \\ 0 & 0 & 0 & 0 & | & 2 \end{pmatrix}$ 이므로 해가 존재하지 않는다.

(2) $\begin{pmatrix} 1 & -1 & -1 & 2 & | & 1 \\ 2 & -2 & -1 & 3 & | & 3 \\ -1 & 1 & -1 & 0 & | & -3 \end{pmatrix} \sim \begin{pmatrix} 1 & -1 & 0 & 1 & | & 2 \\ 0 & 0 & 1 & -1 & | & 1 \\ 0 & 0 & 0 & 0 & | & 0 \end{pmatrix}$

이므로 $x_1 = s - t + 2,\ x_2 = s,\ x_3 = t+1,\ x_4 = t \quad (s, t \in \mathbb{R})$이다.

12. $\begin{pmatrix} \lambda-3 & 1 \\ 1 & \lambda-3 \end{pmatrix}\begin{pmatrix} x_1 \\ x_2 \end{pmatrix} = \begin{pmatrix} 0 \\ 0 \end{pmatrix}$ 이고 $\begin{vmatrix} \lambda-3 & 1 \\ 1 & \lambda-3 \end{vmatrix} = 0$이므로 $\lambda = 2, 4$ 이다.

3. 기본행렬과 역행렬

1. $\begin{pmatrix} 0 & 2 & 0 \\ 1 & 0 & 0 \\ 1 & 0 & 1 \end{pmatrix} \sim \begin{pmatrix} 1 & 0 & 0 \\ 0 & 2 & 0 \\ 1 & 0 & 1 \end{pmatrix} \sim \begin{pmatrix} 1 & 0 & 0 \\ 0 & 1 & 0 \\ 1 & 0 & 1 \end{pmatrix} \sim \begin{pmatrix} 1 & 0 & 0 \\ 0 & 1 & 0 \\ 0 & 0 & 1 \end{pmatrix}$

에서 $E_1 = \begin{pmatrix} 0 & 1 & 0 \\ 1 & 0 & 0 \\ 0 & 0 & 1 \end{pmatrix}$라 하면

$$E_1A = \begin{pmatrix} 0 & 1 & 0 \\ 1 & 0 & 0 \\ 0 & 0 & 1 \end{pmatrix}\begin{pmatrix} 0 & 2 & 0 \\ 1 & 0 & 0 \\ 1 & 0 & 1 \end{pmatrix} = \begin{pmatrix} 1 & 0 & 0 \\ 0 & 2 & 0 \\ 1 & 0 & 1 \end{pmatrix}$$

이고, $E_2 = \begin{pmatrix} 1 & 0 & 0 \\ 0 & \frac{1}{2} & 0 \\ 0 & 0 & 1 \end{pmatrix}$라 하면

$$E_2E_1A = \begin{pmatrix} 1 & 0 & 0 \\ 0 & \frac{1}{2} & 0 \\ 0 & 0 & 1 \end{pmatrix}\begin{pmatrix} 1 & 0 & 0 \\ 0 & 2 & 0 \\ 1 & 0 & 1 \end{pmatrix} = \begin{pmatrix} 1 & 0 & 0 \\ 0 & 1 & 0 \\ 1 & 0 & 1 \end{pmatrix}$$

이고, $E_3=\begin{pmatrix}1&0&0\\0&1&0\\-1&0&1\end{pmatrix}$라 하면

$$E_3E_2E_1A=\begin{pmatrix}1&0&0\\0&1&0\\-1&0&1\end{pmatrix}\begin{pmatrix}1&0&0\\0&1&0\\1&0&1\end{pmatrix}=\begin{pmatrix}1&0&0\\0&1&0\\0&0&1\end{pmatrix}=I_3$$

이다.

3. $(A\mid I_2)=\left(\begin{array}{cc|cc}2&4&1&0\\1&3&0&1\end{array}\right)\sim\left(\begin{array}{cc|cc}1&0&\frac{3}{2}&-2\\0&1&-\frac{1}{2}&1\end{array}\right)=(I_2\mid A^{-1})$

4. $(3A)^{-3}=\frac{1}{27}A^{-3}=\frac{1}{27}(A^3)^{-1}=\frac{1}{81}\begin{pmatrix}-2&-1\\5&1\end{pmatrix}$

5. $\begin{pmatrix}5&\frac{7}{2}\\-2&\frac{3}{2}\end{pmatrix}$

6. (1) $A^{-2}=(A^{-1})^2=\begin{pmatrix}-2&-3\\1&1\end{pmatrix}$이고 $A^{-3}=I_2$이다.

$$\therefore\ A^{-n}=\begin{cases}A^{-3k}=(A^{-3})^k=I_2 & ,n=3k\\ A^{-(3k+1)}=A^{-1} & ,n=3k+1\\ A^{-(3k+2)}=A^{-2} & ,n=3k+2\end{cases},\ (k\in\mathbb{N})$$

7.

$$(A|I_3)=\left(\begin{array}{ccc|ccc}1&1&0&1&0&0\\1&0&2&0&1&0\\0&1&1&0&0&1\end{array}\right)$$

$-R_1+R_2\to R_2$ $\qquad\left(\begin{array}{ccc|ccc}1&1&0&1&0&0\\0&-1&2&-1&1&0\\0&1&1&0&0&1\end{array}\right)$

$R_2+R_1\to R_1$ $\qquad\left(\begin{array}{ccc|ccc}1&0&2&0&1&0\\0&-1&2&-1&1&0\\0&1&1&0&0&1\end{array}\right)$

$R_2+R_3\to R_3$ $\qquad\left(\begin{array}{ccc|ccc}1&0&2&0&1&0\\0&-1&2&-1&1&0\\0&0&3&-1&1&1\end{array}\right)$

$-R_2\to R_2,\ \frac{1}{3}R_3\to R_3$ $\qquad\left(\begin{array}{ccc|ccc}1&0&2&0&1&0\\0&1&-2&1&-1&0\\0&0&1&\frac{-1}{3}&\frac{1}{3}&\frac{1}{3}\end{array}\right)$

$-2R_3+R_1\to R_1,\ 2R_3+R_2\to R_2$ $\qquad\left(\begin{array}{ccc|ccc}1&0&0&\frac{2}{3}&\frac{1}{3}&\frac{-2}{3}\\0&1&0&\frac{1}{3}&\frac{-1}{3}&\frac{2}{3}\\0&0&1&\frac{-1}{3}&\frac{1}{3}&\frac{1}{3}\end{array}\right)=(I_3\mid A^{-1})$

8. $A^{-1}=\begin{pmatrix}2&9&5\\1&3&2\\-1&-5&-3\end{pmatrix}$이므로 $(A^2)^{-1}=(A^{-1})^2=\begin{pmatrix}8&20&13\\3&8&5\\-4&-9&-6\end{pmatrix}$이다.

9. $A^{-1}=\begin{pmatrix}1&0&0\\0&-1&1\\0&0&1\end{pmatrix}$, $A^{-2}=I_3$

10. $A^{-1}=\begin{pmatrix}4&3&-1&-1\\ \frac{3}{2}&0&-1&0\\ \frac{1}{2}&0&0&0\\ -4&-2&1&1\end{pmatrix}$

11. $\left(\begin{array}{ccc|ccc}1&-1&-1&1&0&0\\3&-3&2&0&1&0\\2&-1&1&0&0&1\end{array}\right)\sim\left(\begin{array}{ccc|ccc}1&-1&-1&1&0&0\\0&0&5&-3&1&0\\0&1&3&-2&0&1\end{array}\right)\sim\left(\begin{array}{ccc|ccc}1&0&2&-1&0&1\\0&1&3&-2&0&1\\0&0&5&-3&1&0\end{array}\right)$

$\sim\left(\begin{array}{ccc|ccc}1&0&2&-1&0&1\\0&1&3&-2&0&1\\0&0&1&-\frac{3}{5}&\frac{1}{5}&0\end{array}\right)\sim\left(\begin{array}{ccc|ccc}1&0&0&\frac{1}{5}&-\frac{2}{5}&1\\0&1&0&-\frac{1}{5}&-\frac{3}{5}&1\\0&0&1&-\frac{3}{5}&\frac{1}{5}&0\end{array}\right)$

$\therefore \begin{pmatrix}x\\y\\z\end{pmatrix}=\begin{pmatrix}\frac{1}{5}&-\frac{2}{5}&1\\-\frac{1}{5}&-\frac{3}{5}&1\\-\frac{3}{5}&\frac{1}{5}&0\end{pmatrix}\begin{pmatrix}2\\16\\9\end{pmatrix}=\begin{pmatrix}3\\-1\\2\end{pmatrix}$

4. 행렬식

1. (1) $\begin{vmatrix}2&-2&0\\1&-3&2\\-1&3&1\end{vmatrix}=(-1)(-1)^{3+1}\begin{vmatrix}-2&0\\-3&2\end{vmatrix}+(3)(-1)^{3+2}\begin{vmatrix}2&0\\1&2\end{vmatrix}+(1)(-1)^{3+3}\begin{vmatrix}2&-2\\1&-3\end{vmatrix}$

$=(-1)(-4+0)+(-3)(4-0)+(1)(-6+2)=4-12-4=-12$

2. 제 2행에 관한 전개식으로 계산

$(5)A_{23}+(2)A_{24}=(5)(-1)^{2+3}\begin{vmatrix}1&-2&3\\3&-3&1\\2&0&-3\end{vmatrix}+(2)(-1)^{2+4}\begin{vmatrix}1&-2&1\\3&-3&4\\2&0&-2\end{vmatrix}=-57$

3. (1) $|AB|=|A||B|=(-3)(5)=-15$

(2) $|ABA^{-1}|=|A||B||A^{-1}|=|A||B|\frac{1}{|A|}=|B|=5$

4. (1) $\det(A^t)=\det(A)=-2$이다.

(2) $\det(3A)=3^3\det(A)=-54$이다.

(3) $\det(A^2)=\det(A)\det(A)=4$이다.

(4) $\det(A^{-1})=\dfrac{1}{\det(A)}=-\dfrac{1}{2}$ 이다.

(5) $\det(AA^t)=\det(A)\det(A^t)=\det(A)\det(A)=4$ 이다.

5. (1) $\begin{vmatrix} a & b \\ -3c & -3d \end{vmatrix}=(-3)\times 3=9$ (2) $\begin{vmatrix} a-3c & b-3d \\ c & d \end{vmatrix}=3$

(3) $\begin{vmatrix} c & d \\ a & b \end{vmatrix}=-3$ (4) $\begin{vmatrix} 2c & 2d \\ 2a & 2b \end{vmatrix}=2\times 2\times(-3)=-12$

6. $|A|=\begin{vmatrix} 2 & -2 & 0 \\ 1 & -3 & 2 \\ -1 & 3 & 1 \end{vmatrix}=\begin{vmatrix} 2 & -2 & 0 \\ 3 & -9 & 0 \\ -1 & 3 & 1 \end{vmatrix}=\begin{vmatrix} 2 & -2 \\ 3 & -9 \end{vmatrix}=-12,\ |B|=-3,\ |C|=3$

(1) $|ABC|=|A||B||C|=108$

(2) $|AB^2C^2|=|A||B|^2|C|^2=-972$

7. $\begin{vmatrix} x-6 & 3 & 7 \\ 1 & x-2 & -1 \\ -5 & 3 & x+6 \end{vmatrix}=x^3-2x^2-x+2=0$ 이므로 $x=-1,1,2$ 이다.

8. (2) $\begin{vmatrix} 1 & a & a^3 \\ 1 & b & b^3 \\ 1 & c & c^3 \end{vmatrix}=\begin{vmatrix} 1 & a & a^3 \\ 0 & b-a & b^3-a^3 \\ 0 & c-a & c^3-a^3 \end{vmatrix}=(b-a)(c-a)\begin{vmatrix} 1 & a & a^3 \\ 0 & 1 & b^2+ab+a^2 \\ 0 & 1 & c^2+ac+a^2 \end{vmatrix}$

$=(b-a)(c-a)\begin{vmatrix} 1 & b^2+ab+a^2 \\ 1 & c^2+ac+a^2 \end{vmatrix}=(b-a)(c-a)(c^2+ac+a^2-b^2-ab-a^2)$

$=(b-a)(c-a)(c^2-b^2+ac-ab)=(a-b)(b-c)(c-a)(a+b+c)$

10. (1) $\begin{vmatrix} 1 & 5 & 1 \\ 2 & 6 & 1 \\ 1 & 9 & 3 \end{vmatrix}=\begin{vmatrix} 1 & 5 & 1 \\ 0 & -4 & -1 \\ 0 & 4 & 2 \end{vmatrix}=\begin{vmatrix} -4 & -1 \\ 4 & 2 \end{vmatrix}=-8+4=-4$ 이다.

(2) $\begin{vmatrix} 1 & 2 & 1 \\ 2 & 2 & 1 \\ 1 & 2 & 3 \end{vmatrix}=\begin{vmatrix} 1 & 2 & 1 \\ 0 & -2 & -1 \\ 0 & 0 & 2 \end{vmatrix}=\begin{vmatrix} -2 & -1 \\ 0 & 2 \end{vmatrix}=-4$ 이다.

(3) 삼각행렬의 행렬식은 행렬의 대각성분들의 곱이므로

$$\begin{vmatrix} 1 & -2 & 1 \\ 0 & 2 & 5 \\ 0 & 0 & -3 \end{vmatrix}=(1)(2)(-3)=-6$$

이다.

(4) 행 조작 III(한 행에 실수배를 한 행을 다른 행에 더하는 조작)을 적용하여 행렬을 간단히 한다. 즉,

$-R_1+R_2\Rightarrow R_2$을 하면

$$\begin{pmatrix} a+1 & a+2 & a+3 \\ 3 & 3 & 3 \\ a+7 & a+8 & a+9 \end{pmatrix}$$

이고, $-2R_2+R_3\Rightarrow R_3$을 하면

$$\begin{pmatrix} a+1 & a+2 & a+3 \\ 3 & 3 & 3 \\ a+1 & a+2 & a+3 \end{pmatrix}$$

이다. 이때 A의 두 행이 같으므로 행렬 A의 행렬식은 0이다.

(5) 두 번째 행과 네 번째 행이 서로 같으므로 행렬식 값은 0이다.

11. $\begin{vmatrix}1&1&1&1\\a&b&c&d\\a^2&b^2&c^2&d^2\\a^3&b^3&c^3&d^3\end{vmatrix}=\begin{vmatrix}1&a&a^2&a^3\\1&b&b^2&b^3\\1&c&c^2&c^3\\1&d&d^2&d^3\end{vmatrix}=\begin{vmatrix}1&a&a^2&a^3\\0&b-a&b^2-a^2&b^3-a^3\\0&c-a&c^2-a^2&c^3-a^3\\0&d-a&d^2-a^2&d^3-a^3\end{vmatrix}=\begin{vmatrix}b-a&b^2-a^2&b^3-a^3\\c-a&c^2-a^2&c^3-a^3\\d-a&d^2-a^2&d^3-a^3\end{vmatrix}=$

$$=(b-a)(c-a)(d-a)\begin{vmatrix}1&b+a&b^2+ab+a^2\\1&c+a&c^2+ac+a^2\\1&d+a&d^2+ad+a^2\end{vmatrix}$$

$$=(b-a)(c-a)(d-a)\begin{vmatrix}1&b+a&b^2+ab+a^2\\0&c-b&c^2-b^2+ac-ab\\0&d-b&d^2-b^2+ad-ab\end{vmatrix}$$

$$=(b-a)(c-a)(d-a)\begin{vmatrix}c-b&c^2-b^2+ac-ab\\d-b&d^2-b^2+ad-ab\end{vmatrix}$$

$$=(b-a)(c-a)(d-a)(c-b)(d-b)\begin{vmatrix}1&c+b+a\\1&d+b+a\end{vmatrix}$$

$$=(b-a)(c-a)(d-a)(c-b)(d-b)(d-c)$$

12. $\begin{vmatrix}1&x_1&x_1^2&x_1^3\\1&x_2&x_2^2&x_2^3\\1&x_3&x_3^2&x_3^3\\1&x_4&x_4^2&x_4^3\end{vmatrix}=(x_2-x_1)(x_3-x_1)(x_4-x_1)(x_3-x_2)(x_4-x_2)(x_4-x_3)$

13. $\begin{vmatrix}1&x_1&x_1^2&x_1^3&\cdots&x_1^{n-1}\\1&x_2&x_2^2&x_2^3&\cdots&x_2^{n-1}\\1&x_3&x_3^2&x_3^3&\cdots&x_3^{n-1}\\\vdots&\vdots&\vdots&\vdots&&\vdots\\1&x_n&x_n^2&x_n^3&\cdots&x_n^{n-1}\end{vmatrix}=\Pi(x_i-x_j),\ (i>j)$

14. (1) $\det(A)=9(\neq 0),\ adj\ A=\begin{pmatrix}5&3&-2\\1&-3&5\\3&0&-3\end{pmatrix}$

$\therefore\ A^{-1}=\dfrac{1}{|A|}adj\ A=\dfrac{1}{9}\begin{pmatrix}5&3&-2\\1&-3&5\\3&0&-3\end{pmatrix}$

(2) $A^{-1}=\begin{pmatrix}1&2&-3\\-1&1&-1\\0&-2&3\end{pmatrix}$

15. (2) $A=\begin{pmatrix}1&1&-1\\1&-1&1\\-1&1&1\end{pmatrix},A_1=\begin{pmatrix}2&1&-1\\3&-1&1\\4&1&1\end{pmatrix},A_2=\begin{pmatrix}1&2&-1\\1&3&1\\-1&4&1\end{pmatrix},A_3=\begin{pmatrix}1&1&2\\1&-1&3\\-1&1&4\end{pmatrix}$

라 두면 $|A|=-4$, $|A_1|=-10$, $|A_2|=-12$, $|A_3|=-14$이다.

그러므로 $x=\dfrac{|A_1|}{|A|}=\dfrac{5}{2}$, $y=\dfrac{|A_2|}{|A|}=3$, $z=\dfrac{|A_3|}{|A|}=\dfrac{7}{2}$이다.

16. $z=\dfrac{|A_3|}{|A|}=\dfrac{-29}{29}=-1$

17. $|A|=\begin{vmatrix} 1 & -1 & 0 \\ -\alpha & 1 & \alpha \\ -\beta & 0 & 1 \end{vmatrix}=1-\alpha(1-\beta),\ |A_1|=a+b,\ |A_2|=b+a\alpha(1-\beta),\ |A_3|=\beta(a+b)$

$$\therefore\ x=\frac{a+b}{1-\alpha(1-\beta)},\ y=\frac{b+a\alpha(1-\beta)}{1-\alpha(1-\beta)},\ z=\frac{\beta(a+b)}{1-\alpha(1-\beta)}$$

18. $w=4$

19. (1) $\left(\begin{array}{cc|c} 3 & 2 & 4 \\ 4 & -5 & 6 \end{array}\right)\sim\left(\begin{array}{cc|c} 12 & 8 & 16 \\ 12 & -15 & 18 \end{array}\right)\sim\left(\begin{array}{cc|c} 12 & 8 & 16 \\ 0 & -23 & 2 \end{array}\right)$

$$\sim\left(\begin{array}{cc|c} 3 & 2 & 4 \\ 0 & 1 & -\frac{2}{23} \end{array}\right)\sim\left(\begin{array}{cc|c} 3 & 0 & \frac{96}{23} \\ 0 & 1 & -\frac{2}{23} \end{array}\right)\sim\left(\begin{array}{cc|c} 1 & 0 & \frac{32}{23} \\ 0 & 1 & -\frac{2}{23} \end{array}\right)$$

$$\therefore\ \begin{pmatrix} x \\ y \end{pmatrix}=\begin{pmatrix} \frac{32}{23} \\ -\frac{2}{23} \end{pmatrix}$$

(2) $\begin{pmatrix} x \\ y \end{pmatrix}=\begin{pmatrix} 3 & 2 \\ 4 & -5 \end{pmatrix}^{-1}\begin{pmatrix} 4 \\ 6 \end{pmatrix}=\begin{pmatrix} \frac{32}{23} \\ -\frac{2}{23} \end{pmatrix}$

(3) $A=\begin{pmatrix} 3 & 2 \\ 4 & -5 \end{pmatrix},\ A_1=\begin{pmatrix} 4 & 2 \\ 6 & -5 \end{pmatrix}, A_2=\begin{pmatrix} 3 & 4 \\ 4 & 6 \end{pmatrix}$

$$\therefore\ x=\frac{|A_1|}{|A|}=\frac{32}{23},\ y=\frac{|A_2|}{|A|}=-\frac{2}{23}$$

21. $A^{-1}=\frac{1}{|A|}adjA$로부터 $adjA=|A|\,A^{-1}$이다.

$\det(adj\,A)=\det(|A|\,A^{-1})=|A|^n\det(A^{-1})=|A|^n\,|A|^{-1}=|A|^{n-1}$

이다.

22. 참 (1), (2), (4), (5)

거짓 (3), (6), (7)

5. 응용

1. $\begin{pmatrix} 2 & 1 & 3 \\ 4 & -1 & 3 \\ -2 & 5 & 5 \end{pmatrix}\xrightarrow{E_1}\begin{pmatrix} 2 & 1 & 3 \\ 0 & -3 & -3 \\ -2 & 5 & 5 \end{pmatrix}\xrightarrow{E_2}\begin{pmatrix} 2 & 1 & 3 \\ 0 & -3 & -3 \\ 0 & 6 & 8 \end{pmatrix}\xrightarrow{E_3}\begin{pmatrix} 2 & 1 & 3 \\ 0 & -3 & -3 \\ 0 & 0 & 2 \end{pmatrix}=U$

에서 $E_3E_2E_1A=U$이다.

$$A=(E_3E_2E_1)^{-1}U=E_1^{-1}E_2^{-1}E_3^{-1}U=\begin{pmatrix} 1 & 0 & 0 \\ 2 & 1 & 0 \\ -1 & -2 & 1 \end{pmatrix}\begin{pmatrix} 2 & 1 & 3 \\ 0 & -3 & -3 \\ 0 & 0 & 2 \end{pmatrix}=LU$$

이다.

2. $\boldsymbol{y}=\begin{pmatrix} y_1 \\ y_2 \\ y_3 \end{pmatrix}$을 미지의 새 벡터라고 하자. 먼저 다음 연립일차방정식 $L\boldsymbol{y}=\boldsymbol{b}$을 풀면

$$\begin{cases} y_1 = 14 \\ 2y_1+y_2 = 28 \\ -y_1-2y_2+y_3=-4 \end{cases}$$

에서 $y_1=14, y_2=0, y_3=10$이다. 이제 연립일차방정식 $U\boldsymbol{x}=\boldsymbol{y}$ 즉,

$$\begin{cases} 2x_1+\ x_2+3x_3=14 \\ \quad -3x_2-3x_3=0 \\ \qquad\quad 2x_3=10 \end{cases}$$

을 풀면 $x_1=2, x_2=-5, x_3=5$이 된다. 그러므로 원래 방정식의 해는 $\boldsymbol{x}=\begin{pmatrix} 2 \\ -5 \\ 5 \end{pmatrix}$이다.

3. $\boldsymbol{x}=\begin{pmatrix} 5 \\ 3 \\ 2 \end{pmatrix}$

제2장 벡터공간

1. 벡터공간

1. (1) $[(x,y)+(x',y')]+(x'',y'')=(x+x',2y+y')+(x'',y'')=(x+x'+x'',4y+2y'+y'')$

$(x,y)+[(x',y')+(x'',y'')]=(x,y)+(x'+x'',2y'+y'')=(x+x'+x'',\ 2y+2y'+y'')$

$\therefore\ [(x,y)+(x',y')]+(x'',y'')\ \neq\ (x,y)+[(x',y')+(y',y'')]$

2. (2) ① $(x,y)+(x',y')=(x+x'+1,y+y')=(x'+x+1,y'+y)=(x',y')+(x,y)$

② $[(x,y)+(x',y')]+(x'',y'')=(x+x'+1,\ y+y')+(x'',y'')=(x+x'+x''+2,\ y+y'+y'')$

$(x,y)+[(x',y')+(x'',y'')]=(x,y)+(x'+x''+1,y'+y'')=(x+x'+x''+2,\ y+y'+y'')$

③ $\exists(-1,0)\in\mathbb{R}^2$, $(x,y)+(-1,0)=(x+(-1)+1,y+0)=(x,y)$

④ $\exists(-x-2,-y)\in\mathbb{R}^2$, $(x,y)+(-x-2,-y)=(x+(-x-2)+1,y+(-y))=(-1,0)$

⑤ $k[(x,y)+(x',y')]=k(x+x'+1,\ y+y')=(kx+kx'+2k-1,ky+ky')$

$k(x,y)+k(x',y')=(kx+k-1,ky)+(kx'+k-1,ky')=(kx+kx'+2k-1,ky+ky')$

⑥ $(k+l)(x,y)=[(k+l)x+(k+l)-1,(k+l)y]=(kx+lx+k+l-1,ky+ly)$

$k(x,y)+l(x,y)=(kx+k-1,ky)+(lx+l-1,ly)=(kx+lx+k+l-1,kx+ly)$

⑦ $(kl)(x,y)=(klx+kl-1,kly)$

$k[l(x,y)]=k(lx+l-1,ly)=(klx+kl-k+k-1,kly)=(klx+kl-1,kly)$

⑧ $1(x,y)=(1\cdot x+1-1,1\cdot y)=(x,y)$

2. 부분공간

1. 부분공간 : (2), (4)

(1) $\boldsymbol{u}=\begin{pmatrix}1\\1\\0\end{pmatrix}, \boldsymbol{v}=\begin{pmatrix}1\\-1\\0\end{pmatrix}\in W,\ \ \boldsymbol{u}+\boldsymbol{v}=\begin{pmatrix}1\\1\\0\end{pmatrix}+\begin{pmatrix}1\\-1\\0\end{pmatrix}=\begin{pmatrix}2\\0\\0\end{pmatrix}\notin W$

(3) $\boldsymbol{u}=\begin{pmatrix}3\\1\end{pmatrix}, \boldsymbol{v}=\begin{pmatrix}-2\\-7\end{pmatrix}\in W,\ \boldsymbol{u}+\boldsymbol{v}=\begin{pmatrix}1\\-6\end{pmatrix}\notin W$

(4) 임의의 두 벡터 $B, C\in W$와 스칼라 $k\in\mathbb{R}$에 대하여

(덧셈) $(B+C)^t=B^t+C^t=B+C$ 에서 $B+C\in W$이다.

(스칼라곱) $(kB)^t=kB^t=kB$이므로 $kB\in W$이다.

따라서 W는 $M_{n\times n}$의 부분공간이다.

2. (1) S_1는 $M_{2\times 2}$의 부분공간이다.

(2) $A=\begin{pmatrix}1&0&0\\0&1&0\\0&0&1\end{pmatrix}, B=\begin{pmatrix}0&0&1\\0&1&0\\1&0&0\end{pmatrix}\in S_2$

$A+B=\begin{pmatrix}1&0&0\\0&1&0\\0&0&1\end{pmatrix}+\begin{pmatrix}0&0&1\\0&1&0\\1&0&0\end{pmatrix}=\begin{pmatrix}1&0&1\\0&2&0\\1&0&1\end{pmatrix}\notin S_2,\ \det(A+B)=0$

3. (1) $p(x)=x^4+x^3,\ q(x)=-x^4+x^3\in S,\ \ p(x)+q(x)=2x^3\notin S$

(2) $p(x), q(x)\in S,\ k\in\mathbb{R}$

(덧셈) $(p+q)(0)=p(0)+q(0)=0+0=0,\ p+q\in S$

(스칼라곱) $(kp)(0)=kp(0)=0,\ kp\in S$

따라서 S는 P_4의 부분공간이다.

4. (1) $f(x), g(x)\in S, k\in\mathbb{R}$

(덧셈) $(f+g)(-1)=f(-1)+g(-1)=f(1)+g(1)=(f+g)(1),\ f+g\in S$

(스칼라곱) $(kf)(-1)=kf(-1)=kf(1)=(kf)(1),\ kf\in S$

따라서 S는 $C[-1,1]$의 부분공간이다.

(2) $p(x)=x\in S,\ k=-1$일 때 $(kp)(x)=kp(x)=-x\notin S$

따라서 S는 벡터공간 $C[-1,1]$의 부분공간이 아니다.

3. 일차독립과 일차종속

1. (i) $\mathrm{Span}\{(1,2),(2,4),(4,5)\}\subseteq\mathbb{R}^2$

(ii) $\mathbb{R}^2\subseteq\mathrm{Span}\{(1,2),(2,4),(4,5)\}$

$(\because\ \forall\,(a,b)\in\mathbb{R}^2,\ (a,b)=0(1,2)+\frac{1}{6}(-5a+4b)(2,4)+\frac{1}{3}(2a-b)(4,5))$

(i), (ii)에 의해 $\mathrm{Span}\{(1,2),(2,4),(4,5)\}=\mathbb{R}^2$이다.

2. $a+bx+cx^2=(b-2a-c)\cdot x+a\cdot(2x+1)+c\cdot(x+x^2)$

4. 벡터공간 $M_{2\times2}$의 임의의 벡터 $\begin{pmatrix} a & b \\ c & d \end{pmatrix}$에 대하여

$$\begin{pmatrix} a & b \\ c & d \end{pmatrix}=\alpha_1\begin{pmatrix} 1 & 1 \\ 0 & 1 \end{pmatrix}+\alpha_2\begin{pmatrix} 1 & 0 \\ 1 & 1 \end{pmatrix}+\alpha_3\begin{pmatrix} 0 & 1 \\ 1 & 1 \end{pmatrix}=\begin{pmatrix} \alpha_1+\alpha_2 & \alpha_1+\alpha_3 \\ \alpha_2+\alpha_3 & \alpha_1+\alpha_2+\alpha_3 \end{pmatrix}$$

$$\begin{cases} \alpha_1+\alpha_2 = a \\ \alpha_1 + \alpha_3 = b \\ \alpha_2+\alpha_3 = c \\ \alpha_1+\alpha_2+\alpha_3 = d \end{cases}$$

에서 $a+b+c-2d\neq 0$일 때 해 α_1, α_2, α_3가 존재하지 않는다.

6. (1) $\cos x=(\frac{1}{2})1+(-1)\sin^2(\frac{x}{2})$이므로 일차종속이다.

(2) $(1,2)=\frac{3}{2}(1,1)-\frac{1}{2}(1,-1)$이므로 일차종속이다.

7. (1) $\cos(2x)=\cos^2x-\sin^2x$이므로 일차종속.

(5) $\alpha\sin x+\beta\cos x+\gamma\sin(2x)=0$에서

$x=0$이면 $\beta=0$이고, $x=\frac{\pi}{4}$이면 $\alpha\frac{\sqrt{2}}{2}+\beta\frac{\sqrt{2}}{2}+\gamma=0$이고,

$x=\frac{\pi}{2}$이면 $\alpha=0$이므로 $\alpha=\beta=\gamma=0$이다. 따라서 일차독립이다.

8. (1) 일차독립

(2) 일차종속

9. (2) $\alpha\cdot x+\beta\cdot(2x+1)+\gamma\cdot(x+x^2)=0+0\cdot x+0\cdot x^2$에서

$\beta+(\alpha+2\beta+\gamma)x+\gamma x^2=0+0\cdot x+0\cdot x^2$

이고 $\alpha=\beta=\gamma=0$이므로 S의 원소들은 일차독립이다.

(참고) $|A|=\begin{vmatrix} 0 & 1 & 0 \\ 1 & 2 & 0 \\ 0 & 1 & 1 \end{vmatrix}=-1(\neq 0)$이므로 S의 원소들은 일차독립이다.

10. 주어진 열벡터들을 열로 둔 행렬을 A라 할 때 $\det(A)$를 구하여 0이면 일차종속이고, 0이 아니면 일차독립이다.

(1) $\begin{vmatrix} 2 & 3 & 2 & 0 \\ 1 & 2 & 2 & 2 \\ -2 & 2 & 0 & 1 \\ 1 & 3 & 0 & 0 \end{vmatrix}=-28(\neq 0)$ 이므로 주어진 열벡터들은 일차독립이다.

11. $\text{Span}\{\mathbf{u},\ \mathbf{v},\ \mathbf{w}\}=\text{Span}\{\mathbf{u},\ \mathbf{u}+\mathbf{v},\ \mathbf{u}+\mathbf{v}+\mathbf{w}\}$

4. 기저와 차원

1. (1) $\mathbb{R}^2$의 임의의 벡터 $\begin{pmatrix}a\\b\end{pmatrix}$에 대하여 $\begin{pmatrix}a\\b\end{pmatrix}=\alpha\begin{pmatrix}1\\1\end{pmatrix}=\begin{pmatrix}\alpha\\\alpha\end{pmatrix}$에서 $a\neq b$일 때 해 α가 존재하지 않으므로 β_1은 $\mathbb{R}^2$의 생성집합이 아니다. 즉, $\mathrm{Span}\left\{\begin{pmatrix}1\\1\end{pmatrix}\right\}\neq\mathbb{R}^2$이다. 따라서 $\beta_1=\left\{\begin{pmatrix}1\\1\end{pmatrix}\right\}$은 $\mathbb{R}^2$의 기저가 아니다.

(2) $\mathrm{Span}\left\{\begin{pmatrix}1\\1\end{pmatrix},\begin{pmatrix}1\\-1\end{pmatrix}\right\}=\mathrm{Span}\left\{\begin{pmatrix}1\\0\end{pmatrix},\begin{pmatrix}0\\1\end{pmatrix}\right\}=\mathbb{R}^2$이고 주어진 벡터들이 일차독립임으로 β_2은 $\mathbb{R}^2$의 기저이다.

(3) $\begin{pmatrix}1\\2\end{pmatrix}=\dfrac{3}{2}\begin{pmatrix}1\\1\end{pmatrix}-\dfrac{1}{2}\begin{pmatrix}1\\-1\end{pmatrix}$이므로 일차종속이다. 따라서 β_3은 기저가 아니다.

2. (1) $\mathrm{Span}\{1+2x+3x^2,\ x+x^2,\ 2+x^2\}=P_2$이고 일차독립이므로 P_2의 기저이다.

(2) 일차종속이므로 P_2의 기저가 아니다.

4. $(x,y,z)=y(2,1,0)+z(-3,0,1)$이므로 $\pi=\mathrm{Span}[(2,1,0),(-3,0,1)]$이다.
또한 $\{(2,1,0),(-3,0,1)\}$은 일차독립이므로 주어진 집합은 평면 π의 기저이다.

6. (1) $U=\{(a,b,c,d)\,|\,b+c+d=0\}=\{(a,b,c,d)\,|\,d=-b-c\}=\{(a,b,c,-b-c)\,|\,a,b,c\in\mathbb{R}\}$
$=\{a(1,0,0,0)+b(0,1,0,-1)+c(0,0,1,-1)\,|\,a,b,c\in\mathbb{R}\}$
$=\mathrm{Span}\{(1,0,0,0),(0,1,0,-1),(0,0,1,-1)\}$에서
U의 기저와 차원은 각각 $\{(1,0,0,0),(0,1,0,-1),(0,0,1,-1)\}$와 3차원이다.

(2) $W=\{(a,b,c,d)\,|\,a+b=0,\,c=2d\}=\{(a,b,c,d)\,|\,b=-a,\,c=2d\}$
$=\{(a,-a,2d,d)\,|\,a,d\in\mathbb{R}\}=\{a(1,-1,0,0)+d(0,0,2,1)\,|\,a,d\in\mathbb{R}\}$
$=\mathrm{Span}\{(1,-1,0,0),(0,0,2,1)\}$에서
W의 기저와 차원은 각각 $\{(1,-1,0,0),(0,0,2,1)\}$와 2차원이다.

(3) $U\cap W=\{(a,b,c,d)\,|\,b+c+d=0,\,a+b=0,\,c=2d\}$
$=\{(a,b,c,d)\,|\,a=3d,\,b=-3d,\,c=2d\}=\{(3d,-3d,2d,d)\,|\,d\in\mathbb{R}\}$
$=\{d(3,-3,2,1)\,|\,d\in\mathbb{R}\}=\mathrm{Span}\{(3,-3,2,1)\}$에서
$U\cap W$의 기저와 차원은 각각 $\{(3,-3,2,1)\}$와 1차원이다.

8. 주어진 벡터를 행벡터로 하는 행렬 $A=\begin{pmatrix}1&-1&3\\3&-1&5\\0&3&-6\\-2&2&6\end{pmatrix}$라 하자. 이때

$$\begin{pmatrix}1&-1&3\\3&-1&5\\0&3&-6\\-2&2&6\end{pmatrix}\sim\begin{pmatrix}1&-1&3\\0&2&-4\\0&3&-6\\0&0&12\end{pmatrix}\sim\begin{pmatrix}1&-1&3\\0&1&-2\\0&1&-2\\0&0&1\end{pmatrix}\sim\begin{pmatrix}1&0&1\\0&1&-2\\0&0&1\end{pmatrix}\sim\begin{pmatrix}1&0&0\\0&1&0\\0&0&1\end{pmatrix}$$

에서 $\mathrm{Span}[(1,-1,3),(3,-1,5),(0,3,-6),(-2,2,6)]=\mathbb{R}^3$이므로 기저와 차원은 각각 $\{(1,0,0),(0,1,0),(0,0,1)\}$이고 3차원이다.

9. (1) 벡터공간의 기저이기 위해서는 생성집합이고 일차독립이어야 한다. 벡터공간 $M_{2\times2}$의 임의의 벡터 $\begin{pmatrix} a & b \\ c & d \end{pmatrix}$에 대하여

$$\begin{pmatrix} a & b \\ c & d \end{pmatrix} = \alpha_1 \begin{pmatrix} 1 & 1 \\ 0 & 1 \end{pmatrix} + \alpha_2 \begin{pmatrix} 1 & 0 \\ 1 & 1 \end{pmatrix} + \alpha_3 \begin{pmatrix} 0 & 1 \\ 1 & 1 \end{pmatrix} = \begin{pmatrix} \alpha_1+\alpha_2 & \alpha_1+\alpha_3 \\ \alpha_2+\alpha_3 & \alpha_1+\alpha_2+\alpha_3 \end{pmatrix}$$

을 만족하는 스칼라 α_1, α_2, α_3가 존재하는지 조사하면 된다. 벡터의 상등조건으로부터

$$\begin{cases} \alpha_1+\alpha_2 \quad\quad = a \\ \alpha_1 \quad\quad +\alpha_3 = b \\ \quad\quad \alpha_2+\alpha_3 = c \\ \alpha_1+\alpha_2+\alpha_3 = d \end{cases}$$

에서 $a+b+c-2d \neq 0$일 때 해 α_1, α_2, α_3가 존재하지 않으므로 $\left\{\begin{pmatrix} 1 & 1 \\ 0 & 1 \end{pmatrix}, \begin{pmatrix} 1 & 0 \\ 1 & 1 \end{pmatrix}, \begin{pmatrix} 0 & 1 \\ 1 & 1 \end{pmatrix}\right\}$은 벡터공간 $M_{2\times2}$의 생성집합이 아니다. 따라서 $\left\{\begin{pmatrix} 1 & 1 \\ 0 & 1 \end{pmatrix}, \begin{pmatrix} 1 & 0 \\ 1 & 1 \end{pmatrix}, \begin{pmatrix} 0 & 1 \\ 1 & 1 \end{pmatrix}\right\}$은 벡터공간 $M_{2\times2}$의 기저가 아니다.

(2) 기저이다.

(3) 기저가 아니다.

10. (2) $S = \mathrm{Span}\left\{\begin{pmatrix} 0 & 1 & 0 \\ -1 & 0 & 0 \\ 0 & 0 & 0 \end{pmatrix}, \begin{pmatrix} 0 & 0 & 1 \\ 0 & 0 & 0 \\ -1 & 0 & 0 \end{pmatrix}, \begin{pmatrix} 0 & 0 & 0 \\ 0 & 0 & 1 \\ 0 & -1 & 0 \end{pmatrix}\right\}$이다. 따라서 S의 표준기저와 차원은 각각 $\left\{\begin{pmatrix} 0 & 1 & 0 \\ -1 & 0 & 0 \\ 0 & 0 & 0 \end{pmatrix}, \begin{pmatrix} 0 & 0 & 1 \\ 0 & 0 & 0 \\ -1 & 0 & 0 \end{pmatrix}, \begin{pmatrix} 0 & 0 & 0 \\ 0 & 0 & 1 \\ 0 & -1 & 0 \end{pmatrix}\right\}$이고 3차원이다.

5. 행공간과 열공간

1. $\begin{pmatrix} 1 & -2 & 1 \\ 2 & -3 & 1 \\ 1 & 1 & -2 \end{pmatrix} \sim \begin{pmatrix} 1 & -2 & 1 \\ 0 & 1 & -1 \\ 0 & 3 & -3 \end{pmatrix} \sim \begin{pmatrix} 1 & 0 & -1 \\ 0 & 1 & -1 \\ 0 & 0 & 0 \end{pmatrix} = \begin{pmatrix} 1 & 0 & -1 \\ 0 & 1 & -1 \end{pmatrix}$

$\mathrm{row}(A) = \mathrm{Span}\,[(1,0,-1),(0,1,-1)]$, $\mathrm{rank}(A) = 2$

3. $\begin{pmatrix} 1 & 4 & 5 & 6 \\ 3 & -2 & 1 & 4 \\ -1 & 0 & -1 & -2 \\ 2 & 3 & 5 & 7 \end{pmatrix} \sim \begin{pmatrix} 1 & 4 & 5 & 6 \\ 0 & -14 & -14 & -14 \\ 0 & 4 & 4 & 4 \\ 0 & -5 & -5 & -5 \end{pmatrix} \sim \begin{pmatrix} 1 & 4 & 5 & 6 \\ 0 & 1 & 1 & 1 \\ 0 & 1 & 1 & 1 \\ 0 & 1 & 1 & 1 \end{pmatrix} \sim \begin{pmatrix} 1 & 0 & 1 & 2 \\ 0 & 1 & 1 & 1 \end{pmatrix}$

$\mathrm{row}(A) = \mathrm{Span}\,[(1,0,1,2),(0,1,1,1)]$, $\mathrm{rank}(A) = 2$

4. $\begin{pmatrix} 1 & 4 & 5 & 6 \\ 3 & -2 & 1 & 4 \\ -1 & 0 & -1 & -2 \\ 2 & 3 & 5 & 7 \end{pmatrix} \sim \begin{pmatrix} ① & 0 & 1 & 2 \\ 0 & ① & 1 & 1 \\ 0 & 0 & 0 & 0 \\ 0 & 0 & 0 & 0 \end{pmatrix}$

에서 2개의 자유변수를 가진다. 편의상 z, w라 하면, $N(A)$의 모든 원소는 $(-z-2w, -z-w, z, w)^t$ 형태이므로 3열과 4열에 대한 표준기저를 구하면 $(-1,-1,1,0)^t$, $(-2,-1,0,1)^t$이 된다. 따라서

$$N(A)=\text{Span}\left\{\begin{pmatrix}-1\\-1\\1\\0\end{pmatrix},\begin{pmatrix}-2\\-1\\0\\1\end{pmatrix}\right\}$$

5. $\begin{pmatrix}1&-3&2&2&1\\0&3&6&0&-2\\2&-3&-2&4&4\\3&-3&6&6&3\\5&-3&10&10&5\end{pmatrix}\sim\begin{pmatrix}1&0&0&2&\frac{5}{3}\\0&1&0&0&0\\0&0&1&0&-\frac{1}{3}\end{pmatrix}$

$\text{row}(A)=\text{Span}\{(3,0,0,6,5),\ (0,1,0,0,0),(0,0,3,0,-1)\},\ \text{rank}(A)=3$

$$N(A)=\text{Span}\left\{\begin{pmatrix}-2\\0\\0\\1\\0\end{pmatrix},\begin{pmatrix}-5\\0\\1\\0\\3\end{pmatrix}\right\}$$

$\dim N(A)=5-3=2$

또한

$$\begin{pmatrix}1&-3&2&2&1\\0&3&6&0&-2\\2&-3&-2&4&4\\3&-3&6&6&3\\5&-3&10&10&5\end{pmatrix}\sim\begin{pmatrix}1&0&0\\0&1&0\\0&0&1\\1&1&1\\1&2&2\end{pmatrix}$$

에서 A의 열공간 $\text{col}(A)=\text{Span}\left\{\begin{pmatrix}1\\0\\0\\1\\1\end{pmatrix},\begin{pmatrix}0\\1\\0\\1\\2\end{pmatrix},\begin{pmatrix}0\\0\\1\\1\\2\end{pmatrix}\right\}$이다.

7. A을 행 조작을 이용하여 $N(A)$와 $R(A^t)$을 구할 수 있다.

$$\begin{pmatrix}1&2&3&6\\1&0&1&0\\1&1&0&1\end{pmatrix}\sim\begin{pmatrix}1&2&3&6\\0&-2&-2&-6\\0&-1&-3&-5\end{pmatrix}\sim\begin{pmatrix}1&2&3&6\\0&1&1&3\\0&-1&-3&-5\end{pmatrix}\sim\begin{pmatrix}1&0&1&0\\0&1&1&3\\0&0&-2&-2\end{pmatrix}$$

$\sim\begin{pmatrix}1&0&1&0\\0&1&1&3\\0&0&1&1\end{pmatrix}\sim\begin{pmatrix}1&0&0&-1\\0&1&0&2\\0&0&1&1\end{pmatrix}$에서

$N(A)=\text{Span}\left\{\begin{pmatrix}1\\-2\\-1\\1\end{pmatrix}\right\}$이고 $R(A^t)=\text{Span}\left\{\begin{pmatrix}1\\0\\0\\-1\end{pmatrix},\begin{pmatrix}0\\1\\0\\2\end{pmatrix},\begin{pmatrix}0\\0\\1\\1\end{pmatrix}\right\}$이다.

또한 A^t을 행 조작을 이용하여 $N(A^t)$와 $R(A)$을 구할 수 있다.

$$\begin{pmatrix}1&1&1\\2&0&1\\3&1&0\\6&0&1\end{pmatrix}\sim\begin{pmatrix}1&1&1\\0&-2&-1\\0&-2&-3\\0&-6&-5\end{pmatrix}\sim\begin{pmatrix}1&1&1\\0&-2&-1\\0&0&-2\\0&0&-2\end{pmatrix}\sim\begin{pmatrix}1&1&1\\0&-2&-1\\0&0&1\end{pmatrix}$$

$\sim\begin{pmatrix}1&1&0\\0&-2&0\\0&0&1\end{pmatrix}\sim\begin{pmatrix}1&1&0\\0&1&0\\0&0&1\end{pmatrix}\sim\begin{pmatrix}1&0&0\\0&1&0\\0&0&1\end{pmatrix}$에서

$N(A^t) = \text{Span}\left\{\begin{pmatrix}0\\0\\0\end{pmatrix}\right\}$이고 $R(A) = \text{Span}\left\{\begin{pmatrix}1\\0\\0\end{pmatrix},\begin{pmatrix}0\\1\\0\end{pmatrix},\begin{pmatrix}0\\0\\1\end{pmatrix}\right\}$이다.

8. (2), (4)

(2) c_5는 행렬 B의 행공간에 포함되지 않는다.

(4) 집합 $\{c_1, c_2, c_3\}$는 $2c_1 - c_2 = c_3$이므로 일차독립이 아니다. 그러므로 집합 $\{c_1, c_2, c_3\}$는 행렬 A의 열공간의 기저가 아니다.

제3장 선형변환

1. 선형변환

1. (1) 선형변환이 아니다. $\mathbb{R}^2$의 두 벡터 $\boldsymbol{x} = (1,0)$, $\boldsymbol{y} = (0,1)$에 대하여

$T_1(\boldsymbol{x}) + T_1(\boldsymbol{y}) = T_1(1,0) + T_1(0,1) = 0 + 0 \neq 1 = T_1(1,1) = T_1(\boldsymbol{x}+\boldsymbol{y})$

이다.

(2) 선형변환이 아니다. $M_{2\times 2}$의 두 벡터 $E_{11} = \begin{pmatrix}1 & 0\\0 & 0\end{pmatrix}$, $E_{22} = \begin{pmatrix}0 & 0\\0 & 1\end{pmatrix}$에 대하여

$T_2(E_{11}) + T_2(E_{22}) = x + x \neq 2x + 1 = T_2(E_{11} + E_{22})$

이다.

(3) 선형변환이다. $C[0,1]$의 임의의 두 벡터 $f(x)$, $g(x)$와 스칼라 α에 대하여

$T_3((f+g)(x)) = (f+g)(x+1) = f(x+1) + g(x+1) = T_3(f(x)) + T_3(g(x))$이고

$T_3((\alpha f)(x)) = (\alpha f)(x+1) = \alpha f(x+1) = \alpha T_3(f(x))$이다.

(4) 선형변환이 아니다. $\mathbb{R}$의 두 원소 1, 2에 대하여

$T_6(1) + T_6(2) = 2^1 + 2^2 = 6 \neq 8 = 2^3 = T_6(1+2)$이다.

3. (1) 선형변환이다. P_2의 임의의 벡터 $f(x) = a_0 + a_1x + a_2x^2$에 대하여

$T_1(f(x)) = a_0 + \frac{a_1}{2}x + \frac{a_2}{3}x^2$이다.

따라서 P_2의 임의의 벡터 $f(x) = a_0 + a_1x + a_2x^2$와 $g(x) = b_0 + b_1x + b_2x^2$와 스칼라 α에 대해서

$$\begin{aligned}T_1((f+g)(x)) &= T_1\big((a_0+b_0) + (a_1+b_1)x + (a_2+b_2)x^2\big)\\ &= (a_0+b_0) + \frac{(a_1+b_1)}{2}x + \frac{(a_2+b_2)}{3}x^2\\ &= \left(a_0 + \frac{a_1}{2}x + \frac{a_2}{3}x^2\right) + \left(b_0 + \frac{b_1}{2}x + \frac{b_2}{3}x^2\right) = T_1(f(x)) + T_1(g(x))\end{aligned}$$

이고

$$T_1((\alpha f)(x))=T_1(\alpha a_0+\alpha a_1 x+\alpha a_2 x^2)=\alpha a_0+\frac{\alpha a_1}{2}x+\frac{\alpha a_2}{3}x^2=\alpha T_1(f(x))$$

이다.

(2) 선형변환이다. 외적 성질에 의해서 선형변환이 된다.

(3) 선형변환이 아니다. $T_3(0(x))=\begin{pmatrix}0 & -1\\ 1 & 0\end{pmatrix}\neq\begin{pmatrix}0 & 0\\ 0 & 0\end{pmatrix}$ 이므로 선형변환이 아니다.

4. $T(3+3x+2x^2)=T((-1)2+3(1+x)+2(1+x^2))$

$$=(-1)T(2)+3T(1+x)+2T(1+x^2)=5x^2+4x+1$$

이다.

6. $a+bx+cx^2\in\ker(T)\ \Leftrightarrow\ 0=T(a+bx+cx^2)=x^2(b+2cx)=bx^2+2cx^3$ 이므로

$\ker(T)=\{a|a\in\mathbb{R}\}=P_0=\mathbb{R}$ 이다. 또한

$T(a+bx+cx^2)=x^2(b+2cx)=bx^2+2cx^3$ 이므로

$R(T)=\{bx^2+dx^3|b,d\in\mathbb{R}\}=\text{Span}\{x^2,x^3\}$ 이다.

7. $a+bx+cx^2\in\ker(T)\Leftrightarrow 0=T(a+bx+cx^2)=x(a+bx+cx^2)=ax+bx^2+cx^3$

$\ker(T)=\{0+0x+0x^2\}=0_{P_2}$ 이다. 또한

$T(a+bx+cx^2)=x(a+bx+cx^2)=ax+bx^2+cx^3$

에서 $\text{R}(T)=\text{Span}\{x,x^2,x^3\}$ 이다.

8. $\begin{pmatrix}a & b\\ c & d\end{pmatrix}\in\ker(T)\ \Leftrightarrow\ T\begin{pmatrix}a & b\\ c & d\end{pmatrix}=(a-b)x^2+(b-c)x+(c-a)=0\Leftrightarrow a=b=c$

에서 $\ker(T)=\text{Span}\left\{\begin{pmatrix}1\,1\\ 1\,0\end{pmatrix},\begin{pmatrix}0\,0\\ 0\,1\end{pmatrix}\right\}$ 이다. 또한

$T\begin{pmatrix}a & b\\ c & d\end{pmatrix}=(a-b)x^2+(b-c)x+(c-a)=a(x^2-1)+b(x-x^2)+c(1-x)$

에서 $\text{R}(T)=\text{Span}\{x^2-1,-x^2+x,-x+1\}=\text{Span}\{x^2-1,x-1\}$ 이다.

9. $M_{2\times 2}$ 의 임의의 두 벡터 A, B와 스칼라 α 에 대하여

$T(A+B)=(A+B)^t=A^t+B^t=T(A)+T(B)$

이고

$T(\alpha A)=(\alpha A)^t=\alpha A^t=\alpha T(A)$

이다. 따라서 $M_{2\times 2}\to M_{2\times 2}$ 인 사상 $T(A)=A^t$는 선형변환이다.

2. 선형변환의 행렬표현

1. $\left[\begin{pmatrix}a\\ b\\ c\end{pmatrix}\right]_{\beta_1}=\begin{pmatrix}1 & 0 & 0\\ 0 & 1 & 0\\ 0 & 0 & 1\end{pmatrix}^{-1}\begin{pmatrix}a\\ b\\ c\end{pmatrix}=\begin{pmatrix}1 & 0 & 0\\ 0 & 1 & 0\\ 0 & 0 & 1\end{pmatrix}\begin{pmatrix}a\\ b\\ c\end{pmatrix}=\begin{pmatrix}a\\ b\\ c\end{pmatrix}$

이고

$$\left[\begin{pmatrix}a\\b\\c\end{pmatrix}\right]_{\beta_2}=\begin{pmatrix}1&1&-1\\-1&2&2\\2&3&-1\end{pmatrix}^{-1}\begin{pmatrix}a\\b\\c\end{pmatrix}=\begin{pmatrix}-4&-1&2\\\frac{3}{2}&\frac{1}{2}&-\frac{1}{2}\\-\frac{7}{2}&-\frac{1}{2}&\frac{3}{2}\end{pmatrix}\begin{pmatrix}a\\b\\c\end{pmatrix}=\begin{pmatrix}-4a-b+2c\\\frac{3a+b-c}{2}\\\frac{-7a-b+3c}{2}\end{pmatrix}$$

이다.

2. $T(1)=1+x-x^2+x^4$, $T(x)=-1+x^4$, $T(x^2)=-x+x^3$, $T(x^3)=x^2+x^3+x^4$

$$A=\begin{pmatrix}1&-1&0&0\\1&0&-1&0\\-1&0&0&1\\0&0&1&1\\1&1&0&1\end{pmatrix}$$

3. T의 표현행렬 $A=\begin{pmatrix}1&1&1\\1&2&3\\2&-1&-3\end{pmatrix}$이다. $A^{-1}=\begin{pmatrix}-3&2&1\\9&-5&-2\\-5&3&1\end{pmatrix}$에서

$T^{-1}\begin{pmatrix}x\\y\\z\end{pmatrix}=A^{-1}\begin{pmatrix}x\\y\\z\end{pmatrix}=\begin{pmatrix}-3x+2y+z\\9x-5y-2z\\-5x+3y+z\end{pmatrix}$이다.

4. (1) $L(1)=0$, $L(x)=1$, $L(x^2)=2x$에서 A는 $A=\begin{pmatrix}0&1&0\\0&0&2\end{pmatrix}$이다.

(2) $L(x^2)=2x$, $L(x)=1$, $L(1)=0$에서 B는 $B=\begin{pmatrix}0&1&0\\2&0&0\end{pmatrix}$이다.

(3) $L(3x-4x^2)=3-8x$이다.

6. (1) $T(1)=x^2$, $T(x)=x^3$, $T(x^2)=x^4$이므로 T의 표현행렬 $A=\begin{pmatrix}0&0&0\\0&0&0\\1&0&0\\0&1&0\\0&0&1\end{pmatrix}$이다.

(2) $T(1+x)=x^2+x^3$, $T(2-x+3x^2)=2x^2-x^3+3x^4$,

$T(2x-3x^2)=2x^3-3x^4$ 이므로 T의 표현행렬 $B=\begin{pmatrix}0&0&0\\0&0&0\\1&2&0\\1&-1&2\\0&3&-3\end{pmatrix}$이다.

8. $T(1,2)=(0,-10,3)=(-\frac{13}{2})(1,1,0)+(-\frac{7}{2})(0,1,1)+(\frac{13}{2})(1,0,1)$이고

$T(2,1)=(3,-17,3)=(-\frac{17}{2})(1,1,0)+(-\frac{17}{2})(0,1,1)+(\frac{23}{2})(1,0,1)$이다.

T의 표현행렬은 $\begin{pmatrix}-\frac{13}{2}&-\frac{17}{2}\\-\frac{7}{2}&-\frac{17}{2}\\\frac{13}{2}&\frac{23}{2}\end{pmatrix}$이다.

10. (1) $T(v_1)=Av_1=\begin{pmatrix}3&-2&1&2\\1&6&2&1\\-3&0&7&1\end{pmatrix}\begin{pmatrix}0\\1\\1\\1\end{pmatrix}=\begin{pmatrix}1\\9\\8\end{pmatrix}$, $T(v_2)=Av_2=\begin{pmatrix}3&-2&1&2\\1&6&2&1\\-3&0&7&1\end{pmatrix}\begin{pmatrix}1\\0\\1\\1\end{pmatrix}=\begin{pmatrix}6\\4\\5\end{pmatrix}$,

$T(v_3)=Av_3=\begin{pmatrix}3&-2&1&2\\1&6&2&1\\-3&0&7&1\end{pmatrix}\begin{pmatrix}1\\1\\0\\1\end{pmatrix}=\begin{pmatrix}3\\8\\-2\end{pmatrix}$, $T(v_4)=Av_4=\begin{pmatrix}3&-2&1&2\\1&6&2&1\\-3&0&7&1\end{pmatrix}\begin{pmatrix}1\\1\\1\\0\end{pmatrix}=\begin{pmatrix}2\\9\\4\end{pmatrix}$

(2) $[T(v_1)]_\gamma=\left[\begin{pmatrix}1\\9\\8\end{pmatrix}\right]_\gamma=\begin{pmatrix}8\\0\\1\end{pmatrix}$, $[T(v_2)]_\gamma=\left[\begin{pmatrix}6\\4\\5\end{pmatrix}\right]_\gamma=\begin{pmatrix}\frac{3}{2}\\\frac{7}{2}\\\frac{5}{2}\end{pmatrix}$,

$[T(v_3)]_\gamma=\left[\begin{pmatrix}3\\8\\-2\end{pmatrix}\right]_\gamma=\begin{pmatrix}\frac{3}{2}\\-\frac{7}{2}\\\frac{13}{2}\end{pmatrix}$, $[T(v_4)]_\gamma=\left[\begin{pmatrix}2\\9\\4\end{pmatrix}\right]_\gamma=\begin{pmatrix}\frac{11}{2}\\-\frac{3}{2}\\\frac{7}{2}\end{pmatrix}$

(3) $T\begin{pmatrix}2\\2\\0\\0\end{pmatrix}=\begin{pmatrix}2\\14\\-6\end{pmatrix}$

3. 기저의 변환

1. $\beta_1=\{e_1,e_2,e_3,e_4\}$로 두면

$\begin{pmatrix}-1&0\\0&0\end{pmatrix}=-e_1+0e_2+0e_3+0e_4$ $\begin{pmatrix}1&1\\0&0\end{pmatrix}=e_1+e_2+0e_3+0e_4$

$\begin{pmatrix}2&0\\1&0\end{pmatrix}=2e_1+0e_2+1e_3+0e_4$ $\begin{pmatrix}1&1\\1&1\end{pmatrix}=1e_1+1e_2+1e_3+1e_4$

이고, 기저 β_2에서 기저 β_1으로의 전이행렬은 $S=\begin{pmatrix}-1&1&2&1\\0&1&0&1\\0&0&1&1\\0&0&0&1\end{pmatrix}$이다.

이때 기저 β_1에서 기저 β_2으로의 전이행렬 P을 두 가지 방법으로 각각 구하여 본다.

(방법1) $S=\begin{pmatrix}-1&1&2&1\\0&1&0&1\\0&0&1&1\\0&0&0&1\end{pmatrix}$의 역행렬을 구하면 $S^{-1}=P=\begin{pmatrix}-1&1&2&-2\\0&1&0&-1\\0&0&1&-1\\0&0&0&1\end{pmatrix}$이다.

(방법2) 좌표벡터 $\left[\begin{pmatrix}a&b\\c&d\end{pmatrix}\right]_\gamma=\begin{pmatrix}-a+b+2c-2d\\b-d\\c-d\\d\end{pmatrix}$에서

$$P=\left([\begin{pmatrix}1 & 0\\0 & 0\end{pmatrix}]_{\beta_2} [\begin{pmatrix}0 & 1\\0 & 0\end{pmatrix}]_{\beta_2} [\begin{pmatrix}0 & 0\\1 & 0\end{pmatrix}]_{\beta_2} [\begin{pmatrix}0 & 0\\0 & 1\end{pmatrix}]_{\beta_2} \right)=\begin{pmatrix}-1 & 1 & 2 & -2\\0 & 1 & 0 & -1\\0 & 0 & 1 & -1\\0 & 0 & 0 & 1\end{pmatrix}$$

이다.

3. $\begin{pmatrix}1\\-1\end{pmatrix}=(-\frac{1}{5})\begin{pmatrix}1\\1\end{pmatrix}+(\frac{2}{5})\begin{pmatrix}3\\-2\end{pmatrix}$이고 $\begin{pmatrix}1\\2\end{pmatrix}=(\frac{8}{5})\begin{pmatrix}1\\1\end{pmatrix}+(-\frac{1}{5})\begin{pmatrix}3\\-2\end{pmatrix}$이므로

$A=\begin{pmatrix}-\frac{1}{5} & \frac{8}{5}\\ \frac{2}{5} & -\frac{1}{5}\end{pmatrix}$이다.

4. (1) $A=\begin{pmatrix}1 & -1\\1 & 1\end{pmatrix}$이다.

(2) $B=\begin{pmatrix}1 & 1\\-1 & 1\end{pmatrix}$이다.

(3) $SB=AS$인 가역행렬 $S=\begin{pmatrix}1 & 1\\1 & -1\end{pmatrix}$가 존재함으로 A와 B는 닮음이다.

6. (1) $S=\begin{pmatrix}1 & 0 & 0\\0 & 1 & 1\\0 & 1 & -1\end{pmatrix}$

(2) $A=\begin{pmatrix}0 & 0 & 0\\0 & 0 & 1\\0 & 1 & 0\end{pmatrix}$

(3) $B=\begin{pmatrix}0 & 0 & 0\\0 & 1 & 0\\0 & 0 & -1\end{pmatrix}$

(4) $SB=AS$을 만족하는 전이행렬 S가 존재함으로 표현행렬 A와 표현행렬 B는 닮음이다.

제4장 대각화

1. 고유값과 고유벡터

1. (1) 고유값 $\lambda_1=5$에 대응하는 고유공간은 $\text{Span}\left\{\begin{pmatrix}1\\1\end{pmatrix}\right\}$이고

고유값 $\lambda_2=-1$에 대응하는 고유공간은 $\text{Span}\left\{\begin{pmatrix}1\\-2\end{pmatrix}\right\}$이다.

(2) 고유값 $\lambda_1=3$에 대응하는 고유공간은 $\text{Span}\left\{\begin{pmatrix}4\\3\end{pmatrix}\right\}$이고

고유값 $\lambda_2=2$에 대응하는 고유공간은 $\text{Span}\left\{\begin{pmatrix}1\\1\end{pmatrix}\right\}$이다.

(3) 고유값 $\lambda_1=\lambda_2=2$에 대응하는 고유공간은 $\text{Span}\left\{\begin{pmatrix}1\\-2\end{pmatrix}\right\}$이다.

(4) 고유값 $\lambda_1=3+4i$에 대응하는 고유공간은 $\text{Span}\left\{\begin{pmatrix}2i\\1\end{pmatrix}\right\}$이고

고유값 $\lambda_2 = 3-4i$에 대응하는 고유공간은 $\text{Span}\left\{\begin{pmatrix} -2i \\ 1 \end{pmatrix}\right\}$이다.

2. (1) 고유값 $\lambda_1 = \lambda_2 = \lambda_3 = 0$에 대응하는 고유공간은 $\text{Span}\left\{\begin{pmatrix} 1 \\ 0 \\ 0 \end{pmatrix}\right\}$이다.

(2) 고유값 $\lambda_1 = 2$에 대응하는 고유공간은 $\text{Span}\left\{\begin{pmatrix} 1 \\ 1 \\ 0 \end{pmatrix}\right\}$이고

고유값 $\lambda_2 = \lambda_3 = 1$에 대응하는 고유공간은 $\text{Span}\left\{\begin{pmatrix} 1 \\ 0 \\ 0 \end{pmatrix}, \begin{pmatrix} 0 \\ 1 \\ -1 \end{pmatrix}\right\}$이다.

(3) 고유값 $\lambda_1 = 1$에 대응하는 고유공간은 $\text{Span}\left\{\begin{pmatrix} 1 \\ 0 \\ 0 \end{pmatrix}\right\}$이고

고유값 $\lambda_2 = 4$에 대응하는 고유공간은 $\text{Span}\left\{\begin{pmatrix} 1 \\ 1 \\ 1 \end{pmatrix}\right\}$이고

고유값 $\lambda_3 = -2$에 대응하는 고유공간은 $\text{Span}\left\{\begin{pmatrix} -1 \\ -1 \\ 5 \end{pmatrix}\right\}$이다.

(4) 고유값 $\lambda_1 = 2$에 대응하는 고유공간은 $\text{Span}\left\{\begin{pmatrix} 7 \\ 3 \\ 1 \end{pmatrix}\right\}$이고

고유값 $\lambda_2 = 1$에 대응하는 고유공간은 $\text{Span}\left\{\begin{pmatrix} 3 \\ 2 \\ 1 \end{pmatrix}\right\}$이고

고유값 $\lambda_3 = 0$에 대응하는 고유공간은 $\text{Span}\left\{\begin{pmatrix} 1 \\ 1 \\ 1 \end{pmatrix}\right\}$이다.

3. (1) 고유값 $\lambda_1 = \lambda_2 = 2$에 대응하는 고유공간은 $\text{Span}\left\{\begin{pmatrix} 1 \\ 0 \\ 0 \\ 0 \end{pmatrix}, \begin{pmatrix} 0 \\ 1 \\ 0 \\ 0 \end{pmatrix}\right\}$이고

고유값 $\lambda_3 = 3$에 대응하는 고유공간은 $\text{Span}\left\{\begin{pmatrix} 0 \\ 0 \\ 1 \\ 0 \end{pmatrix}\right\}$이고

고유값 $\lambda_4 = 4$에 대응하는 고유공간은 $\text{Span}\left\{\begin{pmatrix} 0 \\ 0 \\ 0 \\ 1 \end{pmatrix}\right\}$이다.

(2) 고유값 $\lambda_1 = 3$에 대응하는 고유공간은 $\text{Span}\left\{\begin{pmatrix} 1 \\ 2 \\ 0 \\ 0 \end{pmatrix}\right\}$이고

고유값 $\lambda_2 = 1$에 대응하는 고유공간은 $\text{Span}\left\{\begin{pmatrix}0\\1\\0\\0\end{pmatrix}\right\}$이고

고유값 $\lambda_3 = \lambda_4 = 2$에 대응하는 고유공간은 $\text{Span}\left\{\begin{pmatrix}0\\0\\1\\0\end{pmatrix}\right\}$이다.

6. T의 표현행렬을 구하면 $A=\begin{pmatrix}1&1&0\\0&2&2\\0&0&4\end{pmatrix}$이다.

이때 A의 고유값을 구하면

고유값 $\lambda_1 = 1$에 대응하는 고유공간은 $\text{Span}\left\{\begin{pmatrix}1\\0\\0\end{pmatrix}\right\}$에서 $\text{Span}[1]$ 이고

고유값 $\lambda_2 = 2$에 대응하는 고유공간은 $\text{Span}\left\{\begin{pmatrix}1\\1\\0\end{pmatrix}\right\}$에서 $\text{Span}[1+x]$ 이고

고유값 $\lambda_3 = 4$에 대응하는 고유공간은 $\text{Span}\left\{\begin{pmatrix}1\\3\\3\end{pmatrix}\right\}$에서 $\text{Span}[1+3x+3x^2]$ 이다.

2. 대각화

1. 고유값 $\lambda_1 = -4$에 대응하는 고유벡터는 $\boldsymbol{x}_1=\begin{pmatrix}1\\2\end{pmatrix}$이고

고유값 $\lambda_2 = 1$에 대응하는 고유벡터는 $\boldsymbol{x}_2=\begin{pmatrix}3\\1\end{pmatrix}$이다.

2차 정방행렬 A의 고유벡터가 2개이므로 행렬 A는 대각화가능이다.

이때

$$A^{100} = PD^{100}P^{-1} = \begin{pmatrix}1&3\\2&1\end{pmatrix}\begin{pmatrix}(-4)^{100}&0\\0&1\end{pmatrix}\begin{pmatrix}-\frac{1}{5}&\frac{3}{5}\\\frac{2}{5}&-\frac{1}{5}\end{pmatrix}=\begin{pmatrix}\frac{-2^{200}+6}{5}&\frac{3\cdot 2^{200}-3}{5}\\\frac{-2^{201}+2}{5}&\frac{3\cdot 2^{201}-1}{5}\end{pmatrix}$$

이다.

2. 고유값 $\lambda_1 = -1$에 대응하는 고유벡터는 $\boldsymbol{x}_1=\begin{pmatrix}1\\-1\end{pmatrix}$이고

고유값 $\lambda_2 = 2$에 대응하는 고유벡터는 $\boldsymbol{x}_2=\begin{pmatrix}1\\2\end{pmatrix}$이다.

2차 정방행렬 A의 고유벡터가 2개이므로 행렬 A는 대각화가능이다.

이때

$$A^{n} = PD^{n}P^{-1} = \begin{pmatrix}1&1\\-1&2\end{pmatrix}\begin{pmatrix}(-1)^{n}&0\\0&2^{n}\end{pmatrix}(1/3)\begin{pmatrix}2&-1\\1&1\end{pmatrix}$$

에서

$$A^n=\begin{pmatrix} \dfrac{2(-1)^n+2^n}{3} & \dfrac{(-1)^{n+1}+2^n}{3} \\ \dfrac{2(-1)^{n+1}+2^{n+1}}{3} & \dfrac{(-1)^{n+2}+2^{n+1}}{3} \end{pmatrix}$$

이다.

3. $\begin{pmatrix} 3+2^{101} \\ -3+2^{102} \end{pmatrix}$

5. 고유값 $\lambda=-5, 5$에 대응하는 고유벡터는 $\left\{\begin{pmatrix}-1\\3\end{pmatrix}, \begin{pmatrix}3\\1\end{pmatrix}\right\}$이다.

따라서 직교행렬은 $P=\begin{pmatrix}-1 & 3\\ 3 & 1\end{pmatrix}$이고 대각행렬은 $D=\begin{pmatrix}-5 & 0\\ 0 & 5\end{pmatrix}$이다.

이때 $A=PDP^{-1}=\begin{pmatrix}-1 & 3\\ 3 & 1\end{pmatrix}\begin{pmatrix}-5 & 0\\ 0 & 5\end{pmatrix}\begin{pmatrix}-\dfrac{1}{10} & \dfrac{3}{10}\\ \dfrac{3}{10} & \dfrac{1}{10}\end{pmatrix}$이다.

6. 고유값 $\lambda=0, 2$에 대응하는 고유벡터는 $\left\{\begin{pmatrix}-1\\1\end{pmatrix}, \begin{pmatrix}1\\1\end{pmatrix}\right\}$이다.

따라서 직교행렬은 $P=\begin{pmatrix}-1 & 1\\ 1 & 1\end{pmatrix}$이고 대각행렬은 $D=\begin{pmatrix}0 & 0\\ 0 & 2\end{pmatrix}$이다.

이때

$$A^n=PD^nP^{-1}=\begin{pmatrix}-1 & 1\\ 1 & 1\end{pmatrix}\begin{pmatrix}0 & 0\\ 0 & 2^n\end{pmatrix}\begin{pmatrix}-\dfrac{1}{2} & \dfrac{1}{2}\\ \dfrac{1}{2} & \dfrac{1}{2}\end{pmatrix}=\begin{pmatrix}2^{n-1} & 2^{n-1}\\ 2^{n-1} & 2^{n-1}\end{pmatrix}$$ 이다.

8. (1) 행렬 A의 고유값은 $0, 1, 1$이고 대응하는 고유벡터는 $\left\{\begin{pmatrix}1\\0\\0\end{pmatrix}, \begin{pmatrix}0\\1\\0\end{pmatrix}, \begin{pmatrix}1\\0\\1\end{pmatrix}\right\}$이다.

(2) 가역행렬은 $P=\begin{pmatrix}1 & 0 & 1\\ 0 & 1 & 0\\ 0 & 0 & 1\end{pmatrix}$이고 대각행렬은 $D=\begin{pmatrix}0 & 0 & 0\\ 0 & 1 & 0\\ 0 & 0 & 1\end{pmatrix}$이다.

(3) $A^n=PD^nP^{-1}=\begin{pmatrix}1 & 0 & 1\\ 0 & 1 & 0\\ 0 & 0 & 1\end{pmatrix}\begin{pmatrix}0 & 0 & 0\\ 0 & 1 & 0\\ 0 & 0 & 1\end{pmatrix}\begin{pmatrix}1 & 0 & -1\\ 0 & 1 & 0\\ 0 & 0 & 1\end{pmatrix}=\begin{pmatrix}0 & 0 & 1\\ 0 & 1 & 0\\ 0 & 0 & 1\end{pmatrix}=A$이다.

9. (1) P_2의 표준기저 $\beta=\{1, x, x^2\}$에 대한 T의 표현행렬은 $A=\begin{pmatrix}1 & 1 & 1\\ 0 & 1 & 0\\ 0 & 1 & 2\end{pmatrix}$이다.

(2) 행렬 A의 고유값은 $1, 1, 2$이고 대응하는 고유벡터는

$\left\{\begin{pmatrix}1\\0\\0\end{pmatrix}, \begin{pmatrix}0\\-1\\1\end{pmatrix}, \begin{pmatrix}1\\0\\1\end{pmatrix}\right\}$이므로 $P=\begin{pmatrix}1 & 0 & 1\\ 0 & -1 & 0\\ 0 & 1 & 1\end{pmatrix}$이다.

(3) $D=P^{-1}AP$, $D=\begin{pmatrix}1 & 0 & 0\\ 0 & 1 & 0\\ 0 & 0 & 2\end{pmatrix}$인 관계가 된다. 즉, 전이행렬 P는 행렬 A을 대각화시킨다.

이때 행렬 $P=\begin{pmatrix}1 & 0 & 1\\ 0 & -1 & 0\\ 0 & 1 & 1\end{pmatrix}$은 기저 γ로부터 표준기저 β으로의 전이행렬이므로 P_2의 기저 γ는 $\{1, -x+x^2, 1+x^2\}$이다.

제5장 내적공간

1. 내적공간과 노름공간

1. (1) $\langle e^x, e^{-x} \rangle = \int_0^1 e^x e^{-x}\, dx = 1$

(2) $\frac{1}{\pi}$ (3) $\frac{1}{6}$

2. $\langle \cos(mx), \sin(nx) \rangle = \int_{-\pi}^{\pi} \cos(mx)\sin(nx)\, dx = 0$

3. (1) 벡터공간 P_2에서 임의의 두 벡터 $p=a_0+a_1x+a_2x^2$와 $q=b_0+b_1x+b_2x^2$에 대하여

(a) $<p, p>=a_0^2+a_1^2+a_2^2 \geq 0$이고 등호는 $p(x)=0+0\cdot x+0\cdot x^2$일 때만 성립한다.

(b) $<p, q>=a_0b_0+a_1b_1+a_2b_2=b_0a_0+b_1a_1+b_2a_2=<q, p>$가 성립한다.

(c) $\langle \alpha p+\beta q, r \rangle = \alpha\langle p, r \rangle + \beta\langle q, r \rangle$가 성립한다.

따라서 $<p, q>=a_0b_0+a_1b_1+a_2b_2$은 벡터공간 P_2의 내적이다.

(2) $<1-2x+3x^2, 3x+2x^2>=0-6+6=0$

(3) $\| (1-2x+3x^2)-(3x+2x^2) \| = \| 1-5x+x^2 \|$

$=\sqrt{<1-5x+x^2, 1-5x+x^2>}=\sqrt{1+25+1}=\sqrt{27}$

5. 벡터공간 $M_{2\times 2}$에서 임의의 두 벡터 $A=\begin{pmatrix}a_{11} & a_{12}\\ a_{21} & a_{22}\end{pmatrix}$와 $B=\begin{pmatrix}b_{11} & b_{12}\\ b_{21} & b_{22}\end{pmatrix}$에 대하여

(a) $<A, A> = a_{11}^2+a_{12}^2+a_{21}^2+a_{22}^2 \geq 0$이고 등호는 $A=O$일 때만 성립한다.

(b) $<A, B> = <B, A>$가 성립한다.

(c) $\langle \alpha A+\beta B, C \rangle = \alpha\langle A, C \rangle + \beta\langle B, C \rangle$가 성립한다.

따라서 $\left\langle \begin{pmatrix}a_{11} & a_{12}\\ a_{21} & a_{22}\end{pmatrix}, \begin{pmatrix}b_{11} & b_{12}\\ b_{21} & b_{22}\end{pmatrix} \right\rangle = a_{11}b_{11}+a_{12}b_{12}+a_{21}b_{21}+a_{22}b_{22}$은 벡터공간 $M_{2\times 2}$의 내적이다.

6. (2) $\| 2f \| = \int_a^b (2f)^2(x)\, dx = 4\int_a^b f^2(x)\, dx = 4\| f \| \neq 2\| f \|$ 이므로

$\| f \| = \int_a^b f^2(x)\, dx$으로 정의된 벡터공간 $C[a,b]$은 노름공간이 아니다.

(3) $\langle f, g \rangle = \int_a^b f(x)g(x)\, dx$은 벡터공간 $C[a,b]$의 내적이므로

$\langle f, f \rangle = \int_a^b f^2(x)\, dx = \| f \|^2$은 벡터공간 $C[a,b]$의 노름이다.

7. (3) $\| \sin x - \cos x \| = \sqrt{\int_{-\pi}^{\pi} (\sin x - \cos x)^2 dx} = \sqrt{\int_{-\pi}^{\pi} (1 - 2\sin x \cos x)\, dx} = \sqrt{2\pi}$

2. 정규직교집합

1. (1) $\langle \boldsymbol{x}_1, \boldsymbol{x}_2 \rangle = \langle \boldsymbol{x}_1, \boldsymbol{x}_3 \rangle = \langle \boldsymbol{x}_2, \boldsymbol{x}_3 \rangle = 0$이고 $\| \boldsymbol{x}_1 \| = \| \boldsymbol{x}_2 \| = \| \boldsymbol{x}_3 \| = 1$이다.

또한 $\{\boldsymbol{x}_1, \boldsymbol{x}_2, \boldsymbol{x}_3\}$은 일차독립이므로 $\mathbb{R}^3$에 대한 정규직교기저이다.

(2) $\boldsymbol{x} = -\frac{\sqrt{2}}{3}\boldsymbol{x}_1 + \frac{5}{3}\boldsymbol{x}_2 + 0\boldsymbol{x}_3$이고 $\| \boldsymbol{x} \| = \sqrt{\left(-\frac{\sqrt{2}}{3}\right)^2 + \left(\frac{5}{3}\right)^2} = \sqrt{3}$ 이다.

3. (1) $S = \text{Span}\{\boldsymbol{x}, \boldsymbol{y}\}$일 때 직교보공간 $S^{\perp} = \{ \boldsymbol{z} \in \mathbb{R}^3 \mid \langle \boldsymbol{x}, \boldsymbol{z} \rangle = 0,\ \langle \boldsymbol{y}, \boldsymbol{z} \rangle = 0 \}$이다.

(2) $N(A) = \{ \boldsymbol{z} \in \mathbb{R}^3 \mid A\boldsymbol{z} = 0 \}$ 이다.

(3) $S^{\perp} = N(A)$

(4) $S^{\perp} = N(A)$의 기저는 $\{(1,1,-1)^t\}$이다.

5. 임의의 $\boldsymbol{x}_1, \boldsymbol{x}_2 \in W$에 대하여

$\langle \boldsymbol{x}_1 + \boldsymbol{x}_2, \boldsymbol{a} \rangle = \langle \boldsymbol{x}_1, \boldsymbol{a} \rangle + \langle \boldsymbol{x}_2, \boldsymbol{a} \rangle = 0$이므로 $\boldsymbol{x}_1 + \boldsymbol{x}_2 \in W$이다.

임의의 $\boldsymbol{x} \in W$와 스칼라 α에 대하여 $\langle \alpha\boldsymbol{x}, \boldsymbol{a} \rangle = \alpha \langle \boldsymbol{x}, \boldsymbol{a} \rangle = 0$에서 $\alpha\boldsymbol{x} \in W$이다.

따라서 W는 벡터공간 $\mathbb{R}^3$의 부분공간이다.

3. Gram-Schmidt 직교화

1. (1) $\boldsymbol{u}_1 = \left(\frac{1}{\sqrt{3}}, -\frac{1}{\sqrt{3}}, \frac{1}{\sqrt{3}}\right)$, $\boldsymbol{u}_2 = \left(0, \frac{1}{\sqrt{2}}, \frac{1}{\sqrt{2}}\right)$, $\boldsymbol{u}_3 = \left(\frac{2}{\sqrt{6}}, \frac{1}{\sqrt{6}}, -\frac{1}{\sqrt{6}}\right)$

(2) $\boldsymbol{v} = \langle \boldsymbol{v}, \boldsymbol{u}_1 \rangle \boldsymbol{u}_1 + \langle \boldsymbol{v}, \boldsymbol{u}_2 \rangle \boldsymbol{u}_2 + \langle \boldsymbol{v}, \boldsymbol{u}_3 \rangle \boldsymbol{u}_3 = \frac{-3}{\sqrt{3}}\boldsymbol{u}_1 + \frac{1}{\sqrt{2}}\boldsymbol{u}_2 + \frac{-3}{\sqrt{6}}\boldsymbol{u}_3$

2. 행렬 A의 열벡터 $\boldsymbol{x}_1 = \begin{pmatrix} 1 \\ -1 \\ -1 \\ 1 \end{pmatrix}$, $\boldsymbol{x}_2 = \begin{pmatrix} 2 \\ 1 \\ 0 \\ 1 \end{pmatrix}$, $\boldsymbol{x}_3 = \begin{pmatrix} 2 \\ 2 \\ 1 \\ 2 \end{pmatrix}$에 대하여

정규직교 열벡터는 $\boldsymbol{u}_1 = \begin{pmatrix} \frac{1}{2} \\ -\frac{1}{2} \\ -\frac{1}{2} \\ \frac{1}{2} \end{pmatrix}$, $\boldsymbol{u}_2 = \begin{pmatrix} \frac{3}{2\sqrt{5}} \\ \frac{3}{2\sqrt{5}} \\ \frac{1}{2\sqrt{5}} \\ \frac{1}{2\sqrt{5}} \end{pmatrix}$, $\boldsymbol{u}_2 = \begin{pmatrix} -\frac{1}{\sqrt{6}} \\ 0 \\ \frac{1}{\sqrt{6}} \\ \frac{2}{\sqrt{6}} \end{pmatrix}$이다.

3. (1) $u_1=\dfrac{2}{\|2\|}=\dfrac{2}{2\sqrt{3}}=\dfrac{1}{\sqrt{3}}$

$$u_2=\frac{(1+x)-<1+x,\frac{1}{\sqrt{3}}>\frac{1}{\sqrt{3}}}{\left\|(1+x)-<1+x,\frac{1}{\sqrt{3}}>\frac{1}{\sqrt{3}}\right\|}=\frac{(1+x)-\sqrt{3}\frac{1}{\sqrt{3}}}{\left\|(1+x)-\sqrt{3}\frac{1}{\sqrt{3}}\right\|}=\frac{x}{\sqrt{2}}$$

$$u_3=\frac{(1+x+x^2)-<1+x+x^2,\frac{1}{\sqrt{3}}>\frac{1}{\sqrt{3}}-<1+x+x^2,\frac{x}{\sqrt{2}}>\frac{x}{\sqrt{2}}}{\left\|(1+x+x^2)-<1+x+x^2,\frac{1}{\sqrt{3}}>\frac{1}{\sqrt{3}}-<1+x+x^2,\frac{x}{\sqrt{2}}>\frac{x}{\sqrt{2}}\right\|}$$

$$=\frac{(1+x+x^2)-\frac{5}{\sqrt{3}}\frac{1}{\sqrt{3}}-\frac{2}{\sqrt{2}}\frac{x}{\sqrt{2}}}{\left\|(1+x+x^2)-\frac{5}{\sqrt{3}}\frac{1}{\sqrt{3}}-\frac{2}{\sqrt{2}}\frac{x}{\sqrt{2}}\right\|}=\frac{-\frac{2}{3}+x^2}{\frac{\sqrt{2}}{\sqrt{3}}}=\frac{\sqrt{6}}{2}\left(-\frac{2}{3}+x^2\right)$$

(2) $-3+4x-5x^2=-\dfrac{19}{\sqrt{3}}\left(\dfrac{1}{\sqrt{3}}\right)+4\sqrt{2}\left(\dfrac{x}{\sqrt{2}}\right)-\dfrac{5}{3}\sqrt{6}\left(\dfrac{\sqrt{6}}{2}(-\dfrac{2}{3}+x^2)\right)$

4. $\{x_1=1, x_2=x, x_3=x^2\}$에 대하여

$\langle x_1,x_1\rangle=\int_{-1}^{1}1\,dx=2$에서 $u_1=\dfrac{x_1}{\|x_1\|}=\dfrac{1}{\sqrt{2}}$이고

$p_1=\langle x_2,u_1\rangle u_1=0$이고 $x_2-p_1=x$에서 $u_2=\dfrac{x_2-p_1}{\|x_2-p_1\|}=\dfrac{\sqrt{6}}{2}x$이고

$p_2=\langle x_3,u_1\rangle u_1+\langle x_3,u_2\rangle u_2=\dfrac{1}{3}$이고 $x_3-p_2=x^2-\dfrac{1}{3}$에서

$u_3=\dfrac{x_3-p_2}{\|x_3-p_2\|}=\dfrac{3\sqrt{10}}{4}\left(x^2-\dfrac{1}{3}\right)$이다.

5. $T\begin{pmatrix}x\\y\\z\end{pmatrix}=\left\langle\begin{pmatrix}x\\y\\z\end{pmatrix},\begin{pmatrix}1/\sqrt{2}\\0\\1/\sqrt{2}\end{pmatrix}\right\rangle\begin{pmatrix}1/\sqrt{2}\\0\\1/\sqrt{2}\end{pmatrix}+\left\langle\begin{pmatrix}x\\y\\z\end{pmatrix},\begin{pmatrix}-1/\sqrt{6}\\2/\sqrt{6}\\1/\sqrt{6}\end{pmatrix}\right\rangle\begin{pmatrix}-1/\sqrt{6}\\2/\sqrt{6}\\1/\sqrt{6}\end{pmatrix}$

$$=\frac{(x+z)}{\sqrt{2}}\frac{1}{\sqrt{2}}\begin{pmatrix}1\\0\\1\end{pmatrix}+\frac{(-x+2y+z)}{\sqrt{6}}\frac{1}{\sqrt{6}}\begin{pmatrix}-1\\2\\1\end{pmatrix}$$

$$=\frac{1}{3}\begin{pmatrix}2x-y+z\\-x+2y+z\\x+y+2z\end{pmatrix}$$

6. (1) $x_1=\begin{pmatrix}1\\0\\1\end{pmatrix}$, $x_2=\begin{pmatrix}0\\1\\1\end{pmatrix}$에 대하여

$\|x_1\|=\sqrt{2}$ 에서 $u_1=\dfrac{x_1}{\|x_1\|}=\dfrac{1}{\sqrt{2}}\begin{pmatrix}1\\0\\1\end{pmatrix}$이고

$$\boldsymbol{x}_2 - <\boldsymbol{x}_2, \boldsymbol{u}_1> \boldsymbol{u}_1 = \begin{pmatrix} 0 \\ 1 \\ 1 \end{pmatrix} - \frac{1}{2}\begin{pmatrix} 1 \\ 0 \\ 1 \end{pmatrix} = \frac{1}{2}\begin{pmatrix} -1 \\ 2 \\ 1 \end{pmatrix} \text{와 } \|\boldsymbol{x}_2 - <\boldsymbol{x}_2, \boldsymbol{u}_1> \boldsymbol{u}_1\| = \sqrt{\frac{3}{2}} \text{ 에서}$$

$$\boldsymbol{u}_2 = \frac{\boldsymbol{x}_2 - <\boldsymbol{x}_2, \boldsymbol{u}_1> \boldsymbol{u}_1}{\|\boldsymbol{x}_2 - <\boldsymbol{x}_2, \boldsymbol{u}_1> \boldsymbol{u}_1\|} = \frac{1}{\sqrt{6}}\begin{pmatrix} -1 \\ 2 \\ 1 \end{pmatrix} \text{이다.}$$

그러므로 S의 정규직교 기저는 $\left\{\frac{1}{\sqrt{2}}\begin{pmatrix} 1 \\ 0 \\ 1 \end{pmatrix}, \frac{1}{\sqrt{6}}\begin{pmatrix} -1 \\ 2 \\ 1 \end{pmatrix}\right\}$ 이다.

(2) $T\begin{pmatrix} a \\ b \\ c \end{pmatrix} = <\begin{pmatrix} a \\ b \\ c \end{pmatrix}, \boldsymbol{u}_1> \boldsymbol{u}_1 + <\begin{pmatrix} a \\ b \\ c \end{pmatrix}, \boldsymbol{u}_2> \boldsymbol{u}_2$

$$= \frac{(a+c)}{\sqrt{2}}\frac{1}{\sqrt{2}}\begin{pmatrix} 1 \\ 0 \\ 1 \end{pmatrix} + \frac{(-a+2b+c)}{\sqrt{6}}\frac{1}{\sqrt{6}}\begin{pmatrix} -1 \\ 2 \\ 1 \end{pmatrix}$$

$$= \frac{1}{3}\begin{pmatrix} 2a-b+c \\ -a+2b+c \\ a+b+2c \end{pmatrix}$$

4. QR인수분해

1. Gram_Schmidt 직교화를 이용하여 행렬 A의 열에 대한 정규직교 기저를 구하면

$(\frac{3}{5}, \frac{4}{5}, 0)^t$와 $(-\frac{4}{5\sqrt{2}}, \frac{3}{5\sqrt{2}}, \frac{1}{\sqrt{2}})^t$이다.

이때 열벡터의 정규직교집합을 가지는 Q와 상삼각행렬 R은 다음과 같다.

$$Q = \begin{pmatrix} \frac{3}{5} & -\frac{4}{5\sqrt{2}} \\ \frac{4}{5} & \frac{3}{5\sqrt{2}} \\ 0 & \frac{1}{\sqrt{2}} \end{pmatrix}, \; R = \begin{pmatrix} 5 & 1 \\ 0 & 2\sqrt{2} \end{pmatrix}$$

따라서 $\begin{pmatrix} 3 & -1 \\ 4 & 2 \\ 0 & 2 \end{pmatrix} = \begin{pmatrix} \frac{3}{5} & -\frac{4}{5\sqrt{2}} \\ \frac{4}{5} & \frac{3}{5\sqrt{2}} \\ 0 & \frac{1}{\sqrt{2}} \end{pmatrix}\begin{pmatrix} 5 & 1 \\ 0 & 2\sqrt{2} \end{pmatrix}$ 이다.

2. $\begin{pmatrix} 1 & -1 & 4 \\ 1 & 4 & -2 \\ 1 & 4 & 2 \\ 1 & -1 & 0 \end{pmatrix} = \begin{pmatrix} 1/2 & -1/2 & 1/2 \\ 1/2 & 1/2 & -1/2 \\ 1/2 & 1/2 & 1/2 \\ 1/2 & -1/2 & -1/2 \end{pmatrix}\begin{pmatrix} 2 & 3 & 2 \\ 0 & 5 & -2 \\ 0 & 0 & 4 \end{pmatrix}$

3. $\begin{pmatrix} 1 & -2 & -1 \\ 2 & 0 & 1 \\ 2 & -4 & 2 \\ 4 & 0 & 0 \end{pmatrix} = \begin{pmatrix} 1/5 & -2/5 & -4/5 \\ 2/5 & 1/5 & 2/5 \\ 2/5 & -4/5 & 2/5 \\ 4/5 & 2/5 & -1/5 \end{pmatrix}\begin{pmatrix} 5 & -2 & 1 \\ 0 & 4 & -1 \\ 0 & 0 & 2 \end{pmatrix}$

4. 행렬 Q의 열벡터 $\boldsymbol{u}_1=\begin{pmatrix}\cos\theta\\ \sin\theta\end{pmatrix}$와 $\boldsymbol{u}_2=\begin{pmatrix}-\sin\theta\\ \cos\theta\end{pmatrix}$에 대하여

$\langle \boldsymbol{u}_1, \boldsymbol{u}_2\rangle=0$이고 $\|\boldsymbol{u}_1\|=\|\boldsymbol{u}_2\|=1$에서 정규직교 집합이므로 행렬 $Q=\begin{pmatrix}\cos\theta & -\sin\theta\\ \sin\theta & \cos\theta\end{pmatrix}$는 직교행렬이다.

5. $n\times n$ 행렬 $Q=(\boldsymbol{q}_1,\cdots,\boldsymbol{q}_i,\cdots,\boldsymbol{q}_j,\cdots,\boldsymbol{q}_n)$가 직교행렬이므로 $\langle \boldsymbol{q}_i,\boldsymbol{q}_j\rangle=\delta_{ij}$이다.

그런데 $\langle \boldsymbol{q}_i,\boldsymbol{q}_j\rangle=\boldsymbol{q}_i^t\boldsymbol{q}_j$는 Q^tQ의 (i,j)성분이다. 따라서 Q가 직교행렬이기 위한 필요충분조건은 $Q^tQ=I_n$이다.

7. (1) $(Q^m)^{-1}=(QQ\cdots Q)^{-1}=Q^{-1}Q^{-1}\cdots Q^{-1}=(Q^{-1})^m=(Q^t)^m$이고

$(Q^m)^t=(QQ\cdots Q)^t=Q^tQ^t\cdots Q^t=(Q^t)^m$이다.

(2) $\|Q^m\boldsymbol{x}\|^2=\langle Q^m\boldsymbol{x},Q^m\boldsymbol{x}\rangle=(Q^m\boldsymbol{x})^tQ^m\boldsymbol{x}=\boldsymbol{x}^t(Q^m)^tQ^m\boldsymbol{x}$

$=\boldsymbol{x}^t(Q^m)^{-1}Q^m\boldsymbol{x}=\boldsymbol{x}^t\boldsymbol{x}=\langle\boldsymbol{x},\boldsymbol{x}\rangle=\|\boldsymbol{x}\|^2$에서 $\|Q^m\boldsymbol{x}\|=\|\boldsymbol{x}\|$이다.

5. 최소제곱문제

1. (1) $\begin{pmatrix}2\\1\end{pmatrix}$ (2) $\begin{pmatrix}\frac{19}{7}\\ -\frac{26}{7}\end{pmatrix}$ (3) $\begin{pmatrix}1.6\\0.6\\1.2\end{pmatrix}$

2. $\begin{pmatrix}1&1&1&1\\-1&0&1&2\end{pmatrix}\begin{pmatrix}1&-1\\1&0\\1&1\\1&2\end{pmatrix}\begin{pmatrix}a\\b\end{pmatrix}=\begin{pmatrix}1&1&1&1\\-1&0&1&2\end{pmatrix}\begin{pmatrix}-2\\5\\3\\2\end{pmatrix}$에서 $\begin{pmatrix}4&2\\2&6\end{pmatrix}\begin{pmatrix}a\\b\end{pmatrix}=\begin{pmatrix}8\\9\end{pmatrix}$이다.

$\begin{pmatrix}a\\b\end{pmatrix}=\begin{pmatrix}4&2\\2&6\end{pmatrix}^{-1}\begin{pmatrix}8\\9\end{pmatrix}=\begin{pmatrix}\frac{3}{2}\\1\end{pmatrix}$에서 $y=\frac{3}{2}+x$이다.

3. $\begin{pmatrix}1&0\\1&1\\1&2\\1&3\end{pmatrix}\begin{pmatrix}a\\b\end{pmatrix}=\begin{pmatrix}3\\2\\4\\4\end{pmatrix}$을 정규방정식으로 바꾸면

$\begin{pmatrix}1&1&1&1\\0&1&2&3\end{pmatrix}\begin{pmatrix}1&0\\1&1\\1&2\\1&3\end{pmatrix}\begin{pmatrix}a\\b\end{pmatrix}=\begin{pmatrix}1&1&1&1\\0&1&2&3\end{pmatrix}\begin{pmatrix}3\\2\\4\\4\end{pmatrix}$에서 $\begin{pmatrix}4&6\\6&14\end{pmatrix}\begin{pmatrix}a\\b\end{pmatrix}=\begin{pmatrix}13\\22\end{pmatrix}$이다.

이때 $\begin{pmatrix}a\\b\end{pmatrix}=\begin{pmatrix}4&6\\6&14\end{pmatrix}^{-1}\begin{pmatrix}13\\22\end{pmatrix}=\begin{pmatrix}\frac{5}{2}\\ \frac{1}{2}\end{pmatrix}$에서 $y=\frac{5}{2}+\frac{1}{2}x$이다.

4. $\begin{pmatrix}1&-2&4\\1&-1&1\\1&0&0\\1&1&1\\1&2&4\end{pmatrix}\begin{pmatrix}a\\b\\c\end{pmatrix}=\begin{pmatrix}4\\2\\1\\1\\3\end{pmatrix}$을 정규방정식으로 바꾸면 $\begin{pmatrix}5&0&10\\0&10&0\\10&0&34\end{pmatrix}\begin{pmatrix}a\\b\\c\end{pmatrix}=\begin{pmatrix}11\\-3\\31\end{pmatrix}$이다.

이때 $\begin{pmatrix} a \\ b \\ c \end{pmatrix} = \begin{pmatrix} 5 & 0 & 10 \\ 0 & 10 & 0 \\ 10 & 0 & 34 \end{pmatrix}^{-1} \begin{pmatrix} 11 \\ -3 \\ 31 \end{pmatrix} = \begin{pmatrix} 32/35 \\ -3/10 \\ 9/14 \end{pmatrix}$에서 $y = \frac{32}{35} - \frac{3}{10}x + \frac{9}{14}x^2$이다.

6. 연립미분방정식

1. 주어진 연립미분방정식을 행렬로 나타내면

$$Y'(t) = \begin{pmatrix} y_1'(t) \\ y_2'(t) \end{pmatrix},\ A = \begin{pmatrix} 1 & 1 \\ -2 & 4 \end{pmatrix},\ Y(t) = \begin{pmatrix} y_1(t) \\ y_2(t) \end{pmatrix}$$

이다. 이때 A의 고유값은 $\lambda_1 = 2,\ \lambda_2 = 3$이다.

$\lambda_1 = 2$에 대응하는 고유벡터는 $\boldsymbol{x}_1 = t\begin{pmatrix} 1 \\ 1 \end{pmatrix}$이고 $\lambda_2 = 3$에 대응하는 고유벡터는 $\boldsymbol{x}_2 = t\begin{pmatrix} 1 \\ 2 \end{pmatrix}$이다. 이때

$$\begin{pmatrix} y_1(t) \\ y_2(t) \end{pmatrix} = Y(t) = c_1 e^{\lambda_1 t}\boldsymbol{x}_1 + c_2 e^{\lambda_2 t}\boldsymbol{x}_2 = c_1 e^{2t}\begin{pmatrix} 1 \\ 1 \end{pmatrix} + c_2 e^{3t}\begin{pmatrix} 1 \\ 2 \end{pmatrix} = \begin{pmatrix} c_1 e^{2t} + c_2 e^{3t} \\ c_1 e^{2t} + 2c_2 e^{3t} \end{pmatrix}$$

들의 임의의 벡터함수는 이 연립미분방정식의 일반해이다.

2. 주어진 연립미분방정식을 행렬로 나타내면

$$Y'(t) = \begin{pmatrix} y_1'(t) \\ y_2'(t) \end{pmatrix},\ A = \begin{pmatrix} 2 & 4 \\ -1 & -3 \end{pmatrix},\ Y(t) = \begin{pmatrix} y_1(t) \\ y_2(t) \end{pmatrix}$$

이다. 이때 A의 고유값은 $\lambda_1 = -2,\ \lambda_2 = 1$이다.

$\lambda_1 = -2$에 대응하는 고유벡터는 $\boldsymbol{x}_1 = t\begin{pmatrix} -1 \\ 1 \end{pmatrix}$이고 $\lambda_2 = 1$에 대응하는 고유벡터는 $\boldsymbol{x}_2 = t\begin{pmatrix} -4 \\ 1 \end{pmatrix}$이다.

이때

$$\begin{pmatrix} y_1(t) \\ y_2(t) \end{pmatrix} = Y(t) = c_1 e^{\lambda_1 t}\boldsymbol{x}_1 + c_2 e^{\lambda_2 t}\boldsymbol{x}_2 = c_1 e^{-2t}\begin{pmatrix} -1 \\ 1 \end{pmatrix} + c_2 e^{t}\begin{pmatrix} -4 \\ 1 \end{pmatrix} = \begin{pmatrix} -c_1 e^{-2t} - 4c_2 e^{t} \\ c_1 e^{-2t} + c_2 e^{t} \end{pmatrix}$$

들의 임의의 벡터함수는 이 연립미분방정식의 일반해이다.

3. 주어진 연립미분방정식을 행렬로 나타내면

$$Y'(t) = \begin{pmatrix} y_1'(t) \\ y_2'(t) \end{pmatrix},\ A = \begin{pmatrix} 1 & -2 \\ -2 & 4 \end{pmatrix},\ Y(t) = \begin{pmatrix} y_1(t) \\ y_2(t) \end{pmatrix}$$

이다. 이때 A의 고유값은 $\lambda_1 = 0,\ \lambda_2 = 5$이다.

$\lambda_1 = 0$에 대응하는 고유벡터는 $\boldsymbol{x}_1 = t\begin{pmatrix} 2 \\ 1 \end{pmatrix}$이고 $\lambda_2 = 5$에 대응하는 고유벡터는 $\boldsymbol{x}_2 = t\begin{pmatrix} 1 \\ -2 \end{pmatrix}$이다. 이때

$$\begin{pmatrix} y_1(t) \\ y_2(t) \end{pmatrix} = Y(t) = c_1 e^{\lambda_1 t}\boldsymbol{x}_1 + c_2 e^{\lambda_2 t}\boldsymbol{x}_2 = c_1 e^{0t}\begin{pmatrix} 2 \\ 1 \end{pmatrix} + c_2 e^{5t}\begin{pmatrix} 1 \\ -2 \end{pmatrix} = \begin{pmatrix} 2c_1 + c_2 e^{5t} \\ c_1 - 2c_2 e^{5t} \end{pmatrix}$$

들의 임의의 벡터함수는 이 연립미분방정식의 일반해이다.

4. 주어진 연립미분방정식을 행렬로 나타내면

$$Y'(t) = \begin{pmatrix} y_1'(t) \\ y_2'(t) \\ y_3'(t) \end{pmatrix},\ A = \begin{pmatrix} 1 & 0 & 1 \\ 0 & 2 & 6 \\ 0 & 1 & 3 \end{pmatrix},\ Y(t) = \begin{pmatrix} y_1(t) \\ y_2(t) \\ y_3(t) \end{pmatrix}$$

이다. 이때 A의 고유값은 $\lambda_1 = 0,\ \lambda_2 = 1,\ \lambda_3 = 5$이다.

$\lambda_1 = 0$에 대응하는 고유벡터는 $\boldsymbol{x}_1 = t\begin{pmatrix} -1 \\ -3 \\ 1 \end{pmatrix}$이고

$\lambda_2 = 1$에 대응하는 고유벡터는 $\boldsymbol{x}_2 = t\begin{pmatrix} 1 \\ 0 \\ 0 \end{pmatrix}$이고 $\lambda_3 = 5$에 대응하는 고유벡터는 $\boldsymbol{x}_2 = t\begin{pmatrix} 1 \\ 8 \\ 4 \end{pmatrix}$이다.

이때

$$\begin{pmatrix} y_1(t) \\ y_2(t) \\ y_3(t) \end{pmatrix} = Y(t) = c_1 e^{\lambda_1 t}\boldsymbol{x}_1 + c_2 e^{\lambda_2 t}\boldsymbol{x}_2 + c_3 e^{\lambda_3 t}\boldsymbol{x}_3$$

$$= c_1 e^{0t}\begin{pmatrix} -1 \\ -3 \\ 1 \end{pmatrix} + c_2 e^{t}\begin{pmatrix} 1 \\ 0 \\ 0 \end{pmatrix} + c_3 e^{5t}\begin{pmatrix} 1 \\ 8 \\ 4 \end{pmatrix}$$

$$= \begin{pmatrix} -c_1 + c_2 e^t + c_3 e^{5t} \\ -3c_1 + 8c_3 e^{5t} \\ c_1 + 4c_3 e^{5t} \end{pmatrix}$$

들의 임의의 벡터함수는 이 연립미분방정식의 일반해이다.

5. 주어진 연립미분방정식의 일반해를 구하여 조건을 만족하는 해를 구하면

$\begin{pmatrix} y_1(t) \\ y_2(t) \end{pmatrix} = \begin{pmatrix} e^{-3t} + 2e^t \\ -e^{-3t} + 2e^t \end{pmatrix}$이다.

6. 주어진 연립미분방정식의 일반해를 구하여 조건을 만족하는 해를 구하면

$\begin{pmatrix} y_1(t) \\ y_2(t) \\ y_3(t) \end{pmatrix} = \begin{pmatrix} -6e^t + 2e^{-t} + 6 \\ -3e^t + e^{-t} + 4 \\ -e^t + e^{-t} + 2 \end{pmatrix}$이다.

7. 주어진 연립미분방정식의 일반해를 구하여 조건을 만족하는 해를 구하면

$\begin{pmatrix} y_1(t) \\ y_2(t) \\ y_3(t) \end{pmatrix} = \begin{pmatrix} -2 - 3e^t + 6e^{2t} \\ 1 + 3e^t - 3e^{2t} \\ 1 + 3e^{2t} \end{pmatrix}$이다.

찾아보기

ㄱ

ㄴ

ㄷ

ㄹ

ㅂ

ㅅ

ㅇ

ㅈ

ㅊ

ㅌ

ㅍ

ㅎ

기타

이공계를 위한 **선형대수학 입문**

초판 2쇄 발행 2022년 3월 2일

지은이 수학교재편찬위원회
펴낸이 오판근
펴낸곳 (주)교우
주　소 서울시 동대문구 약령시로 8 교우빌딩 2층 (주)교우
전　화 02-925-2861 / **팩　스** 070-7966-8610. **편집부** 02-925-2825
홈페이지&북스토어 www.kyowoo.co.kr / **이메일** kyowoo@kyowoo.co.kr

등　록 1994년 3월 24일 제1994-000013호
ISBN 979-11-251-0052-2(93410)

Published by Kyowoo Co., Ltd. Printed in Korea

값 24,000원